マルハナバチ
愛嬌者の知られざる生態

片山栄助［著］

北海道大学出版会

謹んで
このささやかな本を
今はなき恩師の
坂上　昭一先生
に捧げます

まえがき

　私がマルハナバチの巣を木箱にいれて，巣づくりや子育てのようすを調べ始めてから，もう50年以上も経ってしまいました。マルハナバチとの最初の出会いと，その後の私が現在のような"マルハナバチ狂"になってしまったいきさつは，インセクタリゥムの13巻9号(1976年)で書きました。調査を始めたころ「マルハナバチ」という名前は，昆虫を専門に研究している人たちにも，あまりよく知られていませんでした。マルハナバチの興味深い生態にすっかり魅了されてしまった私は，マルハナバチが多くの人たちにとって，モンシロチョウやミツバチと同じくらいよく知られた昆虫になってほしいという願望をもつようになりました。そのためマルハナバチの生態を詳しく調べ，小・中学生にも読んでもらえるような，わかりやすい本を書こうと身のほど知らずに考えました。

　それからずっと現在までマルハナバチの調査は続けてきましたが，本を出版するという目的を果たさずに50年も過ぎてしまいました。しかしマルハナバチは15年ほど前から突然脚光を浴びるようになり，今やすっかり人気者になりました。この功績は昆虫専門家よりも，トマト栽培などの農家の方々にあります。しかもマルハナバチの名前を有名にしたのは日本在来のマルハナバチではなくて，トマトの受粉のためにヨーロッパから輸入された「セイヨウオオマルハナバチ」という外来種です。この外来マルハナバチは栽培施設から脱出して野外に定着し，北海道では野外で繁殖してしだいに生息範囲を拡大しつつあるという，むずかしい問題を引き起こしています。この問題については，あとがきでもう少し詳しく触れることにします。

　この本では第Ⅰ部の生態写真編で，マルハナバチの生態でもっとも興味のある産卵と育児習性を重点的にとりあげました。写真を見ただけでほぼ理解していただけるように，細かい写真を多数示し，詳しい説明文をつけました。育児習性のうち幼虫に対する給餌行動の写真は，まだ誰も発表したことがありません。そのほかにも今回が初公開となる詳細な生態写真が，いくつか含まれています。説明文には専門用語を多く使いましたので，とっつきやすくするため文頭に童話風のキャプションをいれました。専門用語に抵抗感のある読者も，これに誘われてぜひご一読くださるよう期待しております。

　なお，特に種名を書いていない写真に写っているのは，すべてクロマルハナバチです。

　第Ⅱ部ではマルハナバチの営巣習性全般について，さらに詳しく解説しました。第Ⅰ部では説明不足のため，疑問点やご理解いただけなかった点があると思いますので，なるべく第Ⅰ部と関連づけながら記述するように注意しました。そのため重複記述の部分が多くなってしまいました。第Ⅱ部では特に女王の産卵行動，幼虫への給餌と幼虫の発育，働きバチの分業，生殖虫の養育法などに力点を置きました。マルハナバチは世界におよそ250種もいるので，営巣習性は種によってかなり異なっています。そのためこの本ではマルハナバチの種名や研究者名を細かく列挙してあります。煩雑で読みにくいところはとばして，先へ読み進んでください。

　私は高校の英語の教科書で，マルハナバチが詩や文学作品にしばしば登場し，イギリス国民に親しまれている昆虫だと知って驚きました。ヨーロッパでは，日本に比べてマルハナバチの種類が多く，大陸から離れたイギリスでさえも，日本の種数の約2倍の25種も記録されています(Alford, 1975)。そのためイギリスではマルハナバチの生態について，Sladen(1912)の名著以来，現在までに6冊以上の本が出版されています。しかしわが国では翻訳本を除くと，生態に関する

まえがき

詳しい本はほとんど出版されていません。この本がマルハナバチの生態を理解し，マルハナバチにより親しみをもってもらう一助となれば幸いです。そして近年開発のためいちじるしく減少しつつあるマルハナバチの保護に多少とも役立つよう願っております。

2007 年 1 月 30 日

片山　栄助

目　次

まえがき　i

第 I 部　生態写真編

1. サツキを訪花中のコマルハナバチのオス　001

第 1 章　巣の構造を撮る　002

2. 巣口にはいるクロマルハナバチの働きバチ　002
3. 地下のノネズミの古巣につくられたウスリーマルハナバチの巣　003
4. 巣の全体構造　003

第 2 章　卵室の形，女王の卵室づくり，そして産卵行動を撮る　004

5. マルハナバチの卵室　004
6. コマルハナバチの卵室　005
7. トラマルハナバチの卵室　006
8. 卵室づくり　007
9. 産　卵　009
10. 卵室閉じ　010

第 3 章　働きバチによる食物の貯蔵と摂食の行動を撮る　011

11. 巣室への触角挿入　011
12. 外役バチの蜜吐き　012
13. 花粉採集バチの花粉落とし　013
14. 花粉壺のなかの花粉　014
15. 花粉食べ　015

目　次

第4章　幼虫室の形と，働きバチの幼虫への給餌行動を撮る　　016

16. 自由に拡大できる幼虫室　　016
17. コマルハナバチの幼虫室　　017
18. 若い幼虫への給餌行動　　018
19. 幼虫のバーストと幼虫放棄　　019
20. 老齢幼虫への給餌行動　　021
21. 幼虫の摂食行動　　021

第5章　卵室から幼虫室へ，そして繭の完成までの変化を撮る　　022

22. 第49番巣室の発達経過　　022
23. 発育ステージ　　025
24. 幼虫の営繭行動　　026
25. 完成繭からワックスのかき取り　　026

第6章　羽化行動と，成虫間の大きさの違いを撮る　　027

26. 繭　抱　き　　027
27. 扇　風　行　動　　028
28. 繭内の蛹の色が透けて見える　　029
29. 新成虫の羽化　　030
30. 羽化後の空繭そうじ　　031
31. 成虫の体の大小　　032
32. 繭塊底部のわい小化した繭　　033

第7章　トラマルハナバチの花粉ポケットによる給餌法を撮る　　034

33. 花粉ポケットによる給餌法　　035
34. トラマルハナバチの若い幼虫室の内部　　036
35. トラマルハナバチの中齢幼虫室の内部　　037
36. トラマルハナバチの幼虫室の発達経過　　039

第8章　働きバチの闘争と新女王の誕生を撮る　040

  37. 働きバチの闘争　040
  38. 新女王の生産　041
  39. 新女王とオスバチの誕生　042

第9章　吸蜜行動を撮る　043

  40. オドリコソウを訪花しているトラマルハナバチとクロマルハナバチの女王　043
  41. ツリフネソウを訪花しているトラマルハナバチとクロマルハナバチの働きバチ　044

第10章　日本産マルハナバチ各種の標本写真　045

第Ⅱ部　営巣習性の解説編

第1章　分類と分布　051

  1.1. 分　　類　051
  1.2. 分　　布　054
  1.3. 日本のマルハナバチ相　055
  1.4. 本書で取り扱った種のリスト　057

第2章　生活史の概要　059

  2.1. 女王の越冬習性と越冬後女王の出現時期　059
  2.2. 女王による単独営巣とその後のコロニーの発展　060
  2.3. コロニー発達段階の区分とコロニー存続期間の種間差　061

第3章　どんなところに巣をつくるのか——営巣場所の特徴　063

  3.1. 生息環境の種間差　063
  3.2. 営巣場所選好性の種間差と営巣場所の特徴　064

目次

第4章 巣の構造　067

- 4.1. 巣の構造とその種間差　067
- 4.2. 植物質の外被とワックス製の内被　070
- 4.3. 巣室の特徴　072
- 4.4. 食物貯蔵容器　073

第5章 第1巣室における産卵と育児　079

- 5.1. 第1巣室への産卵　079
- 5.2. 第1巣室の形と卵数　081
- 5.3. 第1巣室における幼虫の発育と育児習性　083

第6章 第2以降の巣室への産卵　087

- 6.1. 第2以降の巣室の形と設置場所　087
- 6.2. 卵の配置と卵数　090
- 6.3. 卵室への花粉詰め込み　092
- 6.4. 女王の産卵行動　094
- 6.5. 女王の産卵数　103

第7章 幼虫に対する給餌法と育児習性　109

- 7.1. 異なる2つの給餌法
  ——ポケット・メーカーとノンポケット・メーカー　109
- 7.2. ポケット・メーカーの給餌法と育児習性　111
- 7.3. ノンポケット・メーカーの給餌法と育児習性　119

第8章 幼虫の発育　125

- 8.1. 幼虫の発育の一般的な特徴　125
- 8.2. 各ステージの発育期間　127
- 8.3. 幼虫に対する給餌量と発育　130
- 8.4. 発育期の死亡率と育児数の調節　132

目　次

第9章　働きバチのサイズ差と分業　137

9.1. 働きバチのサイズ差の種間差およびグループ間差　137
9.2. 季節の進行やコロニーの発達にともなう働きバチのサイズ変化　140
9.3. コロニーにおける分業　142

第10章　働きバチの産卵　149

10.1. 働きバチの産卵の特徴　149
10.2. 働きバチの卵室づくりと産卵行動　153
10.3. 産卵性働きバチの攻撃的行動と順位制　156
10.4. 働きバチの卵巣発達と幼若ホルモン（JH）　157
10.5. 働きバチの産卵をめぐる女王と働きバチ間の相互関係　160

第11章　生殖虫の生産　161

11.1. コロニーの発達段階と生殖虫生産のタイミング　161
11.2. 幼虫に対する給餌様式と女王幼虫の発育　164
11.3. カストの決定とカスト分化　167
11.4. コロニーの条件と生殖虫生産数　169
11.5. 性比と生殖戦略　172

引用文献　175
あとがき　183
索　引　185

第I部

生態写真編

1. サツキを訪花中のコマルハナバチのオス
可愛いー。まるで子猫みたい。だめだめ、うっかりさわっちゃ。
これはオスで刺さないけど，メスは針をもった立派なハチなんだから。

　全身を黄色い柔らかい毛に覆われ，クリクリ目玉のまるで子猫のようなハチ。こんな可愛い野生のハナバチが私たちの身近なところで，ひっそりと生活している。この写真は梅雨の晴れ間に庭のサツキの花で吸蜜しているコマルハナバチのオスである。
　注意して私たちのまわりを見ると，案外身近なところでマルハナバチが活動しているのに出会う。彼らはいったいどのような生活をしているのだろうか。彼らの巣のなかでの生活のようす，そのなかでも特に興味深い子育てを中心とした巣内活動をクロマルハナバチでのぞいてみよう。

第1章　巣の構造を撮る

2．巣口にはいるクロマルハナバチの働きバチ
ハチさんどうしてそんな穴のなかにもぐってゆくの。でられなくなったらどうするの。
大丈夫。この穴のなかにはあたし達の巣があるのよ。
　写真2はクロマルハナバチの働きバチが花蜜を採集して地中につくられた巣に帰るため，巣口にはいってゆくところである。
　写真3は巣口からでてきたウスリーマルハナバチの働きバチで，これから蜜や花粉を集めに野外に飛びだしてゆくところである。
　写真4は後脚の花粉バスケット（脛節が平滑になり，周囲にだけ長毛がある特殊な構造になった部分。ここに花粉蜜塊を付着させて運搬する）に花粉をたくさんつけて，巣口にはいってゆくホンシュウハイイロマルハナバチの働きバチである。
　このようにマルハナバチの巣は地中の空所につくられることが多く，巣から地中のトンネルを通って地表の巣口からハチが出入りしている。

3. 地下のノネズミの古巣につくられた
　　ウスリーマルハナバチの巣
ハチさんハチさん，
あなたの巣は柔らかい
枯草のお布団に包まれて温かそうね。
そうよ，あたし達の巣は
ふわふわのお布団に包まれていて，
とても温かいのよ。

　この写真のように，マルハナバチの巣は地中のノネズミの古巣などのように，柔らかい枯草や落葉，コケなどのような植物質の保温材（営巣材料または外被と呼ばれている）に包まれている。そして巣と地表の巣口のあいだは細い地下のトンネルで結ばれている。
　写真5は地下のウスリーマルハナバチの巣を掘りだし，内部のようすを示すために植物質の保温材を開いたところ。保温材の内側にワックス製の薄い膜状の内被がつくられている場合が多い。暗闇から急に白日のもとにさらされたために，ハチたちはまぶしそうに巣の奥へ隠れようとしている。
　このようにマルハナバチの自然巣は，地下の暗くて狭い空間につくられているので，巣内のハチの生活をのぞくのは困難である。そこで本書では巣箱のなかで飼育したクロマルハナバチの生活をのぞいてみることにした。

4. 巣の全体構造
マルハナバチの巣って不思議。
まるでお団子をコロコロ積み重ねたよう。

　写真6の左の方の黄色い丸い塊は，繭の集まりで，内部には蛹がはいっている。その右側の茶色と黄色のまだらになった塊は老齢幼虫室で，丸いぶどうの粒のようになっているところに老齢幼虫が1匹ずつはいっている。写真中央やや上の茶色の塊は中齢幼虫室で，内部には10匹前後の幼虫が集団で生活している。その右側の繭の上につくられた小さな茶色の丸い塊（横向きの矢印）は卵室で，このなかに10個前後の卵がひと塊になってはいっている。写真右端の丸い穴が多数開いた茶色の塊は蜜壺の集団で，このなかに蜜が蓄えられている。
　蜜壺のすぐとなりにいる大型のハチ（下向きの矢印）が女王で，それ以外のすべてのハチは働きバチで，この女王の子どもである。
　ほかのマルハナバチの巣も，基本的にはこれと同じ構造になっている。このような奇妙な構造の巣は，どのようにしてつくられてゆくのだろうか。つぎにそれを1つずつ見てゆくことにしよう。

第2章　卵室の形，女王の卵室づくり，そして産卵行動を撮る

5. マルハナバチの卵室

黄色い繭の上についている茶色いロウの塊は何なの。これはね，とっても大切なものなの。このなかにあたし達の卵がたくさんはいっているのよ。

　ミツバチやアシナガバチなど多くのハチの巣では，1つの巣室（幼虫を育てるための部屋で，育房とも呼ばれる）に1個しか産卵されない。マルハナバチのように1つの巣室に数個の卵が一括して産みつけられる例は，ハチの仲間としてはきわめて珍しい。

　マルハナバチの巣室は繭の上にワックスでつくられる。ワックスとは濃褐色の柔らかい物質で，マルハナバチ成虫の腹部の背面と腹面から分泌される蜜ろうに多量の花粉などが混ぜられた建築材料である。このワックスで直径6～7 mm，高さ5 mmぐらいの部屋をつくり数個の卵をいっしょにして産んだあと，ワックスで密封する。このように卵のはいっている巣室のことをマルハナバチ類では卵室と呼んでいる。そして巣室内の卵が幼虫になると，その巣室は幼虫室と呼ばれる。

　写真7は繭の上に1個だけ独立してつくられた卵室と2個接続してつくられた卵室である。卵室は茶色いワックスでつくられ，表面はなめらかに磨かれている。

　クロマルハナバチでは，女王の産卵力が旺盛なときに，しばしば1か所に多数の卵室が接続してつくられる場合がある。写真8では1か所に8個の卵室が連続してつくられた。

　卵室の基本的な形は写真9のように繭の上側部に茶色いワックスでしっかりと接着してつくられる。直径6～7 mmで，高さ約5 mmの半球型（ドーム型）である。多くはこの写真のように，2個または3個の繭の合わせ目につくられている。

　写真10は，写真9の卵室のワックスの壁を開いて，内部のようすを示したもの。このように1個の卵室のなかに，数個～十数個の卵（この卵室では表面から見えるだけでも7個の卵）がひとまとめに産みつけられている。

6. コマルハナバチの卵室
あれー変な卵室。オレンジや黄色い花粉が詰め込まれてる。それに1か所にどうしてこんなにたくさんまとめて卵室がつくられるの。

　本州の平地には，クロマルハナバチと色彩のよく似たコマルハナバチが各地に広く分布している。このマルハナバチは産卵のしかたがクロマルハナバチとは異なり，卵室をつくってから産卵の前に，卵室の底へ花粉を詰め込む。

　写真11のように，1か所に数個の卵室がまとめてつくられる。しかしすぐに産卵が行なわれるのではなく，そのまましばらく空室になっている。そのあいだに花粉を採集してきた外役バチが，この卵室のなかにつぎつぎと花粉荷を落とし，巣内バチがすぐにその花粉団子を卵室の底に押し固める。この写真では，3個の卵室に花粉が詰め込まれているが，中央左側の卵室にはまだ花粉が詰め込まれていない。

　このように花粉が詰め込まれると，女王はつぎつぎに産卵する。産卵に先だって女王は花粉蜜塊の表面をていねいにこねて，なめらかにする。

　写真12は一部の卵室に産卵が行なわれた状態を示している。中央上部の2個と最下部の1個の卵室は，すでに産卵が終了して，ワックスで閉じられている。

　写真13は全部の卵室に産卵された状態を示している。この卵室群では1か所に6個の卵室が結合してつくられている。女王の産卵活動が活発な時期には，このような卵室群が，24時間にほぼ1個の割合でつくられる。

　写真14はこうしてつくられた1つの卵室群を巣から静かに取りはずして，裏返しにして見たところである。このように個々の卵室の底に，花粉が厚く詰め込まれているようすがわかる。

　写真15ではこの卵室群の表面のワックスの覆いを静かに取り除いて，個々の卵室内の卵の配置を示した。ワックスでしっかりと密封されているので，慎重に分解しても，内部の卵の配置がかなり乱れてしまった。しかし個々の卵室に，それぞれ4，5，4，4，4個の卵が産下されている状態がよくわかる。

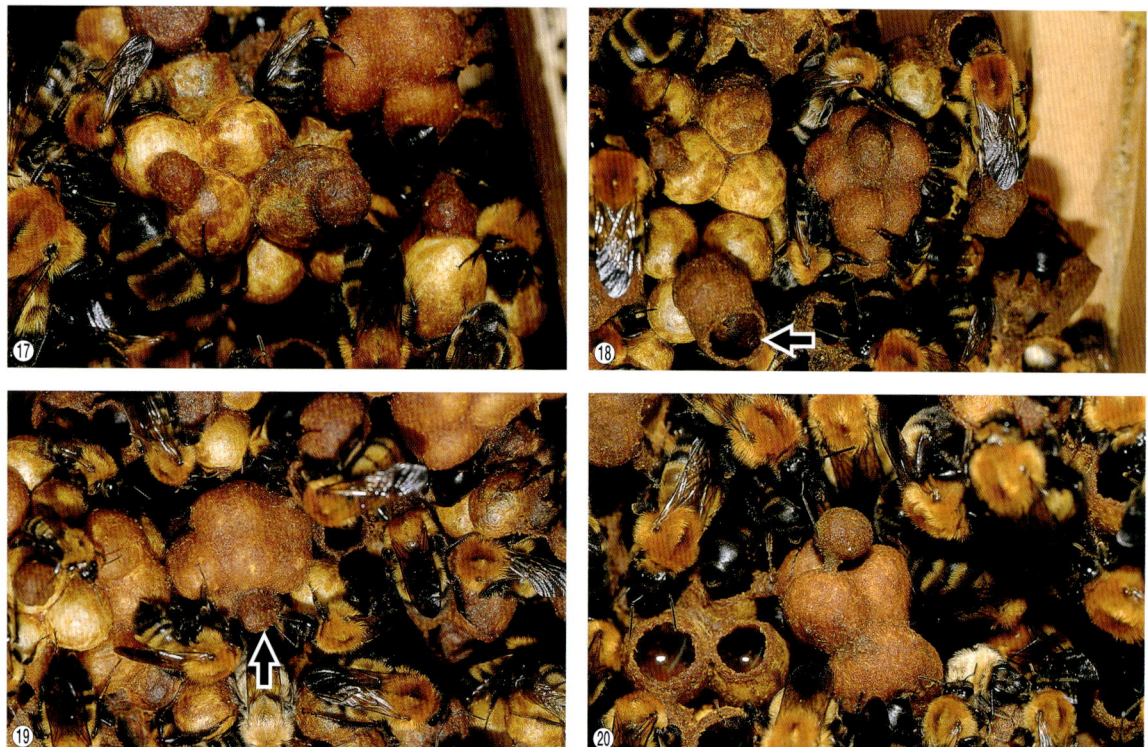

7. トラマルハナバチの卵室
トラマルさんの卵室ってどこか変ね。1個ずつばらばらだし、それにまだ繭になってない幼虫室の上にもつくられてる。

　本州の平地には各地に広くトラマルハナバチが分布している。このマルハナバチはクロマルハナバチと違ってオレンジ色のよくめだつハナバチで、産卵のしかたもクロマルハナバチとは少し異なっている。

　写真16のように、トラマルハナバチでは各卵室は1個ずつ分離してつくられる。クロマルハナバチやコマルハナバチのように、1か所に数個の卵室がまとめてつくられることはない。

　写真17のように1つの繭塊上に2個以上の卵室がつくられる場合でも、それぞれの卵室は離れたところにつくられる。

　写真18はまだ営繭（幼虫が絹糸を吐いて繭をつくること）していない幼虫室の上につくられた卵室である。トラマルハナバチではこのように幼虫室上にしばしば卵室がつくられるが、クロマルハナバチやコマルハナバチでは幼虫室の上に卵室がつくられることはない。

　写真19は幼虫室の花粉ポケットのなかに産卵して、卵室にした例（矢印）である。花粉ポケットとは、トラマルハナバチの幼虫室の側面につくられたワックス製のポケット状の袋で、ここから幼虫室へ花粉が投入される。写真18の矢印が花粉ポケットである（詳しくはp.35参照のこと）。女王の産卵活動がさかんな時期には、このように花粉ポケットのなかに産卵する例がときどき見られる。花粉ポケットに産卵された卵は、ふつう、産卵後1〜2日以内に取り除かれて、再び花粉ポケットとして利用される。しかしそのまま卵室として残され、その幼虫室の別の場所に新しく花粉ポケットがつくられる場合も稀には見られる。

　写真20は幼虫室上につくられて、産卵後3日ぐらい経過した卵室である。幼虫の発育につれて幼虫室が変形し、卵室は土台の幼虫室からやや浮き上がったような状態になっている。しかしトラマルハナバチでは1つの幼虫室から発達した繭群はクロマルハナバチのそれよりも固く結合しているので、卵室が営繭時に転落するようなことはない。

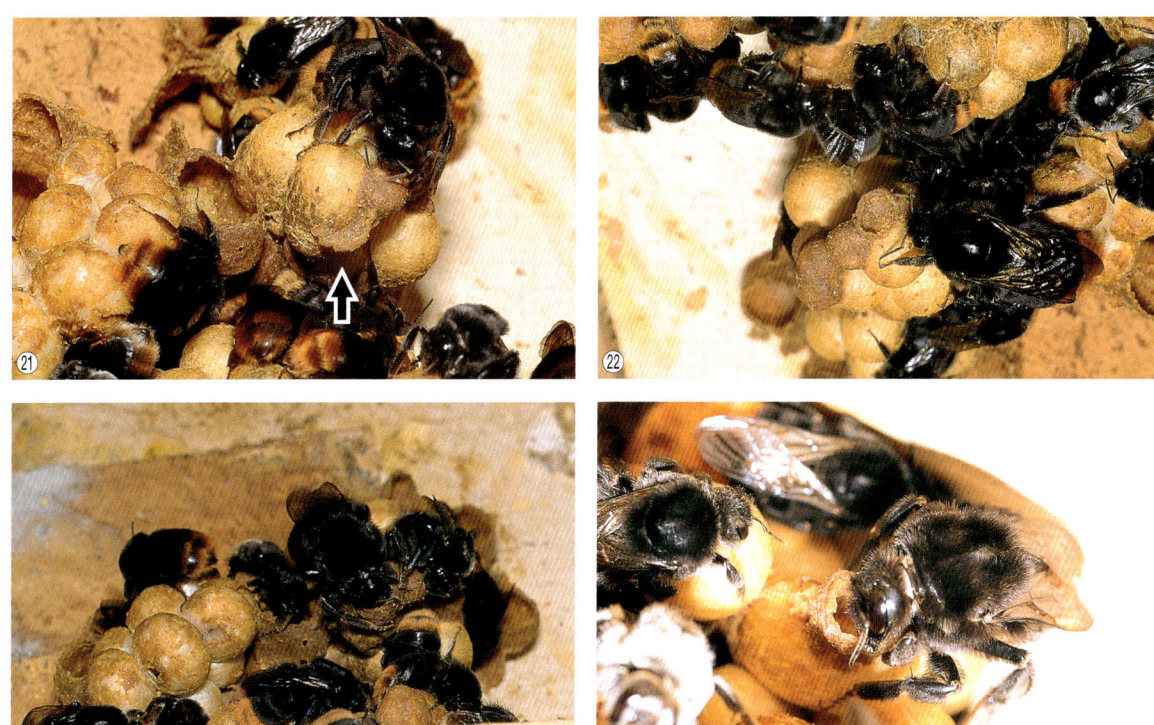

8. 卵室づくり

ねえハチさん，忙しそうに何してるの。今ね卵を産むために卵室をつくっているところよ。あたし達は女王が自分で卵室をつくらなければならないのよ。ああ忙しい。

　写真21〜24は女王が卵室づくりをしているところ。写真21では1つの卵室に接続して，新しい卵室が建築中である。茶色いワックスですでに卵室の基礎の部分が半円形につくられている(矢印)。上方の大きなハチが女王で，上の卵室の壁をこねて，新しい卵室をつくるためのワックスを少しずつかき取っている。

　写真22は新しい卵室の外形がほぼ完成し，女王は一休みしている。

　写真23は卵室の内面をきれいに磨いて，卵室づくりの仕上げをしているところである。

　写真24は女王の卵室づくりのようすを拡大して示した。触角で卵室に触れながら，大顎でじょうずに卵室をつくっている。

　このようにマルハナバチでは女王が自分自身で卵室をつくり，そのなかに産卵する。1つの卵室をつくるために，女王は建築材料であるワックスを集めに，建築場所から巣内の各所へ数十回もでかける。巣の各所から少しずつワックスをかき取ってきて，徐々に卵室の壁を高く伸ばしてゆく。実働時間にして30〜40分ぐらい材料集めと建築活動を繰りかえして，やっと卵室ができあがる。卵室は直径6〜7mm，深さ5〜6mmのお茶わんのような形をしている。外形が完成すると，内面がなめらかに磨かれて，卵室は完成する。

9. 産　卵

女王バチさん，おしりを上にしてそんな格好で何してるの。うーん苦しい。今卵を産んでいるところなの。

　卵室が完成すると，女王は興奮気味で卵室の内面磨きを続ける。このとき，卵室を中心にぐるぐる回ったり，卵室の上にのって尾端をいれるような行動を1～2回することもある。それからまた向きなおり，興奮しながら卵室の縁をこねるが，やがて卵室の上にのって，尾端をしっかりと卵室のなかにいれる。

　写真25は女王の産卵中の姿勢を後ろから見たところ。後ろ向きになり尾端を卵室にいれて産卵姿勢になる。このようにして腹部を伸縮させながら30秒ぐらい経つと，卵室のワックス壁を貫通して，女王の針がニュッと突きだされる。それから徐々に針が引っ込められ，やがて完全に見えなくなった瞬間，女王の腹部がわずかにピクリともち上げられる。徐々に排出されてきた卵が，この瞬間に産み落とされる。

　ほかのハチならばこれで産卵は終わるのだが，マルハナバチではここからが違ってくる。卵を1個産み落とした女王は，まだ産卵姿勢を続けている。また腹部を大きく伸縮させ，後脚をパタパタ動かす。そして1回目と同じように卵室の外へ女王の針が突きだされる。第1卵を産んでから40～50秒で，第2卵が産み落とされる。こうして女王は数個～十数個の卵を産み続ける。

　写真26は産卵中の女王を上から見たところ。頭部を下げて触角を顔面に密着させ，後脚をパタパタ動かしている。

　写真27は横から見たところ。尾端を卵室にいれて前脚と中脚でしっかりと体を支え，後脚で卵室の基部を握っている。

　写真28は女王の針（矢印）が卵室の外へ突きだされているところで，今徐々に卵が卵室のなかへ排出されている。

　写真29は産卵中の女王の尾端に1匹の働きバチが近づいて，触角で女王の針に触れているところである。

　写真30は巣の発達後期になって，巣内に多数の産卵性働きバチが出現した段階での女王の産卵シーンである。このように多数の働きバチが女王の尾端に集まり，卵室をこじ開けようとしたり，女王の尾端をかじったりして，産卵を妨害している。こうした行動が繰りかえされると，女王の正常な産卵活動はできなくなる。

10. 卵室閉じ

あら卵がたくさんはいってる。ねえもっとよく見せて。だめだめ，すっごく急いでるの。早く部屋を閉じないといけないのよ。この瞬間が一番危険なの。

　　最後の卵を産んだあとも女王は1分ぐらい産卵姿勢を続けているが，やがて卵室から尾端を抜くと，ただちに卵室の方に向きをかえ，卵室閉じを始める。全体の産卵時間(卵室に尾端をいれてから，最後の産卵を終えて尾端を抜きとるまでの時間)は，クロマルハナバチでは一般に6〜7分である。

　　写真31は産卵終了して尾端をはずし，まさに向きをかえようとしている瞬間である。卵室のなかには多数の卵がきちんと並んで産み落とされている。

　　写真32は女王が卵室閉じをしている最中である。卵室閉じは初め卵室の縁を内側へ折り曲げるようにして穴を閉じる。この写真では，すでに半分ほど閉じられている。卵室閉じのときは女王はきわめて熱心に仕事を続け，ほかのハチが近づいてもまったく無関心で，最後までいっきに穴を閉じ終える。

　　写真33は穴が完全に閉じられ，引き続き表面をこねているところ。働きバチが1匹表面こねをしているが，女王は攻撃をすることもない。

　　写真34は完全に閉じられた直後の新しい卵室である。表面がでこぼこで，全体の形もなめらかなドーム状にはなっていない。しかし卵室はたえず表面をこねられ，やがて写真7(p.4)のようになめらかなドーム形になる。

　　卵室閉じの所要時間はクロマルハナバチの場合一般に2分前後である。穴がふさがらないうちに働きバチがきて閉じるのを手伝おうとすると，女王は頭部で軽く押しのけようとする場合もあるが，穴が閉じ終わって表面こねをしているときに働きバチが手伝っても，押しのけるようなことはない。

　　マルハナバチの産卵行動は，このように女王によって，卵室づくり—産卵—卵室閉じという行動が連続的に行なわれるのである。マルハナバチの巣では卵が卵室のなかに産み落とされたあと，卵室はワックスでしっかりと閉じられてしまうので，外から直接卵に接触することができない。それでは幼虫がかえったあと，どのようにして子育てが行なわれるのだろうか。

第3章　働きバチによる食物の貯蔵と摂食の行動を撮る

11. 巣室への触角挿入
ハチさん卵室のなかへおひげ(触角)をいれて何してるの。卵がかえったかどうか，なかのようすを見ているところよ。

　写真35では1匹の働きバチ(矢印)が卵室の壁に小さな穴を開けて，左側の触角をそこから卵室のなかへいれ，内部のようすを調べている。この行動はすばやく行なわれ，触角を引き抜くとただちに穴を閉じてしまう。

　写真36は，ふ化直後の若い幼虫のいる幼虫室(以下，「若い幼虫室」と表記)へ触角挿入中のハチ(矢印)である。卵室だけでなく幼虫室に対しても，しばしば触角挿入が行なわれる。

　マルハナバチではこのように卵室や幼虫室の壁に小孔を開け，そこから触角を挿入して一瞬で内部のようすを調べ，ただちに小孔を閉じる行動がしばしば見られる。これは専門用語で，巣室内点検と呼ばれ，外から直接接触することができない巣室内の卵や幼虫の状態をチェックするための重要な行動である。

　こうして卵室内の卵が，幼虫になったのを確認すると，いよいよ忙しい子育てが始まる。

12. 外役バチの蜜吐き

さあ，おいしい蜜をたくさん集めてきたわよ。どれどれ，早く味見させて。

　マルハナバチの幼虫の食物は蜜と花粉の混合液である。働きバチは蜜と花粉を飲み込んで混合液にして，それを少しずつ吐きもどして幼虫に与えるのである。このため幼虫の発育には多量の蜜と花粉が必要になる。野外の花から集められた花蜜は蜜壺のなかに蓄えられる。蜜壺にはワックスでつくられたものと，ハチが羽化したあとの空繭から改造されたものとがある。一般にワックス製の壺は巣の周辺部に多くつくられ，野外から集められたばかりの，花蜜がいれられる。空繭の壺には，濃い蜜が蓄えられ，壺の口はワックスで閉じられる場合もある。

　写真37は蜜を満腹にして帰巣した外役バチ（中央）が蜜壺に頭部をいれて，今まさに蜜を吐きもどそうとしているところである。となりにいるハチが触角を伸ばして，外役バチの背中についた花粉に触れている。

　写真38は腹部をギュッと収縮して，蜜を吐きもどしたところである。上部の3つの壺には，すでに蜜が蓄えられている。外役バチの右側のハチは蜜壺にもぐり込んで，壺の修理をしている。

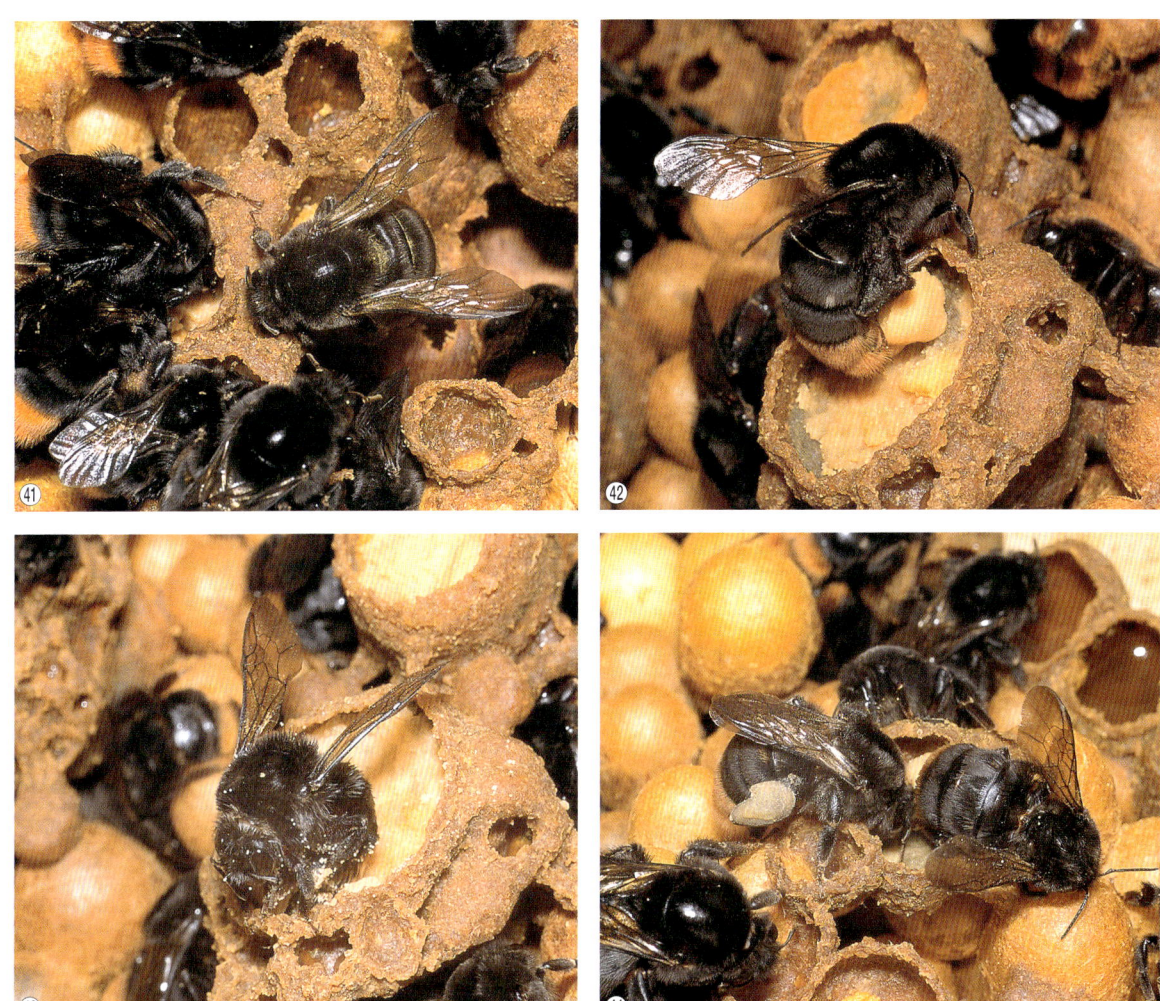

13. 花粉採集バチの花粉落とし

ああ重い重い，こんなにたくさん花粉がとれたわよ。さあ早く荷物をおろして，また集めに行こう。

　マルハナバチなどミツバチ科のハナバチでは，後脚の脛節が平滑になり，周囲にだけ長い毛がある特殊な構造になっている。これは花粉バスケットと呼ばれ，花粉採集バチは写真39のように，ここに花粉を団子のようにくっつけて，巣へ運んでくる。

　写真39は両脚の花粉バスケットに大きな花粉団子をつけて帰巣した外役バチが，花粉荷をおろすのに適した花粉壺をさがすため，壺を点検しているところ。

　写真40のように，気にいった花粉壺が見つかると，壺の上にのり，前脚でしっかりと体を支える。そして両翅を半開きにしてもち上げ，中脚と後脚を壺のなかへいれる。

　写真41は花粉落とし中のハチを真上から見たところ。このように前脚で体を支え，翅を半開きにしているのが，花粉落としの典型的な姿勢である。

　写真42はまさに花粉団子をこすり落としている瞬間である。このように中脚をうまく使って，後脚の花粉バスケットについている花粉をこすり落とす。

　写真43は前から見たところ。このように前脚だけで体を支え，巧みにバランスをとりながら作業をしている。

　写真44は前方のハチがまだ花粉落とし中なのに，後方のハチが待ちきれず花粉落としをしようとしている。午前中，訪花活動のさかんなときには，このように巣内のあちこちで，帰巣した外役バチがあわただしく動き回り，巣内がもっとも活気にあふれる時間帯である。

14. 花粉壺のなかの花粉
わあー黄色いお団子２つ。これ何。花粉採集係のハチが花からとってきたばかりの花粉団子よ。

　花粉壺は一般に巣の中央につくられることが多く、写真 45 のようにワックス製の大きな壺と、空繭から改造された壺とがある。

　写真 45 は花粉壺に落とされた花粉団子が、まだ壺のなかに押し固められずに、そのまま放置されているところ。左側のハチは脚に力をいれて体を支えながら、花粉を押し固めている。

　写真 46 の中央上部左側の花粉壺では、花粉の表面に細かいくぼみが多数見える。これは写真 45 のような花粉団子を巣内バチが押し固めた直後のようすである。花粉押し固めをする場合、ハチは少しずつ蜜を吐いて花粉を柔らかくしながら、大顎で押しつけるので、このような小さいくぼみが多数できる。

　写真 47 は 1 か所に多数の花粉壺がまとめてつくられたところ。子育ての最盛期には、このように多数の花粉壺がつくられて、多くの花粉が蓄えられるが、一晩でこれらの大半が消費されてしまう。幼虫の胃袋はまさに底なしだ。壺のなかの花粉の色は、黄色、白、灰白色などさまざまであるが、これは花粉源植物の種類によって、花粉の色が異なるためである。

15. 花粉食べ

ハチさん，壺のなかにもぐり込んで何してるの。ちょっときゅうくつだけど，あたし達こうして花粉を食べるの。可愛い子どもたちに花粉をたくさん食べさせたいのよ。

　写真48は花粉壺にもぐって，花粉を摂食中のハチである。このような姿勢なので，摂食中のハチの口部の細かい動きはわからない。そこで写真49のように，人為的に花粉壺の口から高く盛り上がるように花粉蜜塊を与えて，花粉摂食中のハチの口部の動きを調べてみた。

　写真49のように花粉摂食中のハチはまず大顎で花粉を少しかき取る。つぎに蜜を少しずつ吐きもどしながら大顎でかみほぐして，花粉と蜜をよく混ぜる。最後にその混合液を飲み込む。この行動を繰りかえしながら，少しずつ花粉を食べるのである。

第4章 幼虫室の形と、働きバチの幼虫への給餌行動を撮る

16. 自由に拡大できる幼虫室
この茶色の塊のなかには何がはいっているの。これはね、幼虫がたくさんはいっている育児部屋なのよ。

　写真50は上から下へ順次発達してゆく3つの幼虫室を示している。マルハナバチでは写真10(p.4)のように1つの卵室に数個の卵がはいっているので、幼虫がかえったあとも1つの巣室(幼虫室)のなかで、数匹の幼虫が集団生活をしている。このような1つの巣室での集団育児はハチの仲間ではきわめて珍しい例である。さらにこの写真のように、幼虫の発育につれて幼虫室がしだいに拡大してゆくのがわかる。

　写真51は老齢幼虫のいる幼虫室(以下、「老齢幼虫室」と表記)で、丸い1つひとつの膨らみのなかに1匹ずつ大きな幼虫がはいっている。そして中央の同じ茶色の11匹の幼虫集団が、1つの卵室から発育した幼虫である。クロマルハナバチの老齢幼虫室では、このように給餌孔(働きバチが幼虫室壁を開いて花粉蜜混合液を与えるときの穴)が開いたままになっているので、内部の幼虫の体の一部が白く見えている。

　最初直径わずか6〜7mmだった卵室がこのように大きく拡大される。マルハナバチの幼虫室は伸縮自在なワックス壁でできているので、内部の幼虫の発育につれて、自由に拡大することができる。拡大可能なワックス製の巣室での集団育児、これこそがマルハナバチが獲得した独特の育児習性なのである。

17. コマルハナバチの幼虫室
クロマルさんの幼虫室とそっくりだけど，ずいぶん大きいのね。そうよ。1つの部屋に20匹以上も幼虫がはいっているのよ。

　コマルハナバチの産卵のしかたはクロマルハナバチと異なっているが，育児法はクロマルハナバチと同じである。

　写真52のように，幼虫室の側面にはどこにもトラマルハナバチのような花粉ポケット（写真115～119，p.34～35）はつけられない。花粉は幼虫室から離れたところにつくられた花粉壺のなかに蓄えられ（写真45～47，p.14），花粉と蜜の混合液にして与えられる。コマルハナバチの幼虫室では1個あたり20～25匹の幼虫がはいっているので，クロマルハナバチの幼虫室よりも大きくなる場合が多い。

　写真53は老齢幼虫室で，クロマルハナバチと同じように丸い膨らみのなかに1匹ずつ大きな幼虫がはいっている。各幼虫室の給餌孔は，働きバチによって給餌されたあとすぐにワックスで閉じられてしまうので，クロマルハナバチのように給餌孔が開いたままで，そこから内部の幼虫が見えることはない（写真51）。

　さて，マルハナバチはどのようにしてワックス壁で包まれた幼虫に食物を与えることができるのだろうか。この給餌法はきわめてユニークなものであり，それを詳しく示すことが本書の目的なので，少々くどくなるが同じようなようすの写真をつぎにいくつか示そう。

18. 若い幼虫への給餌行動
よしよし，おなかがすいたかい。今ごちそうをあげるから，たくさんお食べ。

　写真54はふ化直後の若い幼虫室を開いて，幼虫に花粉蜜の混合液を吐きもどして給餌しているところ。

　写真55も同様に若い幼虫室での給餌行動を正面から見たところである。給餌するハチは，まず幼虫室のワックス壁に大顎で直径2〜3mmの穴を開ける。つぎにその穴に写真のように口部をぴったりと差し込み，腹部をギュッと1回収縮する。そして花粉蜜の混合液を1滴吐きもどすと，すぐに穴から口部を離して穴を閉じてしまう。吐きもどされた花粉蜜の混合液は内部の幼虫によって，ただちに食べ尽くされる。

　写真56は若い幼虫室の壁に開けた穴に口部をぴったりと差し込み，今まさに花粉蜜の混合液を吐きもどそうとしているところである。

　写真57はふ化後3〜4日経って，やや大きくなった幼虫室での給餌行動である。給餌をするハチは1つの幼虫室だけに留まっていないで，巣内の各所を移動して，つぎつぎと別の幼虫に給餌する。

19. 幼虫のバーストと幼虫放棄

大変たいへん，子ども部屋が破れちゃったわ。急いで修理しないと子ども達がこぼれ落ちるわ。まあーどうしましょ。子ども達が押しくらまんじゅうして，こぼれ落ちちゃったわ。外へ捨てちゃいましょ。

　ふ化後3〜4日経ち，幼虫が順調に発育するにつれて，幼虫室は急速に拡大する。この時期に巣内温度が上昇して，ワックス壁が柔らかくなっていると，内部の幼虫の動きによって，ワックス壁が破れることがある。この時期の幼虫は互いに活発に体を動かして，巣室内で有利な位置を確保しようとする。幼虫の押しくらまんじゅうによってワックス壁が破れ，内部の幼虫がこぼれ落ちてくる場合もある。私はこれを幼虫のバースト(burst)と呼んでいる。働きバチはこのような危険性がないように，つねに幼虫室の表面をこねて，小さい裂け目もていねいに補修している。

　写真58は幼虫バーストによって幼虫室に大きな裂け目が生じてしまったところ。もはやこのままでは，裂け目の修繕は困難である。

　写真59も幼虫のバースト。補修しきれなくなった裂け目から，すでに1〜2匹の幼虫が捨てられたあとである。働きバチが一生懸命に裂け目の修繕をしている。

　写真60, 61において中央のハチがくわえている白い塊は，幼虫バーストの結果幼虫室から押しだされた幼虫である。マルハナバチでは幼虫室のなかにはいっている幼虫は養育されるが，幼虫室から押しだされて完全に虫体が露出してしまった幼虫は養育の対象とはならず，"ごみ"として巣外に捨てられてしまう。

　こうして，ふ化後5〜6日経つと幼虫室内での各幼虫の位置が確定し，幼虫室の表面に丸い膨らみができて，外部から幼虫の位置がわかるようになる。この時期からは，各幼虫に個別に給餌されるようになる。

20. 老齢幼虫への給餌行動
あんた達ほんとうに食いしん坊なんだから。だっていいじゃない。僕たちに食べさせてくれるのが母さん達の仕事だろ。

　幼虫室内で各幼虫の位置が確定してからの幼虫への給餌は，幼虫1匹ずつの個別給餌になる。この時期になると，クロマルハナバチの幼虫室には給餌したあとのワックス壁の穴が，開いたままになっている。したがって給餌バチはこの穴に口部を挿入して，花粉蜜混合液を吐きもどし，穴をそのままにしてつぎの幼虫に給餌する。すなわち，老齢幼虫への給餌の場合は，給餌孔の開閉作業が省略されるのである。

　写真62, 63は営繭3〜4日前の幼虫室での給餌行動である。すでに各幼虫は完全に1匹ずつに分離して，それぞれに給餌孔が開いているので，給餌バチはこの穴に口部をいれて給餌すると，そのままですぐに立ち去る。このように給餌孔が開いている場合でも，給餌バチはしばらくのあいだ給餌孔の縁をこねたり，触角と大顎でやさしく幼虫の体に触れ続ける。そのあいだに幼虫も食物を受け取りやすい姿勢になる。

　写真64〜66は営繭直前の老齢幼虫室での給餌行動である。このように大きな給餌孔が開いているので，給餌バチは頭部全体をスッポリと穴のなかにいれて，幼虫に食物を与えている。このように給餌バチは幼虫に直接触れながら給餌するにもかかわらず，食物を幼虫に口移しで与えることはない。次の写真67のように幼虫の腹面に食物を付着させるだけである。

21. 幼虫の摂食行動
僕たち子どものお食事のマナーはこんな格好なんだ。ああおいしいおいしい。いくら食べてもすぐおなかがすくんだもの。

　写真67において矢印の幼虫は食物を受け取った直後で，首を伸ばしてせっせと液状の食物を飲み込んでいる。食物は給餌バチから幼虫に口移しで与えられるのではなくて，腹面を内側にして丸くなっている幼虫の腹面に，液状の食物が1滴置かれるのである。

　写真68の矢印は摂食中の幼虫の行動を示している。このように幼虫は自分の腹面に置かれた食物のところに頭部を近づけ，大顎を開閉しながら食物を飲み込んでいる。幼虫の腹面が黄色っぽく見えるのは，給餌バチが吐きもどした食物のあとが残っているためである。

　このようにマルハナバチでは成虫と幼虫が口移しで食物交換をすることがないし，成虫どうしでも決して口移しの食物交換は見られない。

第5章　卵室から幼虫室へ，そして繭の完成までの変化を撮る

22. 第49番巣室の発達経過

うわーすごい，同じ1つの子ども部屋がだんだん大きくなるようすがよくわかるね。少しずつ子ども部屋の位置が移動してるようすもわかるよ。

　写真69の右下が第49番巣室（矢印）で，内部はまだ卵である。
　写真70は，ふ化後2日目（矢印）。
　写真71は，ふ化後3日目で，内部の幼虫の位置が膨らみとなって表面からもわかる。
　写真72は，ふ化後4日目で，幼虫室全体がやや下方に向かって拡大している。
　写真73は，ふ化後5日目で，巣室全体が右側にやや回転している。
　写真74は，ふ化後5日目で，幼虫の激しい動きで幼虫室の壁に大きな裂け目が生じてしまった。
　写真75は，ふ化後6日目で，幼虫のバーストも終わり各幼虫の位置が確定した。

写真 76 は，ふ化後 7 日目で，幼虫室に給餌孔が開いたままになっている。
写真 77 は，ふ化後 8 日目で，幼虫の急速な発育のためワックス壁が薄くなって，ところどころに細かい裂け目ができている。
写真 78 は，ふ化後 9 日目で，幼虫の大きさの差が顕著になり下方の不利な位置の幼虫は小さい。
写真 79 は，ふ化後 10 日目で，下方の小型幼虫は繭をつくり始めている。
写真 80 は，ふ化後 11 日目で，小型幼虫の繭はほぼ完成し，上方の大型幼虫も繭をつくっている。下方の大型幼虫は未営繭だ。
写真 81 は，ふ化後 13 日目で，全部営繭完了した。

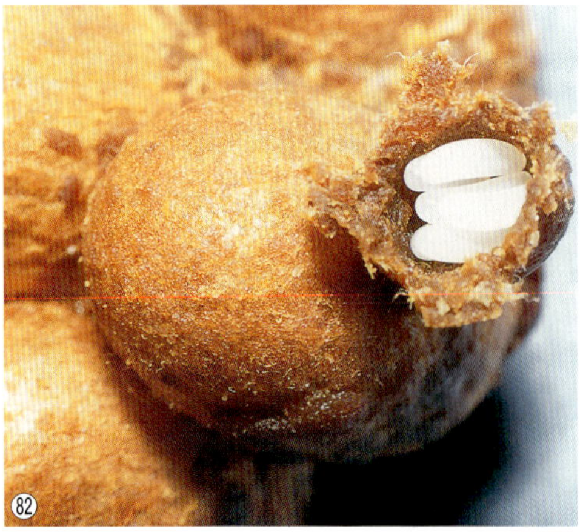

82

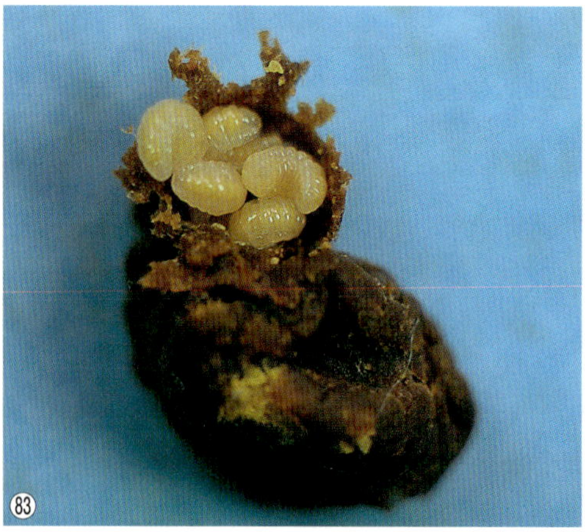

83

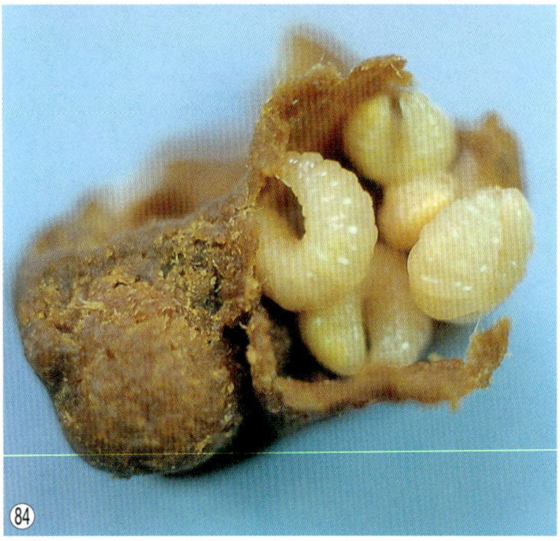

84

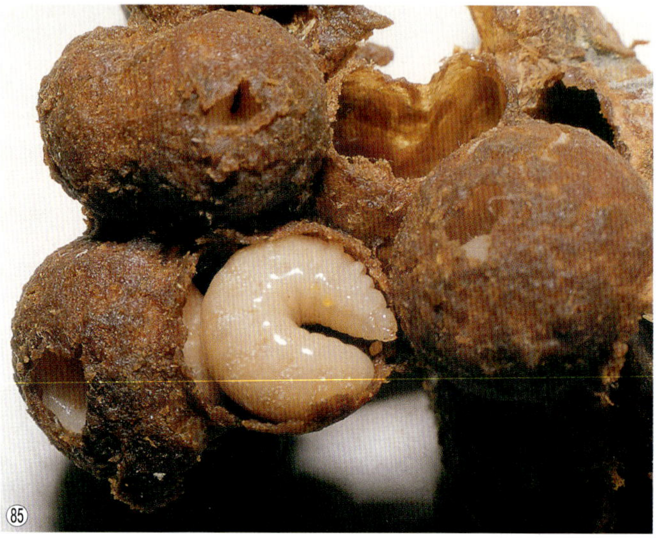

85

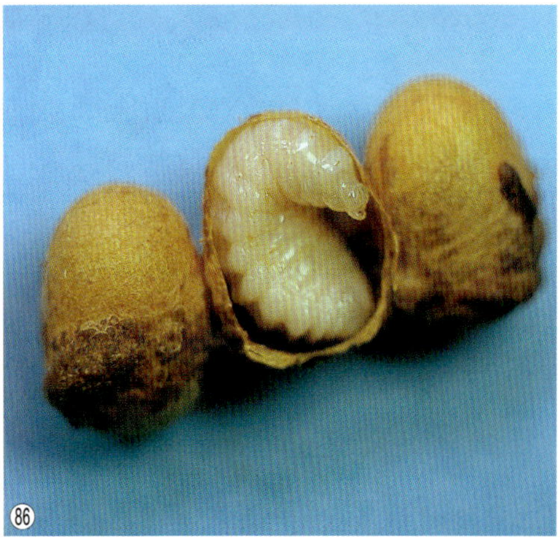

86

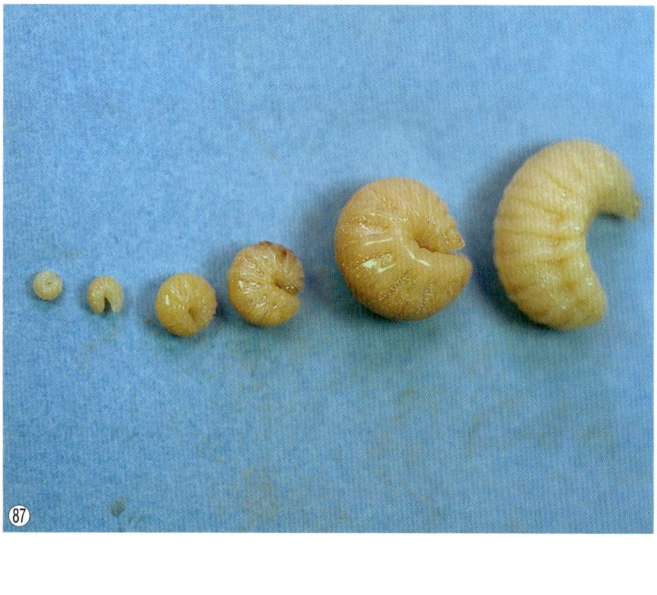

87

23. 発育ステージ

ねえ君たち，1つの部屋でみんないっしょに生活できるなんて楽しいだろうね。じょ，じょうだんよしてよ。僕たち狭い部屋で毎日みんなで押しくらまんじゅうして疲れちゃうよー。

　マルハナバチの給餌法と幼虫室の発達経過はわかったので，つぎに巣室内での卵から蛹までの発育の経過を見ることにしよう。

　写真82は卵室内にほぼ水平に並べて産み落とされた卵である。マルハナバチではこのように，水平にきちんと並べて産卵され，卵室には食物ははいっていない。ただし，コマルハナバチやトラマルハナバチでは，産卵前に花粉団子が少量詰め込まれる。卵は乳白色で，長さ3mm前後，幅1mm前後である。卵期間はクロマルハナバチでは5日，コマルハナバチやトラマルハナバチでは4日である。

　写真83は，ふ化後1日経った若齢幼虫である。消化管に食物（花粉）がはいっているため，体色は黄白色になっている。幼虫は頭部と尾端がくっつくぐらいに腹面を内側にして丸くなっている。この時期の給餌法は集合給餌であり，幼虫室内に適当に吐きもどされた食物の近くにいる2～3匹の幼虫が，集合して食物を摂取する。

　写真84は，ふ化後3日ほど経った幼虫である。この時期になってもまだ幼虫は1つの部屋で集団生活をしている。したがって給餌法も集合給餌であるため，巣室の表面に近い有利な位置にいる幼虫は受け取る食物の量が多く，早く大きくなる。しかし巣室底部の不利な位置の幼虫は少量の食物しかもらえず，体は小さい。

　写真85では，ふ化後すでに7～8日経って各幼虫が完全に分離して，1匹ずつ各自の小部屋にはいっている。この時期には個別給餌されるため，各小部屋のほぼ中央に給餌孔が開いたままになっている。内部の状態を示すため，中央の小部屋の室壁は除いてある。このように老齢幼虫になっても丸くなっていて，給餌の際はこの腹面のくぼみに食物が吐きもどされる。

　この時期になると幼虫は糞を排出し始める。幼虫の糞は乾燥した小さいペレット状で，幼虫は小部屋の壁にこのペレット状の糞を押しつけるようにして排出し続ける。

　写真86は営繭完了後2日目の繭を切断して，内部の前蛹を示したところ。幼虫は繭のなかではこのようにほぼ垂直に立ち上がった状態になっている。

　写真87は左から右へ順次幼虫の発育状況を示したもので，右端の縦長になっているのは，繭内のほぼ前蛹に近い個体。

　写真88は繭内の蛹で，蛹化直後は全身乳白色であるが，しだいに複眼がピンクになり，さらにこのように紫褐色になり，やがて全身黒色になる。

　写真89は黒化した蛹で，羽化間近である。

24. 幼虫の営繭行動

さあもうたくさん食べて大きくなったから，繭をつくろっと。僕たち自分で糸を吐いて，繭をつくれるんだよ。ほら，こんなにじょうずな繭ができただろ。

幼虫は4齢になると幼虫室のワックス壁の内側や，互いに隣接した幼虫間に絹糸を吐いて，薄い絹糸層をつくる。やがて老熟するとさかんに絹糸を吐いて，営繭活動が活発になる。

写真90の中央の幼虫は，繭をつくるために糸を吐いて，給餌孔をふさいでいるところ。すでに幼虫室のワックス壁は働きバチによって少しずつかじり取られたので，まだらになって薄く残っているだけで，黄色く見えるのはつくられ始めた薄い繭の層である。この時点での幼虫室はまだ平べったいまんじゅう型であるが，やがて幼虫は立ち上がって縦長の繭を完成する。

写真91は営繭中の幼虫室で，右上の2つはすでに縦長の形になっているが，まだ給餌孔が開いたままになっている。下の1つはほぼ完全な鶏卵型の繭になっている。薄い絹糸の繭の上に茶色いワックスの巣室壁が残っている。

25. 完成繭からワックスのかき取り

さあ繭ができあがったら，ワックスを取り除いてきれいにお化粧してあげましょうね。あたし達ってリサイクルの天才なの。取り除いたワックスは大切に再利用するのよ。

写真92は完成直後の繭の表面から働きバチがワックスをかき取っているところ。こうして取り除かれたワックスは，貯食壺や幼虫室の修繕などに再利用される。完成した繭は美しい黄色で鶏卵を立てたような形で，1つの卵室から発達した1群の繭は，1か所にかたまって繭の集団になっている。幼虫のときは巣室内で体軸をほぼ水平にして丸まっているが，繭のなかでは頭部を上にして，体軸をほぼ垂直にしてはいっている。

第6章　羽化行動と，成虫間の大きさの違いを撮る

26. 繭　抱　き
おお寒いかい。よしよし，抱いて暖めてあげるからね。

　繭が完成すれば，それでもう働きバチの仕事が終わりというわけではない。巣内温度が下がれば，働きバチはすぐに繭をしっかり抱いて保温する。繭を包むように脚を広げ，腹部下面をピッタリ繭に密着して体内の熱を腹部下面から繭に放出する。このような行動は繭内の蛹から保温行動を促すフェロモンがでているためだという。

　写真93に見られるように繭抱きするハチはこのように繭を包むようにして，腹部を長く伸ばし繭に密着させている。

　写真94のように急に巣温が下がったときにはこの姿勢で，翅を重ねたままでリズミカルに振動させて発音する。この行動によって飛翔筋を激しく動かし，熱を生産しているのである。

　このような保温行動は繭に対しては頻繁に行なわれるが，幼虫室に対する保温行動はあまり見られない。

27. 扇風行動

暑い暑い，これじゃもう自分が扇風機になるっきゃないわ。ああ涼しくていい気持ち。おバカさんねー，あんた達をあおいでいるんじゃないのよ。だいじな繭をあおいでいるのよ。

　保温行動とは逆に，巣内の温度や湿度あるいは二酸化炭素濃度などが高い場合，扇風行動がしばしば観察される。扇風をするハチは，繭などの高い場所に位置して，両翅を激しく一定のリズムで振動させ，ブーブーと発音する。扇風するハチは，触角をまっすぐに伸ばして脚をしっかり踏ん張り，体が浮き上がるのを抑えるようにして，一生懸命翅を振る。

　写真95のように扇風するハチはまっすぐに触角を伸ばし，腹部はやや下方に向け，脚を踏ん張って懸命に翅を振り続ける。

　写真96は繭の上で扇風するハチで，正面と上方のハチは気持ちよさそうに繭に顔をつけて静止している。

28. 繭内の蛹の色が透けて見える

アレー，変だなあー。繭のなかに目玉が2つ見えるよ。そうよ，繭のなかの蛹の眼が黒く透けて見えるのよ。もうすぐ元気なハチさんが生まれてくるわ。

　繭の壁は薄い絹糸の層でできているので，内部の蛹の体色が，繭の外から薄く透けて見える。

　写真97は完成後1週間ほど経過した繭である。内部の蛹の複眼が紫褐色に着色すると，外部からは黒っぽい2つの斑点のように見える。この時期の繭内の蛹の状態は，写真88（p.25）に示した。

　写真98は完成後10日ほど経った繭で，内部の蛹は脱皮して若いハチになっている。外部から成虫の頭部と前胸部の白っぽい体毛が透けて見える。

　このように1個の卵室から繭の集団になるまでの過程を見てきたが，つぎに，繭のなかで羽化した新しいハチが，繭をかみ破って脱出するようすを見てみよう。

29. 新成虫の羽化

いよいよ新しいハチの誕生ね。さあ繭をかみ破るのを手伝ってあげようね。いいよー，自分ひとりででられるから大丈夫だよー。

　クロマルハナバチでは営繭後 12～13 日で，成虫が羽化する。まず，繭内から新成虫が大顎で繭の上側部をかじって穴を開け始める。周囲にいる働きバチも，外から繭をかじって羽化を手伝う。繭の穴が大きく開くと，新成虫は短時間で繭から脱出する。写真 99～104 は羽化のようすを同一の繭について，継続的に示している。写真 99, 101 では働きバチが外から繭をかじっている。

　写真 105 は繭から新成虫が脱出する瞬間を示している。

　写真 106 は 1 匹の働きバチが熱心に繭をかみ破って，新成虫の羽化を手助けしているところ。

　写真 107 は羽化直後の新成虫で，このように毛の色は灰白色で，翅もまだ柔らかい。羽化後 1 日ぐらい経つと毛は黒くなり，翅もまっすぐに伸びる。

　マルハナバチの羽化の際には，周囲にいる働きバチが外側から繭をかじって羽化の手伝いをするが，このような行動はほかのハチでは見られない。

30. 羽化後の空繭そうじ
さあ空繭をきれいにおそうじしましょ。そうすればまた蜜壺にして使えるものね。

　写真108は羽化直後の空繭の内部で，このように底には羽化後の蛹殻などが残っている。

　写真109，110では働きバチが羽化直後の空繭にもぐり込んで，内部をきれいにそうじしている。空繭は内部のそうじをし，さらに羽化口をきれいに丸くかみ切った後，ワックスでていねいに補修して蜜壺や花粉壺として再利用される。しかし，空繭は育児のための巣室として再利用されることはない。

　巣が大きくなると，巣の底の方の古い空繭はぼろぼろにかみ破られてしまう場合が多い。しかし一般に，マルハナバチの繭は下部半分ぐらいはひじょうに硬いので，かみ破られても下半分は残っていることが多い。

31. 成虫の体の大小
うわーずいぶん小さい赤ちゃんバチね。そ，そうじゃないの。あたしこれでも立派なおとなよ。育つときに栄養が足りなくて，こんなおちびさんになったの。

　写真111のようにマルハナバチの巣のなかには，野外では見ることができないような，小さな働きバチがいる。このような小型の働きバチは，巣外にでて食物採集をすることはなく，一生を巣のなかで過ごす。極端に小さい個体は体長がほかのハチの半分以下の場合もあり，まるで別の種類のようである。このように大きさが極端に異なる働きバチが生じる原因は，マルハナバチの育児習性にある。写真83，84（p.24）に示したような集団育児では，幼虫が受け取る食物量に差が生じ，特に巣室底部の不利な位置の幼虫は，食物量が極端に少なくなり，わい小化した個体になるのである。

　写真112はクロマルハナバチの同一巣内の極端に小さい個体から大きな個体までを，順次並べたものである。右端の最大の個体は新女王である。下の標本は比較のために示したセイヨウミツバチの働きバチである。このように最小の個体はミツバチよりも小さい。

　マルハナバチではこのように，働きバチのサイズの個体間差が大きいため，サイズ差に基づいた分業がよく知られている。一般に大型個体は外役バチ，小型個体は巣内バチという傾向があり，また外役バチもサイズ差によって，訪花植物の種類が異なることが知られている。

⑬

⑭

32. 繭塊底部のわい小化した繭

アレー，変なの。大きい繭の底に小さい繭が1つくっついてる。そうよ，ひどいわよ。みんなでごちそう横取りしちゃったんで，あたしだけこんな栄養不良になっちゃったのよ。

　写真113のように同じ1つの卵室から発達した繭群は，上から見るとほぼ同じ大きさの繭になっている。

　しかし1つの繭群をひっくりかえして下側から見ると，写真114のように小さい繭がついている場合がある。この繭は幼虫のときに幼虫室の一番下に位置していたため，給餌バチからあまり食物をもらえなかった幼虫である。それでもこの幼虫は空腹に耐えて生き延びようとし，給餌バチも苦労して幼虫室の下にもぐり込んで，ときどき食物を与え続けた結果，このようなわい小化した繭になったのである。

　写真111, 112に示したわい小化した働きバチは，このようにして生じるのである。

第7章　トラマルハナバチの花粉ポケットによる給餌法を撮る

33. 花粉ポケットによる給餌法

わー変なの。幼虫室に変なポケットがついてる。そうよ，あたし達はこのポケットから花粉を詰め込むのよ。

　マルハナバチには，クロマルハナバチやコマルハナバチのような「花粉壺」による給餌法とは異なる方法で子育てをするグループがある。本州産の種では，トラマルハナバチ，ウスリーマルハナバチ，ナガマルハナバチ，ミヤママルハナバチなどが，この「花粉ポケット」による給餌法を採用している。これらの種では，幼虫室の側面にワックス製のポケットのような小袋がつけられる。そしてこのポケットを通じて，幼虫室に花粉蜜塊が詰め込まれるので，これを「花粉ポケット」と呼んでいる。このように花粉ポケットをつくるグループでは，幼虫が直接花粉蜜塊に接触している。これに対して，クロマルハナバチやコマルハナバチなど花粉ポケットをつくらないグループでは，花粉蜜塊は幼虫室から離れた花粉壺(写真45～47，p.14)に貯蔵されているので，幼虫と花粉蜜塊が接触していることはない。花粉ポケットをつくるグループでは，クロマルハナバチやコマルハナバチのような花粉壺はつくらず，花粉はふつう，この花粉ポケットに貯蔵される。

　写真115はトラマルハナバチの幼虫室で，クロマルハナバチやコマルハナバチの幼虫室とは，ずいぶん違った形をしている。どの幼虫室にもワックス製のポケットがついている。このポケットは幼虫のふ化後ほぼ1日以内につくられる。

　写真116は花粉採集バチが幼虫室の花粉ポケットのなかへ，採集してきた花粉荷を落としているところである。花粉の落としかたはクロマルハナバチの場合(写真39～44，p.12～13)とまったく同じである。

　写真117は花粉ポケットのなかに蓄えられた花粉蜜塊を示している。このように花粉ポケットはクロマルハナバチの花粉壺と同じように花粉貯蔵容器となっている。

　写真118では1匹の働きバチが花粉ポケットに頭部をいれて，花粉を摂食している。こうして花粉ポケットから花粉を摂食したあと，働きバチはそれを花粉蜜混合液として，少しずつ吐きもどしてクロマルハナバチの場合(写真54～57，p.18)と同じ方法で，幼虫に給餌する。

　写真119は若い幼虫室の壁に開けた穴に口部をぴったりと差し込んで，花粉蜜混合液を吐きもどして幼虫に給餌しているところである。

⑳

㉑

㉒

㉓

34. トラマルハナバチの若い幼虫室の内部

ねえねえ，トラマルさんの幼虫室のなかってどうなってるの。僕たちも１つの部屋にみんなでいっしょに住んでるけど，花粉のベッドの上にいるんだ。

幼虫室に花粉ポケットをつくるトラマルハナバチでは，幼虫室の内部はクロマルハナバチの場合(写真 83，84，p. 24)と比べて，どのように違うのだろうか。

写真 120 は，ふ化 2 日後の若い幼虫室と花粉ポケット内の花粉蜜塊の貯蔵状況である。

写真 121 は写真 120 の幼虫室の真上を切開して，斜め上から見たところである。幼虫の体色は消化管に花粉がはいっているため黄白色に見える。各幼虫は腹面を内側にして丸まっている。

写真 122 はほぼ真上から見たところで，写真 123 は斜め横から見たところである。このように花粉ポケット内の花粉蜜塊は幼虫室の底に押し込まれて，幼虫の一部は直接花粉蜜塊に接触している。

㉔

㉕

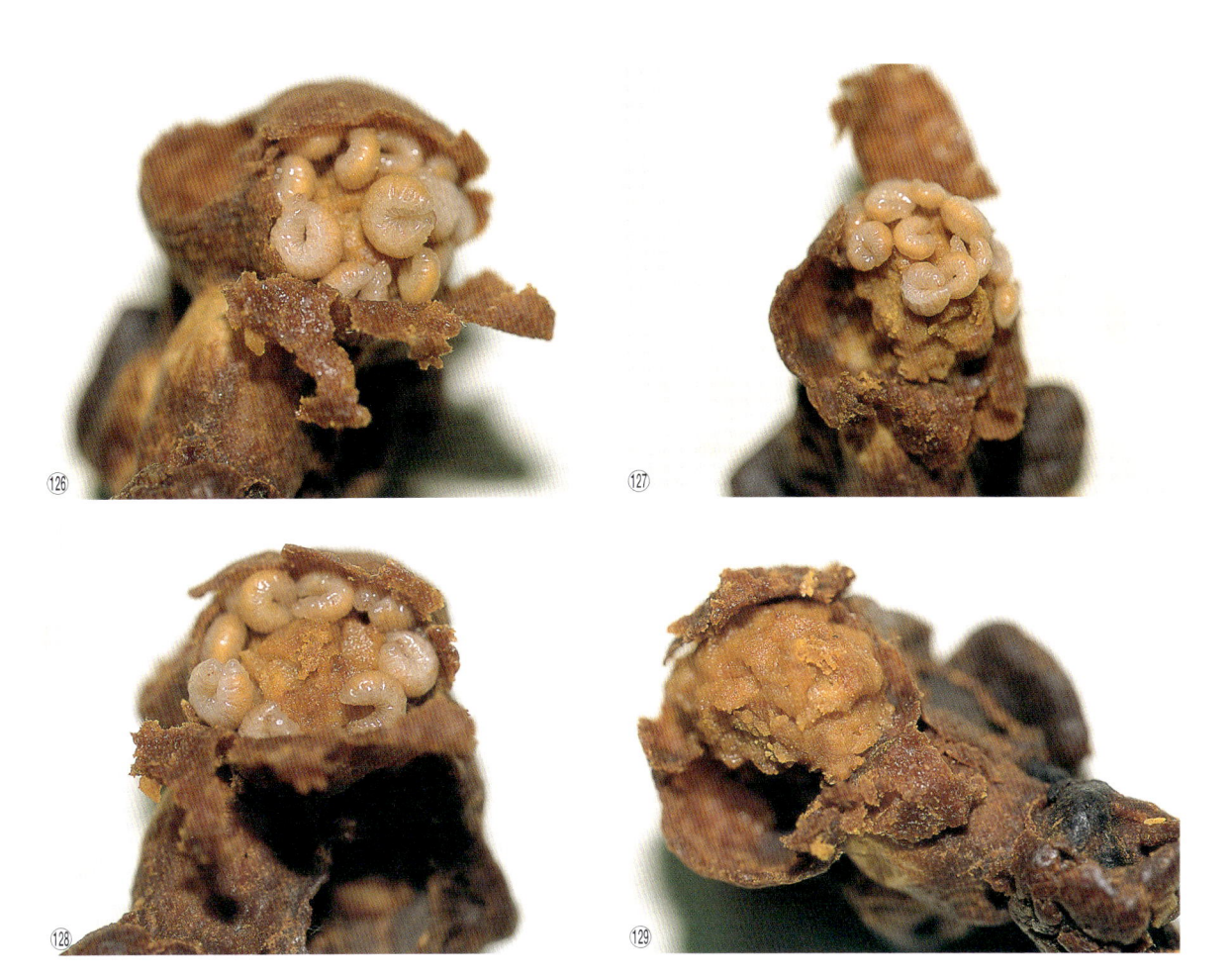

35. トラマルハナバチの中齢幼虫室の内部

トラマルさん，花粉のベッドってどうなってるの。もっとよく見せて。花粉ポケットから詰め込まれた花粉はまるでマッシュルームのような形になるんだ。僕たちみんなその上にのってるんだよ。

　ふ化後4〜5日経過して，花粉ポケット内に多量の花粉蜜塊が詰め込まれたトラマルハナバチの幼虫室の内部がどのようになっているのか詳しく見てみよう。

　写真124は，ふ化後4〜5日経った幼虫室と花粉ポケットである。このころになると幼虫室の表面は内部の幼虫の位置が丸い膨らみとなって，外からもわかるようになる。

　写真125と126はこの幼虫室の側面を切開して，内部を示したものである。幼虫群の下に黄褐色の花粉蜜塊が見えている（写真126）。

　写真127は幼虫室の真上の部分も切開して，斜め上方から見たところである。各幼虫が花粉蜜塊の上にのっているようすがわかる。

　写真128はさらに幼虫と花粉蜜塊の位置関係がわかるように，一部の幼虫を取り除いて斜め横から見たところである。このように各幼虫は花粉蜜塊の周囲に位置を占めていて，幼虫は直接花粉蜜塊と接触している。

　写真129は幼虫室内の花粉蜜塊の状態がよくわかるように，すべての幼虫を取り除いて斜め上方から見たところである。下方の穴が花粉ポケットである。このように花粉蜜塊は花粉ポケットを通じて，幼虫室の底へつぎつぎと詰め込まれる。その結果，花粉蜜塊の上面はドーム状に盛り上がり，マッシュルームのような形になる。そして各幼虫はこの花粉蜜塊と幼虫室壁のあいだに挟まれたような状態になっている。幼虫は自力で多少はこの花粉蜜塊を摂食するだろうが，これだけ多量には食べられない。大半は働きバチが摂食して，各幼虫室の幼虫に分配する。

130

131

132

133

36. トラマルハナバチの幼虫室の発達経過

すごいなあー，小さい幼虫室でも立派なポケットがついてるね。僕たちの幼虫室っていつもポケットがついてるんだ。でも繭をつくる前にはポケットが取られちゃうんだ。

　幼虫室に花粉ポケットをつけて給餌するトラマルハナバチでは，幼虫の発育につれて幼虫室がどのように変化するのかを見てみよう。

　写真130は，ふ化後1日経った幼虫室である。すでに花粉ポケットがつくられて，内部には少量の花粉蜜塊も見える。一般に花粉ポケットは，ふ化後1日以内につくられる。最初ポケットの大きさ（開口部の内径）は6〜7 mmである。

　写真131は，ふ化後2〜3日経った幼虫室である。花粉ポケットはやや拡大されて，大きさは7〜8 mmになっている。ポケットの高さは一般に幼虫室の高さと同じぐらいで，幼虫室よりも高く突出することはない。

　写真132は，ふ化後4日経った幼虫室を示している。幼虫は急速に発育するため，幼虫室も急速に拡大される。そして，ふ化後3〜4日経つと幼虫室内の各幼虫の位置は，幼虫室壁の丸い膨らみとなって，外部からもよくわかるようになる。

　写真133は，ふ化後6日経った幼虫室である。各幼虫の位置が丸い膨らみとなって，外部からよくわかる。幼虫室が拡大したため，花粉ポケットは幼虫室の斜め下方になっている。

　写真134は，ふ化後7〜8日経った幼虫室で，花粉ポケットはすでに取り除かれている。幼虫室全体はぶどうの房のような形になっているが，クロマルハナバチのように各幼虫が完全に分離することはなく，1つの幼虫室を構成している各幼虫は最後までコンパクトにまとまっている。この時点で幼虫室全体の大きさ（最大幅）は25 mmぐらいになり，各幼虫の位置する丸い膨らみの直径は8〜9 mmになる。

　写真135は1つの幼虫室に2個の花粉ポケットがつくられた例を示している。花粉ポケットは1つの幼虫室に1個だけつくられる場合と，2個または稀に3個もつけられる場合もある。

第8章　働きバチの闘争と新女王の誕生を撮る

136

137

37. 働きバチの闘争
えーい，どうだ。まいったか。やだよー，プロレスごっこはきらいだよー。

　クロマルハナバチでは，女王の産卵能力があまり高くないような巣の場合，7月下旬～8月初めごろに働きバチの数が多くなると，巣内に数匹の攻撃性働きバチが出現する。彼らは女王の産卵を妨害し，女王を攻撃する。そして働きバチどうしでも激しく闘争する。

　写真136は1匹の働きバチを抱え込んで，激しく攻撃している攻撃性働きバチである。闘争期の巣では，こうした攻撃行動が頻繁に見られる。

　写真137は1匹の働きバチの背中にのり，翅をくわえて激しく攻撃している攻撃性働きバチである。被攻撃個体はときには激しく戦う場合もあるが，多くは反抗せずに巣の隙間などにもぐり込んで逃げる。

　このような闘争期の巣では，女王の産んだ卵も産卵性働きバチの産んだ卵も，攻撃性働きバチによってほとんど食卵されてしまう。女王は攻撃性働きバチに攻撃されて巣の隙間にもぐり込み，死んでしまう場合もある。やがて1～2匹の有力な産卵性働きバチが，産卵を独占するようになり，しだいに巣内の闘争は見られなくなる。産卵性働きバチの産んだ卵からは，オスバチが生産される。女王の産卵力が旺盛な巣では，働きバチの闘争はあまり顕著に見られず，女王は遅くまで生存して産卵する。

38. 新女王の生産

　8月になると新女王の生産が行なわれる。女王幼虫の大きさは，ふ化直後は働きバチの幼虫と同じであるが，発育が進むにつれて働きバチ幼虫よりも大きくなり，一見して女王幼虫と働きバチ幼虫の区別ができるようになる。
　写真138は発育中期の女王幼虫室（中央）と働きバチ幼虫室（上）である。女王幼虫はすでに働きバチの繭（矢印）と同じぐらいの大きさになっているが，まだ繭をつくらずにこのあと2～3日間で急速に発育する。女王幼虫室には大きな給餌孔が開いたままになっていて，ここから働きバチによって多量の食物が与えられる。
　写真139はすでに営繭完了した働きバチ繭に隣接した大きな女王幼虫である。このように大きくなってもまだ営繭せず，大きな給餌孔が開いている。
　写真140はコマルハナバチの女王繭（大型）と働きバチ繭（小型）である。このように女王の繭は働きバチやオスの繭よりもずっと大きいので，すぐに女王繭を見分けることができる。

39. 新女王とオスバチの誕生
うわー，大きなハチね。そうよ。あたし女王バチなの。冬越しして，来年新しい巣をつくるのよ。

　オスの繭からは営繭完了後10〜12日で，成虫が羽化してくる。大型の女王繭からはそれよりも2日ぐらい遅れて，新女王が羽化する。

　写真141は羽化後間もない新女王。新女王は巣内でただ摂食と休息をするだけで，巣の役に立つ仕事はほとんどしない。十分に栄養をとると巣から飛び去る。

　写真142は巣内で休息しているオス。黄色い個体は羽化後3〜4日経った成熟個体で，白い個体は羽化1日以内の未熟個体。オスは羽化後4〜5日経つと巣から飛び去る。

　離巣した新女王は，交尾後地中にもぐり越冬する。そして翌年の春に，単独で新しい巣を創設する。オスは秋までに死に，古い巣でも働きバチが死に絶えて巣は崩壊する。こうして温帯でのマルハナバチのライフサイクルは完了する。

第9章　吸蜜行動を撮る

40. オドリコソウを訪花しているトラマルハナバチとクロマルハナバチの女王
クロマルさんたらずるしてる。花の外から穴を開けて蜜を盗んじゃうんだもの。

　写真143のトラマルハナバチは，花のなかに正常な姿勢で頭部を挿入して吸蜜しているが，写真144のクロマルハナバチは花の外から口吻を突き刺して吸蜜する，いわゆる"盗蜜"を行なっている。口吻が日本産マルハナバチのなかでもっとも短い"短舌種"のクロマルハナバチはこの方法によって，トラマルハナバチにも負けない集蜜能力を発揮する。自然とはじつにすばらしい知恵を授けるものだ。

41. ツリフネソウを訪花しているトラマルハナバチとクロマルハナバチの働きバチ
ツリフネソウはまほうのお花，ゆらゆら揺れるお花のゆりかご，あまーい蜜もたくさんあるよ。でも，やっぱりクロマルさんたらずるしてる。
　写真145のトラマルハナバチは，花のなかに頭部をいれてふつうに吸蜜しているが，写真146のクロマルハナバチは"盗蜜"を行なっている。

第10章　日本産マルハナバチ各種の標本写真

各種とも左が女王，中央が働きバチ，右がオスの順に配列してある。
　写真147はナガマルハナバチ。写真148はエゾナガマルハナバチ。写真149はトラマルハナバチ（上段）と北海道亜種エゾトラマルハナバチの女王（下段）。写真150はウスリーマルハナバチ。

写真151はミヤママルハナバチ。写真152はシュレンクマルハナバチ。写真153はハイイロマルハナバチ（上段）と本州亜種ホンシュウハイイロマルハナバチの女王（下段）。写真154はニセハイイロマルハナバチ。

046

写真155はコマルハナバチ（上段），北海道亜種エゾコマルハナバチの女王（下段左）および対馬亜種ツシマコマルハナバチの女王（下段右）。 写真156はアカマルハナバチ。写真157はヒメマルハナバチ（上段）と北海道亜種エゾヒメマルハナバチの女王（下段）。 写真158はノサップマルハナバチ。

写真159はオオマルハナバチ(上段)とその黒化の進んだ個体(下段左)および北海道亜種エゾオオマルハナバチの女王(下段右)。写真160はクロマルハナバチ。写真161はニッポンヤドリマルハナバチ(左メス，右オス)。写真162はヨーロッパからの外来種セイヨウオオマルハナバチ。

048

第 II 部

営巣習性の解説編

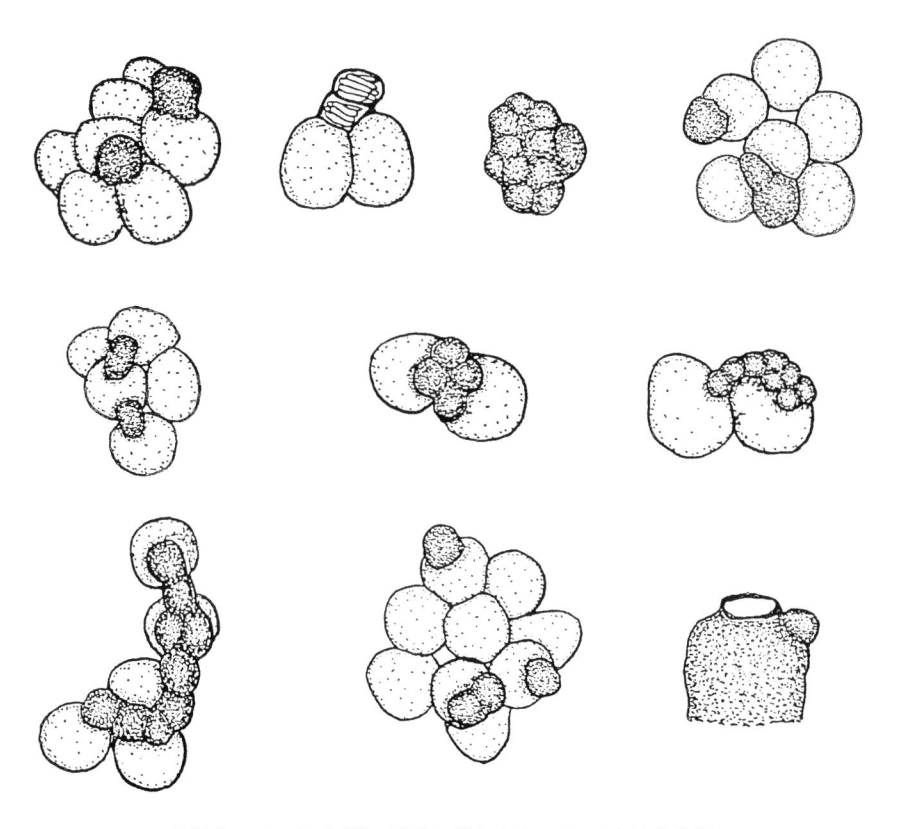

本州産マルハナバチ類の卵室。詳しくは p.89 の図 16 を参照。

第Ⅰ部では生態写真に基づいて，マルハナバチ類の産卵と育児習性を中心とした巣内での活動について，簡単に解説した。これだけでもマルハナバチ類の営巣習性が，ほかの社会性ハチ類とは大きく異なっていることをご理解いただけたと思う。しかしもう少し細かくみると，産卵行動1つをとっても，マルハナバチ類では種によって，または亜属などのグループによって，かなり相違している。そのため第Ⅰ部では営巣習性全般について，細かく説明することができなかった。

　第Ⅱ部では営巣習性全般について，さらに詳しく解説することにした。特に1つの巣室で数個体の幼虫を集団育児するという，マルハナバチ類に独特の育児習性に強く関連している巣室づくりと産卵，幼虫に対する給餌法，幼虫の発育，働きバチのサイズ差，生殖虫の養育法などに力点を置いて解説した。本書の目的はマルハナバチ類の巣内活動を解説することなので，食物採集などの外役活動や訪花習性，野外での生殖虫の行動，送粉昆虫としてのマルハナバチの利用などの重要な問題には，触れることができなかった。

　世界のマルハナバチ類の種数はおよそ250種もあるので，営巣習性は観察された種によって，また研究方法などによって，かなり異なっている。そのため本書では，観察されたマルハナバチの種名や研究者名を細かく羅列したので，全般に煩雑になってしまった。そのようなところは気にせずにとばして，先へ読み進んでいただきたい。もし正式な学名を知りたい場合は，1.4.の種名リストを見ていただきたい。また詳しい研究者名や研究論文については，最後の文献リストを参照していただきたい。

　なお，最近鷲谷ら(1997)によって，日本産マルハナバチの同定法，学名，生態概要などの優れたハンドブックが出版されている。また伊藤(1991)によって，日本産種の検索表も示されている。したがって本書では，日本産種の形態的特徴や検索表は省略した。日本産種のリストと分布の概要などは1.3.に示した。

第1章
分類と分布

　本題の生態の部にはいる前に，マルハナバチ類にはどのような種がどのくらいいるのか，それらの種はどのように分類されているのかについて解説することにした。また，マルハナバチ類は世界の各地域にどのように分布しているのか，そして日本のマルハナバチ相はどのような特徴をもっているのかについても，簡単に触れることにした。あわせて本書でとりあげた種のリストを作成した。今後生態の部では和名があるものについては，和名だけを記述することにしたので，正式な種名や亜属名については，このリストを参照していただきたい。

1.1. 分　　類

　マルハナバチ類はMichener(2000)によると，世界で約2万種いると推定されているハナバチ類の仲間で，分類学上はハチ目Hymenopteraミツバチ科Apidaeのミツバチ亜科Apinaeマルハナバチ族Bombiniに属する(Michener, 2000)。ミツバチ亜科はマルハナバチ族も含めて19族あるが，そのうちシタバチ族Euglossini，マルハナバチ族，ハリナシバチ族Meliponini，ミツバチ族Apiniの4族は，メスの後脚脛節が花粉を付着させて運搬するのに適した特殊な構造のcorbicula(花粉かご)になっているため，corbiculate Apidaeと呼ばれている。これらの4族はミツバチ亜科のほかの族と比べて，系統的にきわめて近縁な1つのグループを構成している(Michener, 2000)。

　マルハナバチ族は従来非寄生性のマルハナバチ属Bombusと，マルハナバチ属に労働寄生するヤドリマルハナバチ属Psithyrusに分けられてきた(伊藤, 1991, 1993など)。しかしオスの形態的特徴に基づくIto(1985)の詳細な比較研究や，オスとメスの形態に基づいたWilliams(1994)の分岐分類学的研究などは，ヤドリマルハナバチ属がマルハナバチ属から分離しているグループではなく，むしろマルハナバチ属内の一部のグループに近縁であることを明らかにした。そのためWilliams(1994)はヤドリマルハナバチ属をマルハナバチ属の1つの亜属として取り扱うべきだと提言した。Michener(2000)もこの考えを採用しているし，最近のDNA分析に基づく分岐分類学的研究でもこの考えを支持する結果となっている(Kawakita et al., 2003, 2004)。

　マルハナバチ類の分類の歴史をふり返ると，Ito(1985)によれば，マルハナバチ類の名前は最初すべてApis属にされたが，その後Latreilleによってマルハナバチ属Bombusがつくられた。その後さらにマルハナバチ属から労働寄生性のヤドリマルハナバチ属Psithyrusが分けられたという。そしてこれらの属のもとにつぎつぎと亜属がつくられたが，亜属名の体系は最初は主にオス交尾器の類似したグループにすぎなかった。亜属の名前はそのグループに含まれる種の1つの種名に由来してつくられ，体系はその後しだいに拡大されて，多くの名前が加えられた(Richards, 1968)。

　マルハナバチ属の種間の類縁関係について，Krüger(1917)はメスの中脚基跗節の後方外縁に，図1のCとDのように鋭くとがった歯をもっている群と，その外縁部にとがったトゲ状の歯をもたない群(図1A, B)があることを認めた。そして前者をケヅメマルハナバチ枝section Odontobombus，後者をマルアシマルハナバチ枝section Anodontobombusと呼んだ(sectionの和名は伊藤, 1991, 1993に従った)。Krüger(1917)はこの区分がマルハナバチ類の幼虫に対する給餌法(第7章参照)の2大区分と一致することを指摘した。すなわち，ポケット・メーカーはいずれもケヅメマルハナバチ枝に属し，ノンポケット・メーカーはマルアシマルハナバチ枝に属している。このように形態による分類と生態による分類が一致したため，Krügerの分類はその後長く

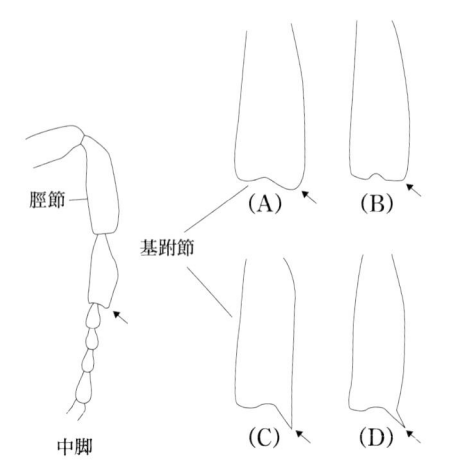

図1 マルハナバチのメス中脚基跗節先端の2つのタイプ（矢印は先端後縁部を示す）。A：クロマルハナバチ，B：コマルハナバチ，C：トラマルハナバチ，D：ミヤママルハナバチ

受け入れられてきた。

Krüger (1917) はマルアシマルハナバチ枝のなかから，さらに section *Sulcobombus* と section *Uncobombus* を区別したが，定義があまり明確ではないため，かえって混乱を引き起こした。Frison (1927b) も北アメリカ産のマルアシマルハナバチ枝の一部から新たにオオメマルハナバチ枝 section *Boopobombus* をつくり，このなかに *Bombias* 亜属など4亜属を含めた。しかし定義が明確ではなかったため，研究者によって概念の把握のしかたに差が生じ，混乱を引き起こす結果となっている。

その後 Milliron (1961, 1971) は，非寄生性のマルハナバチを *Bombus* 属，*Megabombus* 属，*Pyrobombus* 属，および *Confusibombus* 属の4属に分ける新しい分類体系を提示した。そして，*B. mendax* は anthophorine（コシブトハナバチ類）と類縁性が高く，*B. fraternus* は xylocopine（クマバチ類）の系統から生じたという説を唱えた。しかし明確な根拠を示さなかったため，彼の考えは一般的には支持されていない。一方，Richards (1968) はマルハナバチ属の各亜属について詳しく再検討し，亜属のリストをつくった。その結果35亜属が正当なものと認められた。また亜属間の類縁性について，ケヅメマルハナバチ枝は全体としてより均一な1つのグループになっていることを認めている。彼の亜属体系はその後広く受け入れられている (Ito, 1985；Williams, 1985；伊藤, 1991 など)。

Ito (1985) はマルハナバチ属の32亜属38種とヤドリマルハナバチ属6種の計44種について，オス交尾器の形態的特徴を詳細に比較分析した。そして7つの基本的なグループ（*Pyrobombus* 群，*Bombus* 群，*Mendacibombus* 群，*Bombias* 群，*Alpinobombus* 群，*Megabombus* 群，および *brevivillus* 群）に区分した。彼の分類体系の特徴は，マルアシマルハナバチ枝とケヅメマルハナバチ枝という従来の区分を分解した点にある。その結果これら両方の要素を含めて，*Alpinobombus* 群がつくられ，ヤドリマルハナバチ類とマルアシマルハナバチ枝のトウヨウマルハナバチ亜属 *Orientalibombus* は，ケヅメマルハナバチ枝の *Megabombus* 群にいれられた。またケヅメマルハナバチ枝のミナミマルハナバチ亜属 *Fervidobombus* は，多様性に富むグループであることがわかり，いくつかのグループに細分された。さらにオオマルハナバチ亜属 *Bombus* s. str. はほかのグループとの類縁性が低く，他亜属とのへだたりが大きいことがわかった。Ito (1985) の分類体系は，その後の形態形質や DNA の塩基配列による分岐分類学的な研究結果と，いくつかの点でよく一致している (Williams, 1994；Koulianos & Schmid-Hempel, 2000；Kawakita et al., 2003, 2004 など)。

マルハナバチ類の系統分類についてもほかの昆虫と同様に，いろいろな分析手法に基づく分岐分類学的研究が行なわれている。イソ酵素の電気泳動パターンの分析データからつくられた分岐図で，ヤドリマルハナバチ属の種は単一の分岐群を形成した。そしてマルハナバチ属ではコマルハナバチ亜属 *Pyrobombus* を除いて，各亜属の種はそれぞれ同じ分岐群をつくった (Pekkarinen et al., 1979；Pamilo et al., 1987)。これらの結果は形態形質に基づく分類と生化学的手法によるそれとが，主要な点で一致することを示している。しかしこれらの分析に用いられた標本数は亜属数，種数とも少なかったため，マルハナバチ属の全体的な系統関係はわからなかった。

これに対して Williams (1985) は，Richards (1968) の35亜属のほとんどすべてをカバーする60種のマルハナバチ族について，オス交尾器の形態的特徴を比較し，分岐分類学的手法で分類した。その結果 *Mendacibombus* は，ほかのすべてのグループに対して姉妹群となった。そしてヤドリマルハナバチがつぎに分岐し，これら以外のすべてのグループの姉

妹群になっていた。これに基づいて彼はマルハナバチ族を Mendacibombus 属，ヤドリマルハナバチ属，およびマルハナバチ属の 3 属に分ける体系を提示した。その後 Williams(1991)は Mendacibombus 属のほとんどすべての種(11 種)について，オス交尾器の特徴に基づく分岐図を作成した。その結果 Mendacibombus 属はいくつかの分岐群から構成されていた。このため Williams(1994)はより多くの種を加え，オス交尾器だけでなく両性の形態的特徴も加えて，より完全な分岐関係の分析を行なった。そして Mendacibombus 属が 1 つ以上の分岐群をもつことを示した。また，ヤドリマルハナバチは Mendacibombus 属の近くから分岐するのではなく，B. (Eversmannibombus) persicus の姉妹群であることがわかった。これらの結果から彼は，すべてのマルハナバチ類に単一のマルハナバチ属 Bombus を用い，Mendacibombus 属とヤドリマルハナバチは亜属として，このなかに含めるべきであるという体系を唱えた(Williams, 1991, 1994)。

最近マルハナバチ類でも，DNA の塩基配列を用いた分子系統分析が行なわれるようになった。Koulianos & Schmid-Hempel(2000)はヨーロッパと南北アメリカ産の 13 亜属 19 種のマルハナバチ類について，ミトコンドリア DNA の塩基配列を分析して類縁関係を推定した。その結果ユーラシアマルハナバチ亜属とミナミマルハナバチ亜属の種は，もっとも早く分化したグループにはいっていた。また，オオマルハナバチ亜属はもっとも進化した(派生的な)グループになった。しかし分析に用いた亜属数，種数とも少なく，この結果から全体的な系統関係を推定することは困難である。

田中(2001)は日本および周辺地域の 13 亜属 43 種のマルハナバチ類について，ミトコンドリア DNA の塩基配列を分析し，種間関係，種内の地理的分化などの解析を行なった。その結果日本のマルハナバチ相の成立について，後述のようにいくつかの興味深い知見が得られた(1.3. 参照)。一方，ミナミマルハナバチ亜属について，DNA の塩基配列とオス交尾器の形態的特徴との両方のデータに基づく系統分析も行なわれている(Cameron & Williams, 2003)。それによると DNA のデータと形態的特徴の結果は，わずかな不一致点があったが，主要な点では一致することがわかった。

このようにミトコンドリア DNA の塩基配列を用いた研究は，ある程度系統的な洞察を示したが，これらの研究に用いられた標本数は亜属数，種数とも少なくて，マルハナバチ族全体の系統関係を把握することは困難である。このため Kawakita et al. (2003)は 23 亜属 66 種，Kawakita et al.(2004)は 24 亜属 76 種を用いて，核 DNA の塩基配列を分析し，マルハナバチ族全体のより完全な系統関係を解明した。その結果分岐図上で Mendacibombus 亜属，Bombias 亜属および Kallobombus 亜属は，形態形質に基づいた系統的研究(Williams, 1994)と同じく基部で分岐していた。これら 3 亜属以外は，トウヨウマルハナバチ亜属からユーラシアマルハナバチ亜属までの大きな分岐群(グループ A)と，Melanobombus 亜属からコマルハナバチ亜属までの大きな分岐群(グループ B)という 2 つの分岐群に分かれた。グループ A はトウヨウマルハナバチ亜属とヤドリマルハナバチ亜属を除いて，Krüger(1917)のケヅメマルハナバチ枝および Ito(1985)によって示された分類群と一致している。また，グループ B は Williams(1994)の形態形質に基づいた 1 つの分岐図における分岐群に一致している。このように分子系統分析と形態形質による系統分析の結果が，大きな矛盾がなく一致することが明らかになった。

ここまでは種より上位の分類について述べたが，種のレベルについても簡単に触れておきたい。Linné による命名以来，マルハナバチ類でも多くの種が記載されてきたが，種の記載は主として体毛の色彩パターンに基づいて行なわれてきた。マルハナバチ類では体毛の色彩パターンはきわめて変化に富み，同一種でも地域によって異なるし(例えばコマルハナバチなど)，性やカストによっても異なる(コマルハナバチやクロマルハナバチなどの女王とオス)。さらにいくつかの種が，地域ごとに異なった色彩型に収れんする傾向が強い(コマルハナバチとクロマルハナバチのペアー，コマルハナバチとオオマルハナバチのペアーなど)(伊藤, 1991, 1993；Williams, 1998)。このため種の同定はきわめて困難なものが多く，分類は混乱してきた。そして種名，亜種名およびそれらのシノニムも含めると，世界のマルハナバチ全体ではこれまでに 2800 以上の公式名が記載されてきた。この分類学的混乱のため，マルハナバチ類では 1 つの種の名前の数が，ほかの昆虫に比べて異常に多く，平均で

11個以上になっている(Williams, 1998)。

　種数については，伊藤(1991, 1993)によると非寄生性種が250種前後で，ヤドリマルハナバチ類は40〜50種であり，今後分類学的研究によって整理，統合が進めば，これより減少する可能性があるという。また，今後未記載種の追加も，せいぜい十数種だろうという。Williams(1985)はヤドリマルハナバチ類も含めて，全種数を291種としている。その後彼は広い種の解釈を採用して，世界のマルハナバチ類のチェックリストを作成した結果，労働寄生性種も含めて239種を認めている(Williams, 1998)。彼はかなり広い種の解釈をしているので，例えば日本産種をみても，エゾナガマルハナバチは *B. tichenkoi* の地理的変種とされ，ミヤママルハナバチもシュレンクマルハナバチの地理的変種とされて，2種も少なくなっている。このように239種という数値は，かなり遠慮した内輪な数であると思われる。Michener(2000)はマルハナバチ族の種数は約250種とし，37亜属について検索表を示している。亜属別の種数(Williams, 1998)は図2のとおりで，10種以上を含む主要8亜属だけで全種数の2/3を占めている。

　種の区別は主としてオス交尾器，メスの針の基部構造，マーラーエリアや触角鞭節の相対長，体の各部の点刻状態などによって行なわれている。しかし同一亜属内の近縁種や姉妹種のあいだでは，これらの形態形質の差はきわめて少なく，識別は困難である(伊藤, 1993)。DNAの塩基配列による種間関係や種内の地理的分化などの解析(田中, 2001)は，このような問題を解決するのに役立つであろう。

1.2. 分　　布

　マルハナバチ類の自然分布域は，南極とオーストラリアを除く全大陸に及んでいる。しかし大部分は冷涼な地方に分布し，全北区でもっとも豊富である(Michener, 2000)。マルハナバチ類は本質的に寒冷で，湿潤な気候に適したグループである。このため低緯度地方では，南米低地に分布する数種を除き，山岳地帯だけに分布している。日本などの温帯地域でも，主に山岳地域に分布する種が多い(伊藤, 1991, 1993)。また，種数と同様に個体数も，高緯度地方や高山帯の方が多い傾向を示している。

　マルハナバチ類は北方では，陸地がある限り北へ分布している。東半球では南方へアフリカ北部まで分布し，西方へはカナリア諸島まで分布している。東方ではヒマラヤ地方で種数が多いが，インドでは標高1000 m以下の低地には分布していない。南東部では少数の種が東南アジアの山地にも分布し，ジャワ，台湾，フィリピンまで分布するが，低地には見られない。また，スマトラ島とフィリピンには分布しているのに，そのあいだに挟まれたボルネオ島には分布していない(Michener, 2000)。一方，西半球ではマルハナバチ類は東半球よりも南方まで分布し，少数の種は南アメリカ大陸最南端にあるフェゴ島まで分布しているが，たいていは山地や南部の温帯地方に生息している。しかし新熱帯産の数種は，アマゾン流域の湿潤な熱帯低地にも生息している。これに対して東半球では，湿潤な熱帯低地には分布していない(Michener, 2000)。

　地域別の種の豊富さは，東方ではチベットに接している山地帯(四川，甘粛省)や中央アジアの山地帯(天山地域)で最高になっている。そのほかの地域ではユーラシアの南部山地帯，全北区の北部温帯混交林地帯，および新熱帯北部の山地帯で種数が多くなっている(Williams, 1994)。ヨーロッパではマルハナバチ類の最大種数は，アルプス山脈に集中している(Williams, 1985)。また，温帯地域の山地帯では，種の豊かさは森林上限付近の草地帯や亜高山帯で高くなっている(Williams, 1994)。地域別の種数はヤド

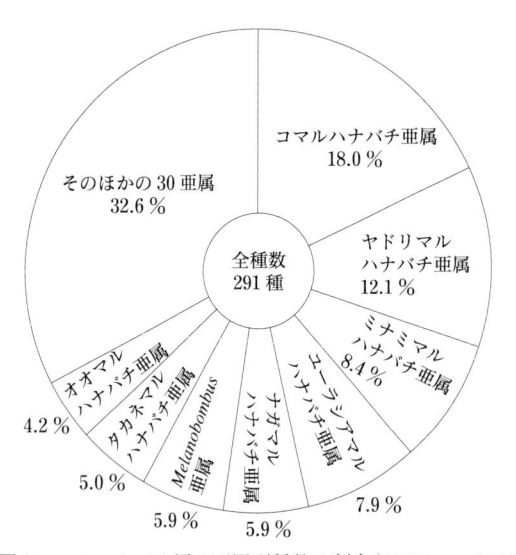

図2　マルハナバチ類の亜属別種数の割合(Williams, 1998より)

- コマルハナバチ亜属　18.0 %
- そのほかの30亜属　32.6 %
- 全種数 291種
- ヤドリマルハナバチ亜属　12.1 %
- ミナミマルハナバチ亜属　8.4 %
- ユーラシアマルハナバチ亜属　7.9 %
- ナガマルハナバチ亜属　5.9 %
- *Melanobombus* 亜属　5.9 %
- タカネマルハナバチ亜属　5.0 %
- オオマルハナバチ亜属　4.2 %

リマルハナバチ類も含めて，アジアが199種，ヨーロッパ58種，北アメリカ41種，南アメリカ43種で，全種数は291種である(Williams, 1985)。したがって，全種数の約2/3(68%)がアジアに分布していることになる。

マルハナバチ類の起源地域は伊藤(1991, 1993)によれば，たぶん第三紀の比較的古い時期に北半球で発生したという。また，南半球ではほぼ南アメリカだけに分布しているが，ここが原産地とは考えられないという。それでは北半球のどこが起源地域なのだろうか。これについてKawakita et al.(2004)は，マルハナバチ類の初期の分化は主に旧北区で起こり，その後の進化の過程で新北区への移動と，それより頻度は低いが新北区から旧北区への再移動とが繰りかえし起こったと考えている。さらに絞り込んで，旧北区のどこでマルハナバチ類は分化したのだろうか。現在のマルハナバチ類の分布から，Williams(1985)は最初の分化はアジアの山地帯が中心だったと推論している。その根拠として，この地域にはマルハナバチ類の潜在的な競争者となる長舌ハナバチのグループが少ないこと，さらにもっとも早く分化したグループである *Mendacibombus* 亜属のほとんどすべての種が，この地域に局限されていることなどをあげている。彼によるとアジアで最初に分化したマルハナバチ類の祖先は，北部の大陸間で陸橋が完成した時期に，アジアからヨーロッパと北アメリカへ広がり，北アメリカ北部からその後しだいに南方へ広がったのだろうという。これに対して，ミナミマルハナバチ亜属の分岐分析とそれぞれの種の地理的分布との関係から，Cameron & Williams(2003)はこの亜属が南アメリカ南部で分化したのだろうという結果を示した。このことはマルハナバチ類の祖先が北アメリカ北部に侵入し，その後徐々に南方へ広がったのだろうというWilliams(1985)のモデルに一致しない。このようにマルハナバチ類の分化とその後の分散，分布の過程は複雑で，まだ確固とした輪郭がつくられていないように思われる。

1.3. 日本のマルハナバチ相

日本のマルハナバチ相はSakagami & Ishikawa(1969, 1972)の研究によってまとめられ，それまで混乱していた多くのシノニムが整理された。このなかで彼らは日本産の新亜種やあまり知られていない種の詳しい記載とコメントを行ない，新しい和名を示している。また，日本および隣接地域での分布と色彩変異を整理し，日本のマルハナバチ相の特徴とその形成の地史的考察も行なっている。さらにSakagami(1975)は朝鮮半島のマルハナバチ相を調査し，日本と朝鮮半島の共通種が4種であることを確認した。また，日本のマルハナバチ相の特徴とその形成について詳細な考察を示している。その後Ito & Munakata(1979)は石狩低地帯以西の南北海道と本州最北部のマルハナバチの分布を調査し，亜種の分化について比較した。その結果Sakagami & Ishikawa(1969)によって北海道亜種と本州亜種に分けられたミヤママルハナバチは，亜種の取り扱いをすることが妥当ではないとわかり，両個体群とも *Bombus* (*Thoracobombus*) *honshuensis* (Tkalcu)とされた。また，Ito & Sakagami(1980)は千島列島のマルハナバチ相を調査し，日本のマルハナバチ相と千島列島およびカムチャツカのそれとの関係を解明した。これらの研究の結果，日本産のマルハナバチ類はつぎのとおり6亜属15種となった(亜属の配列順序は伊藤，1991に従った)。

ナガマルハナバチ亜属 *Megabombus* Dalla Torre

1. ナガマルハナバチ *Bombus consobrinus* Dahlbom

   日本産亜種：*B. consobrinus wittenburgi* Vogt(標本写真147)

   分布：サハリン，朝鮮半島，中国北部，ウスリー，ヨーロッパからカムチャツカまでのユーラシア北部。国内では本州中部，東北南部の山地

2. エゾナガマルハナバチ *Bombus yezoensis* Matsumura(標本写真148)

   亜種は知られていない。Williams(1998)は *B. tichenkoi* (Skorikov)の地理的変種としているが，DNA分析の結果ではむしろサハリン産のナガマルハナバチとの近縁性が高いという(田中，2001)。

   分布：北海道

トラマルハナバチ亜属 *Diversobombus* Skorikov

3. トラマルハナバチ *Bombus diversus* Smith

   日本産亜種：トラマルハナバチ *B. diversus diversus* Smith(標本写真149の上段)，エゾトラマルハナバチ *B. diversus tersatus* Smith(標本写真149の下段)

分布：トラマルハナバチは本州，四国，九州，対馬；エゾトラマルハナバチは北海道，サハリン

4. ウスリーマルハナバチ *Bombus ussurensis* Radoszkowski（標本写真150）

亜種は知られていない。

分布：中国東北部，ウスリー，朝鮮半島。国内では本州中部山地

ユーラシアマルハナバチ亜属
Thoracobombus Dalla Torre

5. ミヤマハナバチ *Bombus honshuensis*（Tkalcu）（標本写真151）

亜種の区別はない。Williams（1998）は本種をシュレンクマルハナバチの地理的変種としたが，最近のDNA分析の結果では独立種の可能性が高い（田中，2001）。

分布：北海道（石狩低地帯より西），本州，四国，九州

6. シュレンクマルハナバチ *Bombus schrencki* Morawitz

日本産亜種：*B. schrencki albidopleuralis*（Skorikov）（標本写真152）

分布：東ヨーロッパ，シベリア，中国東北部，ウスリー，朝鮮半島。国内では北海道（石狩低地帯より東）

7. ハイイロマルハナバチ *Bombus deuteronymus* Schulz

日本産亜種：ハイイロマルハナバチ *B. deuteronymus deuteronymus* Schulz（標本写真153の上段），ホンシュウハイイロマルハナバチ *B. deuteronymus maruhanabachi* Sakagami et Ishikawa（標本写真153の下段）

分布：東ヨーロッパ，シベリア，中国東北部，ウスリー，朝鮮半島。国内ではハイイロマルハナバチが北海道で，ホンシュウハイイロマルハナバチは本州中部と東北地方

8. ニセハイイロマルハナバチ *Bombus pseudobaicalensis* Vogt（標本写真154）

亜種は知られていない。

分布：シベリア，ウスリー，サハリン，中国東北部，朝鮮半島。国内では本州（東北地方）および北海道

コマルハナバチ亜属 *Pyrobombus* Dalla Torre

9. コマルハナバチ *Bombus ardens* Smith

日本産亜種：コマルハナバチ *B. ardens ardens* Smith（標本写真155の上段），エゾコマルハナバチ *B. ardens sakagamii*（Tkalcu）（標本写真155の下段左），ツシマコマルハナバチ *B. ardens tsushimanus* Sakagami et Ishikawa（標本写真155の下段右）

分布：コマルハナバチは奥尻島，本州，四国，九州と朝鮮半島；エゾコマルハナバチは北海道；ツシマコマルハナバチは対馬

10. アカマルハナバチ *Bombus hypnorum*（Linnaeus）

日本産亜種：*B. hypnorum koropokkrus* Sakagami et Ishikawa（標本写真156）

分布：ユーラシア北部（ノルウェーからカムチャツカ），中国東北部，ウスリー，朝鮮半島，サハリン，クナシリ，エトロフ。国内では北海道

11. ヒメマルハナバチ *Bombus beaticola*（Tkalcu）

日本産亜種：ヒメマルハナバチ *B. beaticola beaticola*（Tkalcu）（標本写真157の上段），エゾヒメマルハナバチ *B. beaticola moshkarareppus* Sakagami et Ishikawa（標本写真157の下段）

分布：ヒメマルハナバチは本州山岳部；エゾヒメマルハナバチは北海道

オオマルハナバチ亜属 *Bombus* s. str.

12. ノサップマルハナバチ *Bombus florilegus* Panfilov（標本写真158）

亜種は知られていない。Williams（1998）は本種を *B. lucorum*（Linnaeus）のシノニムであろうとしている。DNA分析によると本種は *B. cryptarum*（Fabricius）と近縁性が高いが（田中，2001），Williams（1998）によれば *B. cryptarum* も *B. lucorum* のシノニムであるという。

分布：北海道根室地方，千島列島中南部

13. オオマルハナバチ *Bombus hypocrita* Pérez

日本産亜種：オオマルハナバチ *B. hypocrita hypocrita* Pérez（標本写真159の上段と下段左），エゾオオマルハナバチ *B. hypocrita sapporoensis* Cockerell（標本写真159の下段右）

分布：中国東北部，ウスリー，サハリン，朝鮮半島。国内ではオオマルハナバチが本州，四国，九州；エゾオオマルハナバチは北海道

14. クロマルハナバチ *Bombus ignitus* Smith（標本写真160）

亜種は知られていない。

分布：朝鮮半島，中国北部から中部。国内では本州，四国，九州

ヤドリマルハナバチ亜属 *Psithyrus* Lepeletier

15. ニッポンヤドリマルハナバチ *Bombus norvegicus*(Sparre-Schneider)

日本産亜種：ニッポンヤドリマルハナバチ *B. norvegicus japonicus*(Yasumatsu)(標本写真161)

分布：ヨーロッパ，シベリア。国内では本州(中部山地)，九州(高千穂)

このほかに外来種として，オオマルハナバチ亜属のセイヨウオオマルハナバチ *Bombus terrestris* (Linnaeus)(標本写真162)がいる。本種は近年北海道の一部地区で定着し，自然営巣が確認されている(鷲谷, 1998)。本州，四国，九州でも野外での目撃および標本採集例が頻繁に記録されているが，野外での自然営巣は確認されていない。

このように日本にはマルハナバチ類が6亜属15種産するが，伊藤(1991)によると日本のマルハナバチ相はアジア大陸の温帯域としては貧弱で，特にヤドリマルハナバチ類がわずか1種しかいないという点はきわだっているという。というのは朝鮮半島でさえも，ヤドリマルハナバチ類は6種も記録されているからである。日本のマルハナバチ相の特徴について，Sakagami(1975)はつぎのようにまとめている。基本的には旧北区系であるが，満州亜系とヨーロッパ・シベリア亜系の特徴を示す要素から成り立っている。東洋区の要素も若干含まれるが，それらの多くは純粋な熱帯性というよりは，むしろ満州亜系内の南部地域に関連した要素である。これに対して伊藤(1991)は，日本列島周辺の狭い地域を分布圏とする主に温帯性の古い要素と，東シベリアに広い分布圏をもつ主に寒帯性の新しい要素とが混合したものであるという見方をしている。

日本産種を分布地域別にみると，北海道には11種，本州以南には11種生息しているが，これらのうち7種は両地域に共通している。北海道とサハリンとの共通種は6種で，本州と朝鮮半島との共通種も6種いる。しかし台湾，中国南部，チベット，ヒマラヤ，およびアメリカ大陸との共通種は存在しない(伊藤, 1991)。日本産種の分布のパターンについて，伊藤(1993)はつぎのようにグループ分けをしている。

大陸との共通種：ナガマルハナバチ，ウスリーマルハナバチ，クロマルハナバチ，ニセハイイロマル

表1 日本産マルハナバチ類の亜属別の分布と種数

亜属名	分布地域	種数*
トラマルハナバチ亜属	アジア東部	4
ナガマルハナバチ亜属	旧北区	14
ユーラシアマルハナバチ亜属	旧北区	19
オオマルハナバチ亜属	全北区	10
コマルハナバチ亜属	全北区	43
ヤドリマルハナバチ亜属	全北区	29

*種数はWilliams(1998)に従った。

ハナバチ，シュレンクマルハナバチ，アカマルハナバチ，オオマルハナバチの7種

日本亜固有種：トラマルハナバチ，コマルハナバチ

日本固有種：ヒメマルハナバチ，ミヤママルハナバチ，エゾナガマルハナバチ

千島亜固有種：ノサップマルハナバチ

千島固有種：チシママルハナバチ *Bombus oceanicus* Friese

また，日本産種の亜属別の分布は表1のとおりで，伊藤(1993)によればこれらの各亜属は比較的新しく分化したグループであると考えられ，したがって日本のマルハナバチ相は比較的新しい要素で構成されていて，古い要素は含まれていない。これに対して，Kawakita et al.(2004)のDNA分析による系統分類では，トラマルハナバチ亜属やナガマルハナバチ亜属はかなり古いグループに分けられている。各亜属の規模(種数)はトラマルハナバチ亜属を除いて，いずれも10種以上を含む大規模なグループである(表1)。したがって日本のマルハナバチ相は，世界各地にふつうな大規模なグループの種で構成されているということができる。

1.4. 本書で取り扱った種のリスト

ここでは本書でとりあげた種のリストを示した。亜属の配列順序はWilliams(1998)に従い，古い文献で使用されている種名は最新のものに従って書き換えた。種の配列順序は種名のアルファベット順とし，和名，種名の順とした。種名のつぎにその種が主に観察された地域名を，つぎの記号で( )内に示した。A＝アジア，E＝ヨーロッパ，J＝日本，NA＝北アメリカ，SA＝南アメリカ。Krüger (1917)のケヅメマルハナバチ枝に属する亜属には*印をつけた。これらの亜属に属する種はポケッ

ト・メーカーである。

タカネマルハナバチ亜属 *Mendacibombus* Skorikov：*B. mendax* Gerstäcker(E)

Bombias Robertson：*B. auricomus* (Robertson)(NA)，*B. nevadensis* Cresson(NA)

Eversmannibombus Skorikov*：*B. persicus* Radoszkowski(E)

ヤドリマルハナバチ亜属 *Psithyrus* Lepeletier：ニッポンヤドリマルハナバチ *B. norvegicus* (Sparre-Schneider)(J)

トウヨウマルハナバチ亜属 *Orientalibombus* Richards：*B. haemorrhoidalis* Smith(A)

ユーラシアマルハナバチ亜属 *Thoracobombus* Dalla Torre*：ハイイロマルハナバチ *B. deuteronymus* Schulz(J)，ミヤママルハナバチ *B. honshuensis* (Tkalcu)(J)，*B. humilis* Illiger(E)，*B. muscorum* (Linnaeus)(E)，*B. pascuorum* (Scopoli)(E)，ニセハイイロマルハナバチ *B. pseudobaicalensis* Vogt(J)，*B. ruderarius* (Müller)(E)，シュレンクマルハナバチ *B. schrencki* Morawitz(J)，*B. sylvarum* (Linnaeus)(E)，*B. veteranus* (Fabricius)(E)

ミナミマルハナバチ亜属 *Fervidobombus* Skorikov*：*B. atratus* Franklin(SA)，*B. brasiliensis* Lepeletier(SA)，*B. californicus* Smith(NA)，*B. fervidus* (Fabricius)(NA)，*B. medius* Cresson(NA)，*B. morio* (Swederus)(SA)，*B. pennsylvanicus* (DeGeer)(NA)，*B. transversalis* (Olivier)(SA)

Senexibombus Frison*：*B. senex* Vollenhoven(A)

トラマルハナバチ亜属 *Diversobombus* Skorikov*：トラマルハナバチ *B. diversus* Smith(J)，ウスリーマルハナバチ *B. ussurensis* Radoszkowski(J)

ナガマルハナバチ亜属 *Megabombus* Dalla Torre*：ナガマルハナバチ *B. consobrinus* Dahlbom(J, E)，*B. hortorum* (Linnaeus)(E)，*B. ruderatus* (Fabricius)(E)，*B. tichenkoi* (Skorikov)(E, J)，エゾナガマルハナバチ *B. yezoensis* Matsumura(J)

Kallobombus Dalla Torre：*B. soroeensis* (Fabricius)(E)

ホッキョクマルハナバチ亜属 *Alpinobombus* Skorikov：*B. alpinus* (Linnaeus)(E)，*B. arcticus* (Quenzel)(E)，*B. balteatus* Dahlbom(NA, E)，*B. hyperboreus* Schönherr(NA, E)，*B. polaris* Curtis(NA)

Subterraneobombus Vogt*：*B. appositus* Cresson(NA)，*B. borealis* Kirby(NA)，*B. distinguendus* Morawitz(E)，*B. subterraneus* (Linnaeus)(E)

Alpigenobombus Skorikov：*B. wurflenii* Radoszkowski(E)

コマルハナバチ亜属 *Pyrobombus* Dalla Torre：コマルハナバチ *B. ardens* Smith(J)，ヒメマルハナバチ *B. beaticola* (Tkalcu)(J)，*B. bifarius* Cresson(NA)，*B. bimaculatus* Cresson(NA)，*B. centralis* Cresson(NA)，*B. cingulatus* Wahlberg(E)，*B. ephippiatus* Say(NA)，*B. flavifrons* Cresson(NA)，*B. frigidus* Smith(NA)，*B. huntii* Greene(NA)，アカマルハナバチ *B. hypnorum* (Linnaeus)(E, J)，*B. impatiens* Cresson(NA)，*B. jonellus* (Kirby)(E)，*B. lapponicus* (Fabricius)(E)，*B. melanopygus* Nylander(NA)，*B. mixtus* Cresson(NA)，チシマルハナバチ *B. oceanicus* Friese(J)，*B. perplexus* Cresson(NA)，*B. pratorum* (Linnaeus)(E)，*B. sylvicola* Kirby(NA)，*B. ternarius* Say(NA)，*B. vagans* Smith(NA)，*B. vosnesenskii* Radoszkowski(NA)

Rufipedibombus Skorikov：*B. rufipes* Lepeletier(A)

オオマルハナバチ亜属 *Bombus* s. str.：*B. affinis* Cresson(NA)，*B. cryptarum* (Fabricius)(E, J)，ノサップマルハナバチ *B. florilegus* Panfilov(J)，オオマルハナバチ *B. hypocrita* Pérez(J)，クロマルハナバチ *B. ignitus* Smith(J)，*B. lucorum* (Linnaeus)(E)，*B. magnus* Vogt(E)，*B. occidentalis* Greene(NA)，*B. sporadicus* Nylander(E)，セイヨウオオマルハナバチ *B. terrestris* (Linnaeus)(E)，*B. terricola* Kirby(NA)

Cullumanobombus Vogt：*B. rufocinctus* Cresson(NA)

Melanobombus Dalla Torre：*B. lapidarius* (Linnaeus)(E)

Fraternobombus Skorikov：*B. fraternus* (Smith)(NA)

Separatobombus Frison：*B. griseocolis* (DeGeer)(NA)

第2章
生活史の概要

　まずはじめに、マルハナバチの生活史のあらすじを紹介してみよう。ここでは特に女王の越冬習性や越冬後女王の活動などについて詳しく解説し、コロニーの発達消長やそのほかの点については、概要だけ記述した。

2.1. 女王の越冬習性と越冬後女王の出現時期

　図3にマルハナバチの一般的な生活環を示した。夏から秋の生殖虫生産期に養育された新女王だけが交尾後越冬し、母女王、働きバチおよびオスはすべて死に絶える。越冬習性はヨーロッパ産のマルハナバチでよく調べられている(Sladen, 1912)。それによると主な越冬場所は地中、コケ、わら屋根のなか、さらにごみくずのなかなどで、セイヨウオオマルハナバチは立木の下の地中を好むが、B. lapidariusはもっと開けた土手の上部や北〜北西面の斜面を好むという。Alford(1969, 1975)も種によって越冬場所の選好性に差があることを認め、セイヨウオオマルハナバチ、B. lucorum、B. pratorumなどは木の根元の地中を好み、B. lapidariusは北西面の土手や斜面を好むという。そしてユーラシアマルハナバチ亜属のB. pascuorum、B. ruderarius、B. sylvarumなどの女王は、各種枯草の下の地中で越冬するという。日本産マルハナバチの越冬習性は、コマルハナバチ以外はまだよく知られていない。コマルハナバチの女王は常緑広葉樹林内の北東〜北西に向いた土手で、2〜5cmの腐葉層直下の赤土中で越冬する(窪木・落合, 1985a)。東京都内の市街地でも、コマルハナバチは都市公園などの露出した斜面の土手で越冬している(松浦, 2004)。
　マルハナバチは自力で掘った地中の小さい球形あるいは卵形の越冬室のなかで、ふつう1個体で越冬している。そして越冬室から地表までの坑道は、内部から掘り出された土で埋められている(Sladen, 1912；Alford, 1969)。地表から越冬室までの深さは浅いものでは2〜3cmだが、一般には5〜15cmである。越冬室の大きさは最大幅で2.6〜3cmである(Alford, 1975)。コマルハナバチの場合、越冬室までの深さは3〜4.5cmで、大きさは最大幅2.6〜2.9cm、高さ1.8〜1.9cmであった(窪木・落合, 1985a)。また、トラマルハナバチの1例では越冬室までの坑道の長さが4.5cm、越冬室の長径は3.0cmで短径2.2cmで(郷右近, 1990)、これらはヨーロッパ産のマルハナバチとほぼ同じである。
　春になって気温が上がり、早春の花が咲き始めると女王は越冬場所から出現する(図3の①)。越冬後女王の出現時期には、種間差が知られている(Sladen, 1912；Plath, 1934；Free & Butler, 1959など)。Alford(1975)の観察では、イギリス産の種のうちB. jonellus、B. pratorum、B. lucorum、セイヨウオオマルハナバチなどは早く出現する種で、3月下旬から出現し、年によっては2月下旬に見られることもある。一方、B. lapidarius、B. hortorumなどは遅く出現するという。早く出現する種のセイヨウオオマルハナバチ、B. lucorum、B. pratorumなどは、木の根元の落葉層直下の地中で越冬しているが、遅く出現するB. lapidariusなどは北向きの土手や斜面で越冬している。日中の地温は前者の方が高くなるので、このような地温の差が出現の早晩に影響するのだろうという。イギリス産7種のマルハナバチを女王の出現時期で分けると、①早い種はセイヨウオオマルハナバチ、B. pratorumで4月半ば、②中間の種はB. lucorumで4月末、③遅い種はB. ruderatus、B. pascuorum、B. lapidariusで5月中旬ごろ、④もっとも遅い種はB. hortorumで5月下旬という順になるという(Prys-Jones & Corbet, 1987)。
　北関東地方でふつうに見られるマルハナバチ4種

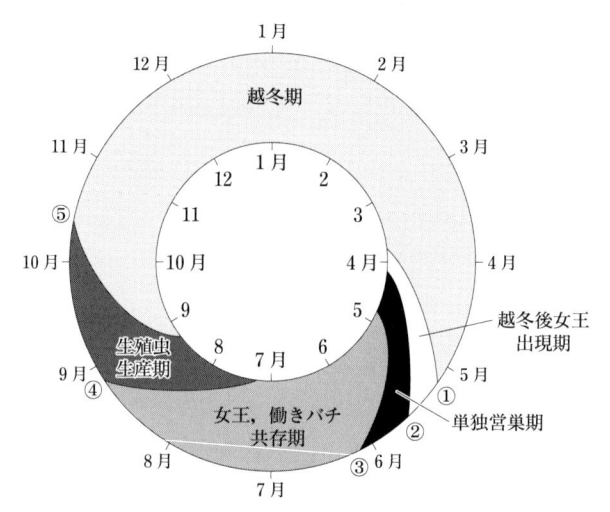

図3 本州中部におけるマルハナバチ類の一般的な生活環。①越冬場所からの脱出期，②営巣開始期，③働きバチ羽化開始期，④生殖虫生産開始期，⑤コロニー崩壊期

の女王の出現時期は，コマルハナバチがもっとも早くて3月下旬ごろからで，クロマルハナバチとトラマルハナバチは4月中旬ごろから，オオマルハナバチは5月初旬ごろからである。

2.2. 女王による単独営巣とその後のコロニーの発展

女王の卵巣は一般に越冬場所から出現したときには未発達で，出現後に花蜜と花粉を摂取しているあいだに卵が発達する（Cumber, 1949a；Free & Butler, 1959；Miyamoto, 1960；Alford, 1975）。このような卵巣発達にともなう生理的変化が女王の営巣場所さがしの行動を刺激し，営巣を開始させるのだと考えられている。越冬後女王の卵巣発達には種によって早晩の差があることが知られている。アメリカ産マルハナバチで，Medler（1962）はつぎのような早晩の差によるグループを認めている。①きわめて早い種：*B. bimaculatus*, *B. terricola*, ②早い種：*B. ternarius*, *B. affinis*, *B. griseocollis*, ③中間の種：*B. impatiens*, *B. vagans*, *B. auricomus*, *B. borealis*, *B. fervidus*, ④遅い種：*B. pennsylvanicus*（＝*americanorum*），*B. rufocinctus*

Richards（1977）は秋の越冬前女王の卵巣発達と翌春の出現時期の早晩との関係を明らかにした。すなわち，カナダの南アルバータ産マルハナバチでは，すべての種で秋の越冬前女王の卵巣がある程度発達している。そして越冬後早く出現する種（*B. frigidus*, *B. bifarius* など）では秋の卵巣発達は少なく，越冬後に長時間かかってゆっくり発達する。これに対して，遅く出現する種（*B. appositus* など）では秋から卵巣がある程度発達し，越冬後は短時間で発達する。

図3の②の営巣開始に先だって，女王はそれぞれの種によって好みの営巣場所をさがす（営巣場所の詳細は次節で述べる）。女王は地表付近を不規則に飛び回り，しばしば着地して落葉の下や地表の穴にもぐり込む。しばらくするとまた穴から飛びだして同様の行動を続ける。適当な営巣場所をさがし当てるまで，女王は数日からときには2週間以上も営巣場所さがしを続けるという。

気にいった営巣場所をさがし当てた女王は，枯草や落葉など植物質の保温材料（営巣材料 nesting material と呼ばれている）の中心部に，特に細かくて柔らかい材料でテニスボール大の枯草の塊をつくる。そしてその中心部に幅2.5〜3 cm，高さ1.8〜2 cmの空所（営巣室という）をつくる（Alford, 1975；Heinrich, 1979）。つぎに女王は花粉を採集してきて営巣室の床上に置き，それをこねて花粉蜜塊をつくる。そしてそのなかに8〜10個の卵を産み，その上をワックス（マルハナバチの巣の建築材料，詳しくは4.1.参照）で覆う。こうして最初の巣室（第1巣室という）をつくると，女王はこの巣室のすぐ近くにワックスで蜜壺

をつくり，蜜を蓄えて不良天候にそなえる（第1巣室の産卵と育児習性の詳細は第5章で述べる）。女王はたえず巣室を抱いて体温で暖め，幼虫がかえるとさらに巣外にでて花粉と蜜を採集してきて与える。巣内にいるときはいつも巣室上で脚を広げ，腹部を平たく伸ばして巣室を保温し続け，ときどき幼虫に花粉蜜混合液を給餌する。このようにマルハナバチの女王は最初の働きバチが羽化するまでは，巣づくり，餌集め，幼虫の世話，巣の防御などあらゆる仕事をひとりでやる万能者なのである。

　第1巣室の幼虫は女王に養われて順調に発育し，ふ化後10日あまりで繭をつくる。女王は繭が完成するとすぐにその上にワックスで第2，第3巣室をつくり産卵する。第1巣室から営繭後10日ほど経って，働きバチがつぎつぎに羽化してくる（図3の③）。これらの働きバチは栄養不良のため体が小さいが，女王にかわって産卵以外の仕事を全部引き受ける。女王は外役活動を止め，巣内に留まって幼虫の世話と産卵に専念する。つぎつぎに羽化する働きバチの活動によって，巣は急速に発展する。しかしマルハナバチの女王はミツバチやスズメバチなどと違って，産卵するための巣室づくりを働きバチにまかせることはなく，産卵に先だって自分でつくる。また女王は働きバチの羽化後も，幼虫の給餌活動を続ける。やがてコロニーの発達がクライマックスになると，女王がいるにもかかわらず働きバチが産卵を始める。そして新女王とオスの生産が始められる（図3の④）。産卵性働きバチが出現すると，女王に対する産卵妨害や女王の産んだ卵を食べる「食卵行動」，働きバチ間の闘争などが見られ，コロニーの秩序は混乱する。働きバチが産んだ卵の一部は食卵をまぬがれて成虫になるが，すべてオスである。1つのコロニーで生産される新女王とオスの数は種間差が大きく，また同一種でもコロニーによって差が大きい。トラマルハナバチ亜属のトラマルハナバチやウスリーマルハナバチの大型巣では，100個体以上の新女王が生産されるが（Katayama et al., 1990, 1996），ユーラシアマルハナバチ亜属では50個体以下の場合が多い（Sakagami & Katayama, 1977；Ochiai & Katayama, 1982；Katayama et al., 1993）。秋になると新女王とオスが羽化し，巣内に蓄えられた食糧を摂取して成熟すると巣から飛び去る。働きバチはしだいに死に，母女王も老衰死するか，生きていても翅はすり切れ，背中の毛は脱落して見る影もない姿になる。新女王は巣から飛びだしても最初の数日は巣にもどるが，やがて完全に離巣する。交尾は巣外で行なわれ，オスはやがて死に，働きバチも死に絶えて巣は解散する（図3の⑤）。受精した新女王だけが分散して越冬する。

2.3. コロニー発達段階の区分とコロニー存続期間の種間差

　マルハナバチのコロニー発達の区分法について，いくつかの例を示した（表2～4）。各研究者とも働きバチの生産から新女王とオスの生産への転換点について，特に注目している。コロニー存続期間は種によって異なる（Sakagami, 1976）。ヨーロッパ産のコマルハナバチ亜属の *B. pratorum* では5月下旬にはオスと新女王が出現し，7月初旬にコロニーは崩壊してしまう（Free & Butler, 1959）。日本産のコマルハナバチもコロニー存続期間が短く，新女王とオスは6月に出現し，7月初めにコロニーは解散する（Taniguchi, 1955）。一方，存続期間の長い例としてイギリス産の種では，*B. pascuorum* がよく知られている。本種のコロニーは4月末から9月まで続く（Alford, 1975）。日本産の種でもトラマルハナバチのコロニーは11月上，中旬まで続く（Miyamoto, 1960）。Prys-Jones & Corbet（1987）はイギリス産6種の存続期間をつぎのように区分している。①短い種：*B. pratorum* と *B. hortorum*，②中間の種：*B. lapidarius*，③長い種：セイヨウオオマルハナバチ，*B. lucorum*，*B. pascuorum*。しかしこれら6種のさらに詳細な発生調査に基づいて，Goodwin（1992, 1995）は中間の種に *B. lapidarius* のほかにセイヨウオオマルハナバチ，*B. lucorum* を加え，長い種には *B. pascuorum* だけをいれている。Sakagami & Katayama（1977）は北関東地方の主要種のコロニー存続期間を図示しているが，それを一部改変して図4に示した。図のように，コマルハナバチはイギリス産の短期存続種に，クロマルハナバチ，オオマルハナバチ，ミヤママルハナバチは中間の種に，そしてトラマルハナバチは長期存続種にあてはまるコロニー存続期間を示している。

第 II 部 営巣習性の解説編

表 2 マルハナバチのコロニー発達の区分(Donovan & Macfarlane, 1984 より)

段階別	発達期名	各発達期の区分
第 1 段階	形成期	女王単独期～ハタラキバチ出現まで
第 2 段階	発達期	ハタラキバチ出現期～新女王生産開始まで
第 3 段階	成熟期	新女王生産開始期～brood の生産終了まで
第 4 段階	崩壊期	brood の生産終了期～コロニー解散まで

表 3 コロニー発達段階の区分(Duchateau & Velthuis, 1988 より)

段階別	各発達期の区分
第 1 段階	ハタラキバチの生産開始～未受精卵産卵開始まで
第 2 段階	未受精卵産卵開始期～闘争開始期まで
第 3 段階	闘争開始期～コロニー終了まで

表 4 コロニー発達段階と女王の産卵形式の区分(Duchateau, 1991 より)

段階別	brood 別	産卵形式の区分
第 1 段階	第 1 brood	約 10 卵(受精卵)
第 2 段階	第 2 brood	約 35 卵(受精卵)
第 3 段階	第 3 brood	1 日当たり 1～2 巣室(1 巣室当たり約 8 卵)(受精卵から未受精卵へ転換)
第 4 段階	(闘争期)	女王産卵に対するハタラキバチの妨害と食卵,ハタラキバチの闘争,産卵,食卵

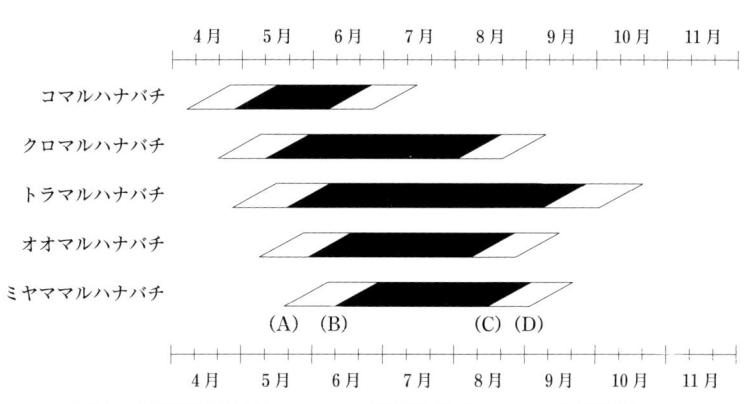

図 4 北関東におけるマルハナバチ類 5 種のコロニー存続期間。
A：営巣開始期,B：働きバチ羽化開始期,C：新女王とオスの羽化開始期,D：コロニー解散期

第3章
どんなところに巣をつくるのか
営巣場所の特徴

　マルハナバチは地下のノネズミの空き巣や木造家屋の各種空所にあるネズミやスズメの古巣のなかなどに営巣する。なぜこのような場所が選ばれるのか。マルハナバチの営巣場所の具備すべき必要条件について記述した。また，生息環境や営巣場所はマルハナバチの種によって異なることなどを解説した。

3.1. 生息環境の種間差

　マルハナバチは一般に山林，原野，草地などのように人手によって頻繁に表面がかく乱されていない場所に好んで生息している。このようなところにはマルハナバチが営巣するためのノネズミの古巣や枯草の堆積などが多く，また彼らが訪花するための各種の開花植物が豊富に存在する。しかし同一地方に生息するマルハナバチでも，詳しく調べると種によって生息場所が異なることが知られている。例えばバルカン地方のマルハナバチの生息場所選好性について，Pittioni(1938)はつぎのように4つのグループを区別している。草地やブッシュを好むグループ，樹林帯の上と下の乾燥した斜面を好むグループ，低地や高山の森林のなかを好むグループおよび湿った渓谷や樹林帯と冠雪帯のあいだの高山帯を好むグループ。

　片山・落合(1980)は本州産8種のマルハナバチの生息場所を要約して表示しているが，これにOchiai & Katayama(1982)，Katayama et al.(1990, 1993)，鷲谷ら(1997)のデータを追加して，整理しなおしたのが表5である。平地産のクロマルハナバチは開発などの影響で最近個体数が減少し，全般に生息密度は低く，しかも分布は局部的である。開発の進んでいない山村や漁村などの農地周辺部や，平地

表5　本州産マルハナバチ類の生息場所

種　名	生息場所	垂直分布
クロマルハナバチ	平地の田園地帯や土地開発が進んでいない農，漁村など。山地の山すそまで分布。やや局部的。	300〜350 m以下(稀に500〜1000 mの山地に局所分布)
コマルハナバチ トラマルハナバチ	平地から山地まで広く分布し，全般に生息数も多い。コマルは山すそ部で密度が高く，トラマルは山地・亜高山帯で多い。	コマル：平地〜1500 m トラマル：平地〜2000 m
オオマルハナバチ	平地ではごく稀。山すそ部から高山帯まで全般に生息数多い。	300〜3000 m
ミヤママルハナバチ	典型的な山地性の種で，平野部にはいない。	500〜2500 m
ナガマルハナバチ	山地性の種で，分布は局部的。主として沢沿いの部分で多く訪花活動が見られるが，巣は尾根沿いにもある。	700〜2500 m
ホンシュウハイイロマルハナバチ	本州中部では山間開拓地の開けた農地の周辺部。本州北部では平地や山地の牧場，開拓農場などの開けた土地。森林内には生息しない。	800〜1500 m
ウスリーマルハナバチ	山地性の種で，本州中部山地に限られている。	800〜2000 m
ヒメマルハナバチ	主として高山性の種で，樹林帯の下でも上でも生息している。	1500〜3000 m

林，低い山地の森林，原野などに多く生息している。これに対して，コマルハナバチとトラマルハナバチは平地から山地まで各地に広く分布している。特にコマルハナバチは他種の生息が困難な市街地のなかでも生息している。窪木・落合(1985b)は本種が都市部で生息できる重要な要因として，本種が木造家屋の各種空所や野鳥の巣箱を営巣場所に利用している点をあげている。特に木造家屋の天井裏や壁間に詰められたグラスウールの断熱材の内部に営巣する場合がもっとも多いという(松浦, 2004)。

一方，オオマルハナバチとミヤママルハナバチは平地では見られないが，山地では全般に生息数が多い。オオマルハナバチは同亜属のクロマルハナバチと山すそ部(標高300 m前後のところ)で分布が重複している地域もあるが，クロマルハナバチのように平野部にまでは進出していない。ナガマルハナバチとウスリーマルハナバチは主として本州中部山地に局限されているが，部分的にはかなり個体数の多いところもある。

ホンシュウハイイロマルハナバチは開拓地の農場や牧場などの開けた土地に生息し，森林内には生息していない点で他種と異なっている(Katayama et al., 1993)。北海道産の別亜種(ハイイロマルハナバチ)も開拓地や開けた草地などに生息している(Sakagami & Katayama, 1977)。ヒメマルハナバチは高山性の種で，樹林帯のなかでもその上でも生息している。高山の花畑などでもっとも多いマルハナバチは，本種とオオマルハナバチである。

3.2. 営巣場所選好性の種間差と営巣場所の特徴

このように生息場所は種によって異なっているが，さらにその生息場所での営巣場所の選択傾向にも，種によって差があるということが知られている(Sakagami, 1976)。営巣場所の選択性にはある程度グループ(亜属)によって特異性がみられ，①主として地下営巣種(オオマルハナバチ亜属やナガマルハナバチ亜属など)，②主として地表営巣種(ユーラシアマルハナバチ亜属など)，③営巣場所の選択が柔軟な種(コマルハナバチ亜属の一部)などに分けられている(Sladen, 1912 ; Plath, 1934 ; Free & Butler, 1959 ; Alford, 1975など)。また，ミナミマルハナバチ亜属のうち熱帯雨林に生息する種は，いずれも典型的な地表営巣性を示す(Taylor & Cameron, 2003)。

しかしこのような傾向は決して絶対的なものではないことを，Hobbs et al.(1962)とRichards(1978)は人工巣箱に対する女王の選択試験によって明らかにした。特にRichardsは2年間で2000個以上の巣箱を設置するというきわめて大規模な試験をしているので，その概要を紹介したい。彼はカナダの南アルバータで1970年に1060個，1971年に1080個の巣箱を野外に設置した。巣箱は木製で内部に営巣材料としてつめ綿をいれ，各種の生息環境のところにつぎの4つのタイプをセットにして，越冬後女王に好みの巣箱を選択させた。①地中巣箱：巣箱上面が地表下10 cmになるように地中に埋め，プラスチックのホースで地表の巣口と連絡した。②擬地中巣箱：地表に置いた巣箱の巣口にプラスチックのホースを取りつけて，それを地表面に伸ばし，その上を芝土で覆って地中巣の入口のようにした。③地表巣箱：地表に置いて金属の棒で固定した。④地上巣箱：木の幹の胸の高さぐらいのところに針金で固定したり，胸の高さの金属の支柱の上に固定した。

主要なマルハナバチ9種の女王が選択した巣箱数の2か年間合計値から，各タイプ別の選択割合を示すと図5のとおりである。地下営巣種とされるオオマルハナバチ亜属の *B. occidentalis* は70%以上地中巣箱を選んでいるが，地上巣箱もごくわずかに選択している。営巣場所の選択性が柔軟な種とされるコマルハナバチ亜属では，*B. frigidus* はたしかに各タイプの巣箱をほぼ均等に選択していた。しかし *B. bifarius*，*B. flavifrons* および *B. ternarius* の3種は擬地中巣箱も含めると70%以上地中巣箱を選択した。*B. rufocinctus*，*B. californicus* および *B. appositus* の3種は各タイプの巣箱をほぼ均等に選択し，コマルハナバチ亜属の *B. frigidus* に匹敵するような柔軟な選択性を示している。特に注目すべき点は9種合計で，地上巣箱が地中巣箱と同等に選択されている点である。マルハナバチの自然巣の場合，一般に地上巣は地中巣に比べてきわめて少ない。このことはRichardsの試験結果から考えて，自然環境下では地上の営巣場所が地中や地表のそれに比べて，きわめて少ないためだと思われる。

マルハナバチの自然巣は地中や朽ちた木の切り株，岩石の裂け目などの空所や地表の枯草の堆積中，さ

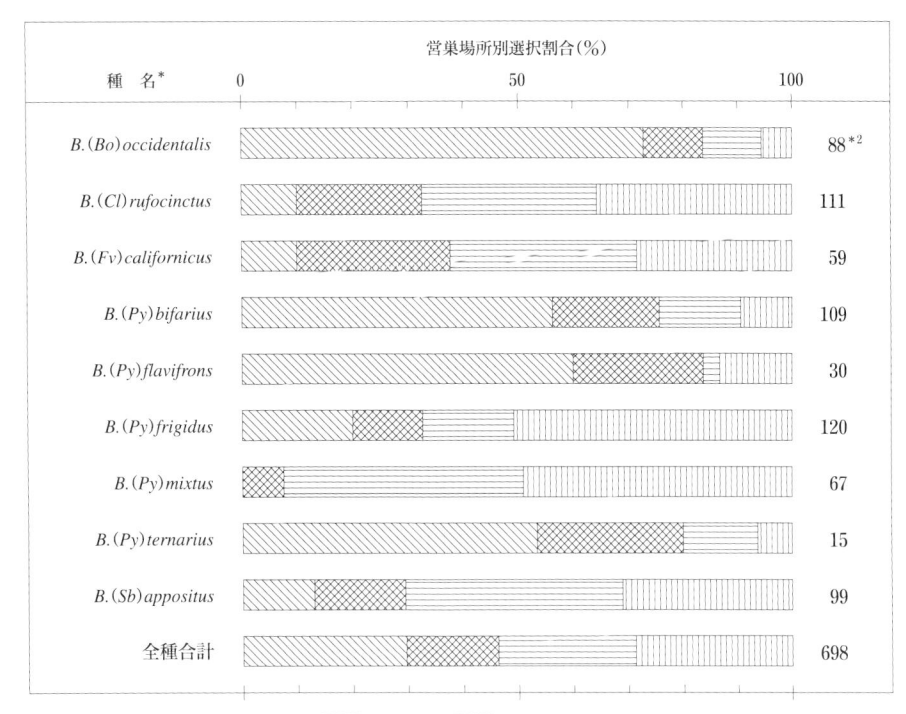

第3章 どんなところに巣をつくるのか

種名*	営巣場所別選択割合(%)	
B.(Bo)occidentalis		88*²
B.(Cl)rufocinctus		111
B.(Fv)californicus		59
B.(Py)bifarius		109
B.(Py)flavifrons		30
B.(Py)frigidus		120
B.(Py)mixtus		67
B.(Py)ternarius		15
B.(Sb)appositus		99
全種合計		698

▨ 地中巣箱，▧ 擬地中巣箱，▤ 地表巣箱，▥ 地上巣箱

図5 カナダ産マルハナバチ類9種の営巣場所選好性(Richard, 1978より)。調査方法は本文参照。*( )内は亜属名の略号で，正式名はつぎのとおり。Bo：オオマルハナバチ亜属，Cl：Cullumanobombus 亜属，Fv：ミナミマルハナバチ亜属，Py：コマルハナバチ亜属，Sb：Subterraneobombus 亜属。*²種別の女王が選択した巣箱数を示す。

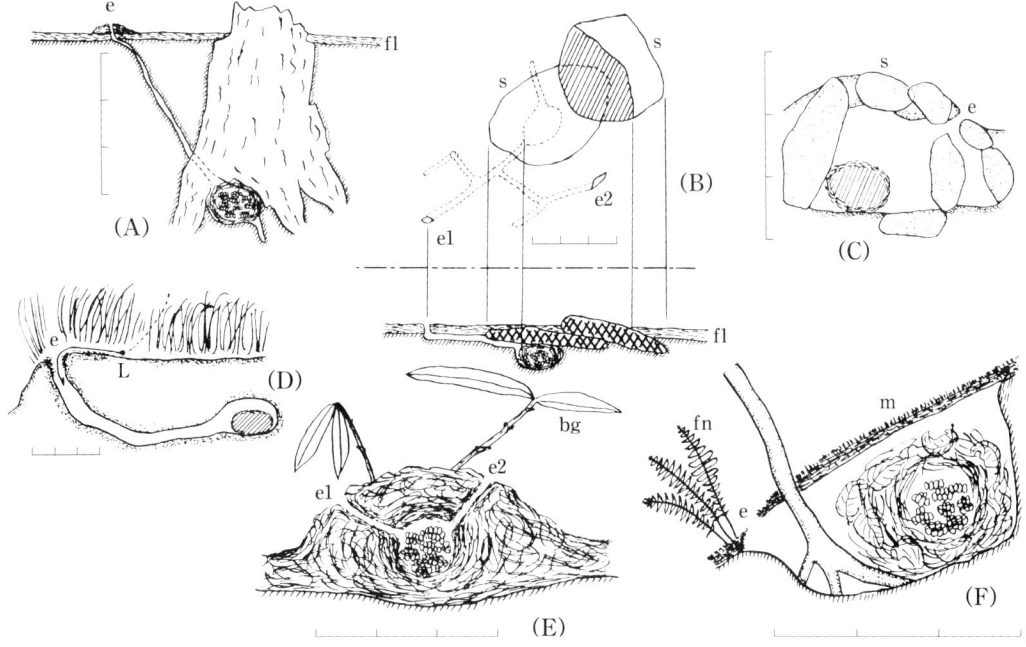

図6 日本産マルハナバチ類の営巣場所(片山・落合, 1980より)。e：巣口，fl：落葉層，fn：シダ，bg：ササ，m：コケ層，s：石，A：トラマルハナバチの地中巣，B：コマルハナバチの石の下の準地表巣，C：エゾコマルハナバチの石のほこらのなかの準地表巣，D：オオマルハナバチの地中巣でLは帰巣蜂の着陸点，E：ミヤママルハナバチの地表巣，F：ミヤママルハナバチの準地表巣，各スケールは30 cm

065

らに住宅の各種空所や物置小屋のわらや古着の隙間などにつくられている。これらの場所は外界から遮蔽されていて，しかもそのなかに枯草や落葉，コケなどの柔らかい乾燥した営巣材料が多量に蓄積されている。このような営巣場所はノネズミやトガリネズミなどの小型ほ乳類や野鳥などの廃巣を利用したものであるが，地表営巣種の場合は，ときどき女王が自力で営巣材料を周辺からかき集めて巣をつくることもあるという(Sladen, 1912)。地中巣の場合，マルハナバチの女王が自力で地中に坑道を掘ることはなく，既存の空所を利用して営巣する。

Sakagami & Katayama(1977)とOchiai & Katayama(1982)は，日本産マルハナバチの代表的な営巣場所を図示している。また，片山・落合(1980)は日本産マルハナバチの営巣場所を集約して表示している。図6に日本産マルハナバチ類における，地表営巣と地下営巣のいくつかの例を示した。

第4章
巣の構造

　マルハナバチ類の巣の構造はほかの多くのハチの巣と比べてきわめて複雑で，巣室が不規則に配置されている。このような巣の構造はマルハナバチ類が1つの巣室で数個体の幼虫を集団育児し，しかも幼虫の発育に従って巣室を拡大するというほかに例のない独特の建築術をもっているためである。ここでは巣の一般的な構造について概説し，巣室と食物貯蔵容器の形態や特徴について記述した。しかし巣室の建築と産卵，幼虫の発育にともなう巣室の拡大などの詳細については，第5～8章で記述した。

4.1. 巣の構造とその種間差

　マルハナバチの巣の建築材料は，一般に「ワックス」と呼ばれている。これはカラー写真7～9のように濃褐色の比較的柔らかい物質で，マルハナバチ成虫の腹部の背面と腹面から分泌される蜜ろうに多量の花粉やそのほかの物質が混ぜられたものである。このワックスは卵室づくり，幼虫室の壁，食物貯蔵容器や巣の内被作製，巣内各所の接着などあらゆるものの建築材料として，繰りかえし再利用されている。

　マルハナバチの一般的な巣の構造として，図7にクロマルハナバチの巣を模式的に示した。巣の最外側はカラー写真5のように枯草やコケ，落葉などの植物質の外被(営巣材料と呼ばれている)で覆われている。その内側にワックス製の薄い膜状の内被(図7のWE)がつくられ，さらにその内側に巣がはいっている。カラー写真6のように巣の基本的な構造物は卵，幼虫および蛹がはいっている巣室と蜜や花粉が蓄えられている食物貯蔵容器(以下「貯食容器」という)の2つである。多くのマルハナバチ類では図7

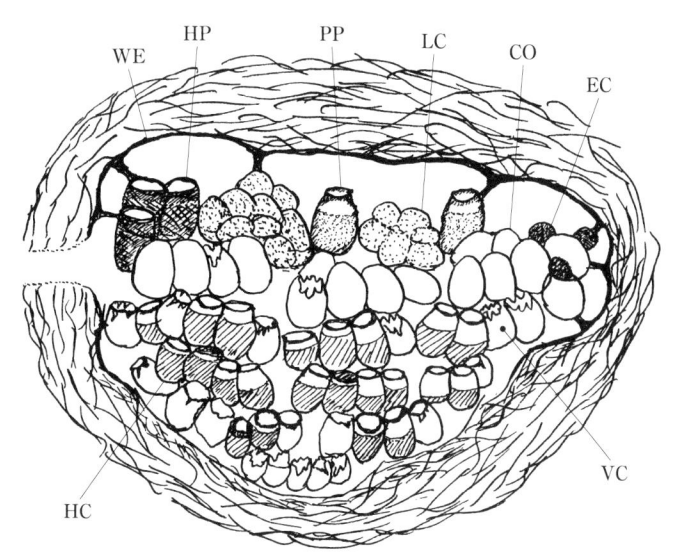

図7　クロマルハナバチの巣の構造(模式図)。CO：未羽化繭，EC：卵室，HC：蜜壺として利用されている羽化後の繭，HP：ワックス製の蜜壺，LC：幼虫室，PP：ワックス製の花粉壺，VC：羽化後の空繭，WE：ワックス製の内被

のように，巣室塊と貯食容器は互いに接触して同一空間に共存しているが，タカネマルハナバチ亜属の B. mendax では巣室塊と貯食容器が完全に分離されている。巣の中央部に巣室塊があり，その外側にワックス製の薄い膜状の壁があって，さらにその外側に貯食容器がつくられている(Haas, 1976；Hagen, 1990)。このように巣室塊と貯食容器が完全に分離されているのは，ハリナシバチ類の巣の一般的な特徴である(Wille & Michener, 1973)。

マルハナバチの巣室には数個の卵がまとめて産みつけられている卵室(図7のEC)と数個体の幼虫が共存している幼虫室(図7のLC)，そして蛹のはいっている繭(図7のCO)がある。卵室は繭の上にワックスでつくられ，一般に直径が6〜7mmで高さが5〜6mmのドーム状になっている。卵室内の卵がふ化して幼虫になった巣室が幼虫室である。幼虫室は内部の幼虫が発育するにつれてしだいに拡大され，室壁は徐々に薄く引き伸ばされる。発育した老齢幼虫は幼虫室の内側に絹糸を吐いて，各自独立した繭をつくる。繭が完成すると，その表面に付着しているワックスは取り除かれる。成虫が羽化したあとの空繭(図7のVC)は多くの場合ワックスで裏打ちされて，蜜壺(図7のHC)として利用される。

マルハナバチの貯食容器には，ワックス製の蜜壺(図7のHP)と花粉壺(図7のPP)，および成虫羽化後の空繭から改造された蜜壺と花粉壺とがある。このうちもっとも多いのは，羽化後の空繭から改造された蜜壺である。繭の羽化口は丸く加工されてワックスで裏打ちされ，蜜が蓄えられている。一般に繭には濃厚な蜜が蓄えられていて，ワックスで閉じられている場合が多い。羽化後の繭は花粉壺として利用される場合もあるが，蜜壺に比べると少ない。ワックス製の容器は一般に巣の表面近くにつくられる。ワックス製の蜜壺は図8のように巣の周辺部に，1か所に数個まとめてつくられることが多く，その大きさや数はコロニー間差が大きい。ワックス製の蜜壺には一般に当座用の薄い花蜜が蓄えられている場合が多い。ワックス製の花粉壺は図8のように巣の中央部につくられることが多く，1個ずつの場合や数個まとめてつくられる場合など，コロニー間差が大きい。また，花粉壺の大きさや数もコロニーによって差が大きい。オオマルハナバチ亜属では，ときには壺の壁が高く伸ばされて，高さ2〜3cmの円筒状になったものがあり(Sakagami, 1976；Sakagami & Katayama, 1977)，B. affinis と B. terricola では高さ5〜7.6cmにもなるという(Milliron,

図8 クロマルハナバチの巣における花粉壺と蜜壺の配置。
花粉壺は巣の中央付近に，蜜壺は巣の周辺部につくられる。

1971)。また，Plath(1922)によると B. affinis の巣では，この花粉円筒の長さは通常5～6cmで，1つの巣の花粉円筒に蓄えられた花粉の総重量は約57g(2オンス)になるという。しかし B. terricola ではさらに多くて，約110g(1/4ポンド)にも達する(Plath, 1927b)。

図7のようにマルハナバチの巣の大部分の容積を占めているのは繭で，特に羽化後の空繭である。巣の下層部には古い空繭があり，大半は成虫によってかみ破られてぼろぼろになっているが，硬い底の部分だけは残っている場合が多い。マルハナバチの巣は基本的には図7のように繭の上に新しい巣室がつぎつぎにつくられることによって，順次上方へ拡大していく構造になっている。しかし総繭数が500個以上もある発達した巣の場合，多数の繭が複雑に積み重なっているので，巣の構造を正確に記録することはかなり困難である。このためこれまで個々の巣の詳細な記録はあまり報告されていない。Sakagami & Katayama(1977)は日本産の種で詳細な記録を報告し，その後これにならっていくつかの記録が発表されている(Ochiai & Katayama, 1982；Katayama et al., 1990, 1993, 1996)。また，Kato et al. (1992)はインドネシア産の B. rufipes で，Sianturi et al.(1995)は B. senex で詳しい巣の記録を報告している。

巣の構造の種間差として従来からしばしばとりあげられてきたのは，巣室塊(以下「バッチ」という)の配置状況である。バッチ batch とは同一卵室から発育した幼虫群や繭群のことで，一般に1つのまとまった集団になっている。Weyrauch(1934)はヨーロッパ産のマルハナバチについて，バッチ配置状況をつぎのように区分している。①各バッチが無秩序で不規則に配置された巣をつくるグループ(セイヨウオオマルハナバチと B. lucorum)。②はっきりしたバッチ配置は見られないが，同じ発育段階のバッチが層状に積み重なった巣をつくるグループ(B. lapidarius)。③細長い板状のバッチを十字形に配置するグループ(B. ruderarius と B. humilis)。④鳥の巣のようなロゼット型に配置するグループ(B. sylvarum と B. veteranus)。⑤巣の中心部の周囲に層状にして花輪状に配置するグループ(B. pascuorum)。このうち④と⑤を区別することはかなり困難なように思われる。しかし Weyrauch によると④では上下や隣接のバッチ間の結合が緊密で，上層になるにつれて下のバッチより少しずつ外側へ伸びて，全体として1つの鳥の巣のような形になるのに対して，⑤では上下の層状になったバッチ間はつねに分離していて，同一層のバッチも結合されていないという。いずれにしても③～⑤のような規則的なバッチ配置が見られる種として彼があげた例は，すべてユーラシアマルハナバチ亜属の種である。

Alford(1975)もイギリス産マルハナバチのバッチ配置について，つぎのように述べている。ナガマルハナバチ亜属の B. hortorum と B. ruderatus および Subterraneobombus 亜属の B. subterraneus の3種の巣では，通常はっきりしたバッチ配置は見られないが，これらのうち B. subterraneus ではバッチが不完全ながら組織的に配置されている。また，オオマルハナバチ亜属のセイヨウオオマルハナバチと B. lucorum の巣では，規則的なバッチ配置はまったく見られない。これに対して Melanobombus 亜属の B. lapidarius の巣では，バッチはよく配列されていて，きれいな形をしている。

日本産マルハナバチのバッチ配置については，ユーラシアマルハナバチ亜属のハイイロマルハナバチ，ニセハイイロマルハナバチ，シュレンクマルハナバチ(Sakagami & Katayama, 1977)，ミヤママルハナバチ(Ochiai & Katayama, 1982)，ホンシュウハイイロマルハナバチ(Katayama et al., 1993)で，規則的な輪状の配置が認められている。またトラマルハナバチ亜属のトラマルハナバチ(Sakagami & Katayama, 1977)，ウスリーマルハナバチ(Katayama et al., 1990)，およびオオマルハナバチ亜属のオオマルハナバチ(Sakagami & Katayama, 1977；片山・高見澤, 2004)，クロマルハナバチ(Sakagami & Katayama, 1977)では，初期や小型の巣ではやや規則的な層状の配置が見られるが，発達した巣ではバッチ配置はきわめて不規則である。

一般にポケット・メーカー(幼虫室の側面に花粉ポケットをつくって幼虫に給餌するグループ。詳しくは第7章参照)に属する種よりも，ノンポケット・メーカー(幼虫室の側面に花粉ポケットをつくらないグループ)に属する種の方がバッチ配置が不規則になる。またコロニーサイズの大きい種の方が，小さい巣をつくる種よりもバッチ配置が不規則になりやすい(Sakagami, 1976)。上記の Weyrauch の区分で，

バッチ配置が不規則なタイプ①のセイヨウオオマルハナバチと B. lucorum はノンポケット・メーカーに属し，コロニーサイズが大きい種である。またバッチ配置が規則的なタイプ③〜⑤に含まれている種はすべてユーラシアマルハナバチ亜属なので，ポケット・メーカーであり，通常コロニーサイズは小さい。したがって，Weyrauch の区分はバッチ配置についての一般的な傾向と一致している。これに対して，ナガマルハナバチ亜属と Subterraneobombus 亜属はポケット・メーカーで，コロニーサイズも一般に小さいにもかかわらず，バッチ配置が不規則（Alford, 1975）なのは一般的なバッチ配置の傾向と合致しない。このようにバッチ配置は花粉ポケットの有無やコロニーサイズのほかにも，各種の要因によって左右されていると考えられる。その要因のうち営巣場所は特に重要であると思われる。ポケット・メーカーのうち，バッチ配置が規則的なユーラシアマルハナバチ亜属は地表営巣性であるが，バッチ配置が不規則なナガマルハナバチ亜属や Subterraneobombus 亜属は地下営巣性である。また，同一種でも巣の発達段階によって，バッチの配置状況は異なると思われる。例えばバッチ配置が不規則なオオマルハナバチ亜属のオオマルハナバチやクロマルハナバチでも，初期の巣では各バッチが規則的に配置されている（Sakagami & Katayama, 1977；片山・高見澤, 2004）。

4.2. 植物質の外被とワックス製の内被

マルハナバチの巣の最外側は図9のように枯草やコケ，落葉などの柔らかい植物質の外被（以下「営巣材料」という）で覆われている。この営巣材料は女王が営巣を始めるときに，自力で野外から採集してくるのではなく，彼女が営巣場所として選んだ空所のなかに，最初からあったものである。したがって営巣材料の種類は，必ずしも天然の植物質だけとは限らない。営巣場所が住宅や物置，ゴミ捨て場のなかなどの場合は住宅用の断熱材，細かいビニール片や紙くず，古着やわら束など種々の人工的な物質が利用されている。しかし，地表営巣性のユーラシアマルハナバチ亜属では，女王が多量に堆積した枯草のなかなどに営巣する場合は自力で周囲の枯草をかき集め，営巣材料として蓄積するという（Sladen, 1912；Alford, 1975）。

営巣材料は断熱材として，また雨露や直射日光から巣を守る材料として特に重要である。このため地表営巣性の一部の種では，巣が大きくなるにつれて，働きバチが巣の周辺から枯草やコケなどをかき集めて，それを営巣材料の上につぎつぎに積み上げる。そしてその表面を大顎と脚の爪で念入りにかきまわす（Free & Butler, 1959）。この行動は地表営巣性のユーラシアマルハナバチ亜属でよく見られるので，Sladen（1912）はこの亜属を「けば立てバチ carder bee」と呼んでいる。

地表営巣性種のうち雨の多い熱帯雨林に生息する B. transversalis では，激しい降雨から巣を守るために営巣材料はきわめて重要である。そのため営巣材料は雨が流れ落ちるように円錐形またはドーム状になっていて，厚さは平均13.8 cm もあり，落葉や細根を緊密に編みあわせてつくられている。このような精巧な営巣材料の形を維持するため，つねに数個体の働きバチが巣の周辺から落葉を細かく切断して運搬してくる。また営巣材料の上にも数個体の働きバチがいて，落葉の細片をつぎつぎと上部へかき上げてつねに表面をきれいにかきまわしている（Cameron et al., 1999；Taylor & Cameron, 2003）。

一方地下営巣性種の一部では，地下のトンネルにはいる巣口の部分に枯草や落葉などを積み上げる習性が見られ，これは「擬巣 false nest（pseudonest）」と呼ばれている（Plath, 1934；Free & Butler, 1959など）。Plath（1934）は B. fervidus で，働きバチが地下の空所に多量の営巣材料を集めたため余分のものを巣口部に堆積しておくのだと述べている。Plowright（1977）も B. rufocinctus で地下の巣腔から運び出された営巣材料を巣口部に堆積して擬巣をつくることを認め，これは余分の営巣材料の排除によって，巣の拡大に必要な空間を確保しようとする反応であると推定している。

Hobbs（1966a, 1967, 1968）は営巣材料として詰め綿をいれた巣箱を野外に設置して，女王が営巣開始する際の行動を観察した。その結果，ミナミマルハナバチ亜属の B. fervidus とコマルハナバチ亜属の B. bifarius, B. flavifrons, B. frigidus, B. huntii およびオオマルハナバチ亜属の B. occidentalis で擬巣が見られた。これらのうち B. fervidus と B. frigidus では，巣口部に擬巣がつくられただけでな

第4章 巣の構造

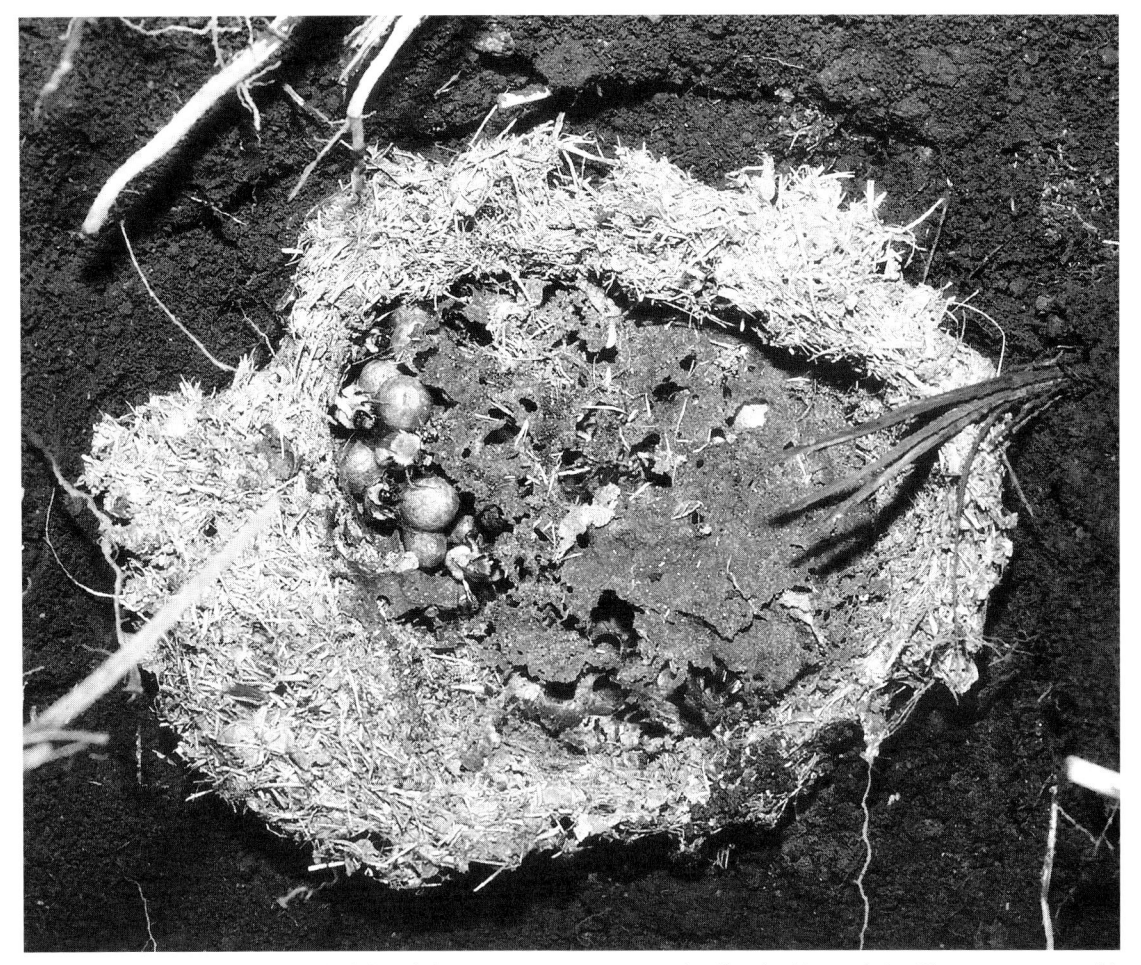

図9 ウスリーマルハナバチの発掘直後の巣(Katayama et al., 1990 より)。巣の表面をほぼ完全に覆っているワックス製の内被を示すために，植物質の外被は上の部分が取り除かれている。

く，それらの材料が巣箱内部に引き入れられて詰め綿と混ぜ合わされていた。しかし B. bifarius, B. flavifrons, B. huntii および B. occidentalis では巣口部だけに植物質や土をかき集めた擬巣がつくられ，巣箱内にそれらが引き込まれることはなかった。このため Hobbs(1967) は多くの種では巣口のカムフラージのためか巣口の直径を縮小するために，または両方の目的のために擬巣をつくるのだろうと述べている。

つぎにワックス製の内被であるが，これはきわめて薄い膜状の構造物で，図9のようにほぼ完全に巣を覆っている場合もあるし，部分的にしかつくられていないこともある。巣の表面と内被とのあいだには，ハチが自由に活動できる程度のスペースがあり，ところどころ繭の頂上部，幼虫室や卵室などの頂上部に短いワックス製の支柱で付着されている。内被の機能は低温や乾燥などの環境の変化から，巣内の恒常性を守るためのものと考えられている(Sakagami, 1976)。また，Plowright(1977) は内被作製行動は温度低下に対する反応だといっている。

内被作製の傾向には種間差が知られている。Sladen(1912)によると, B. lapidarius はいつでも完全な内被をつくり，地下営巣種のセイヨウオオマルハナバチ，B. lucorum, B. ruderatus および B. hortorum などの発達した巣でも，しばしば完全な内被がつくられる。しかし地表営巣種ではほとんどの巣でつくられないし，つくられても不完全で，小型のロウ製の円板しか見られないという。Free & Butler(1959) も地下営巣種では，しばしば内被が作製されると述べている。Alford(1975) はセイヨウオ

オマルハナバチ，*B. lucorum*，*B. lapidarius* の発達した巣では，一般的にワックス製の内被がつくられるが，地表営巣種の巣ではごく稀にしかつくられないと述べている。熱帯雨林に生息する地表営巣性の *B. transversalis* でも，詳しく調査した9巣のうちわずか2巣だけに不完全な内被が見られた (Taylor & Cameron, 2003)。したがって降雨の害を防ぐのには，内被はあまり重要ではないのかも知れない。これに対して，Haas(1965)は地表営巣種では，最初のハタラキバチの羽化後間もなく，たいがいの巣でワックス製の内被がつくられ，これは基本的に巣温保持に役立っていると記している。また，北アメリカ産の *B. mixtus* は地表または地表の浅いくぼみに営巣するが，たいていの巣はワックス製の内被をもっているという (Macfarlane et al., 1994)。Cumber(1953a)や Free & Butler (1959)は地下営巣性種で内被作製の習性が発達したことについて，地下巣では利用できる営巣材料の量が少ないのでこれを補うために進化したのだろうと考えている。

日本産マルハナバチの巣ではトラマルハナバチ，ウスリーマルハナバチ(図9)，コマルハナバチ，クロマルハナバチ，オオマルハナバチでワックス製の内被がつくられていたが，地表営巣種のユーラシアマルハナバチ亜属では，内被は見られなかった(Sakagami & Katayama, 1977；Katayama et al., 1990, 1996；片山・髙見澤，2004)。これに対してユーラシアマルハナバチ亜属でもホンシュウハイイロマルハナバチでは，詳しく調べた12巣中2巣で，ワックス製の内被が見られた。この2つの巣はいずれも地中巣で，植物質の営巣材料の量がきわめて少なかった(Katayama et al., 1993)。このようにワックス製の内被は地下営巣種の発達した巣では一般的につくられるが，地表営巣種では稀にしかつくられないという傾向がある。しかし地表営巣種でも内被作製の能力がないわけではなく，営巣場所の環境条件などによっては上記のように内被を作製することがある。

4.3. 巣室の特徴

すでに第I部で述べたように，マルハナバチ類の巣室はほかのハナバチのそれときわめて異なった特徴をもっている。巣室は可塑性に富むワックスでつくられている。最初，カラー写真10のように直径6〜7mmの巣室に数個の卵が一括して産下され，ただちに密閉される。4〜5日して幼虫がふ化すると，彼らはそのまま1つの巣室で集団になって生活する。働きバチはときどき巣室の壁に穴を開けて，幼虫に食物を与える。幼虫が発育するにつれて巣室は狭くなるので，自由に伸びる巣室の壁は少しずつ引き伸ばされ，巣室は徐々に拡大される。十分発育した老齢幼虫は巣室の内側に絹糸を吐いて，各々独立した繭をつくる。1つの巣室に由来する数個の繭は互いに側面が結合して，1つの塊となっている。図10にオオマルハナバチの巣室が幼虫の発育につれて，拡大・変形する状況を示した。また，カラー写真69〜81に同一巣室について，幼虫の発育に従って巣室が拡大，変形する状況を，経時的に示している。

このように1つの巣室に数個の卵を一括して産み，数匹の幼虫を1つの巣室で集団で育てるという育児様式は，1室1卵という個室制 unit cell system を採用しているほかのハナバチと比べて，きわめて特異的である。さらに内部の幼虫の発育に従って巣室を拡大するというマルハナバチの建築術は，全昆虫類のなかでもほかに例を見ない独特のものである(Michener, 1964a, 1974, 1990；坂上，1966, 1970 など)。

拡大・変形するという特徴のほかに，もう1つマルハナバチの巣室の注目すべき特徴は，図10のように巣室が発達するに従って少しずつその位置が移動することである。この巣室の移動には間接的な移動と直接的な移動とがある (Sakagami et al., 1967)。間接的な移動はその巣室の土台となっている下の巣室が，営繭後にワックス壁を取り去られることで，隣接の巣室との結合性を失うために起こる。直接的な移動は巣室内の幼虫が急速に発育する時期に，巣室がある方向へより大きく拡大することによって生じる。一般に各巣室は巣の周辺に向かって拡大する傾向が見られ，これは隣接した巣室間の競合を避けるための適応である。そしてポケット・メーカーの場合，巣室はポケットがつけられた方向へ拡大してゆく傾向が見られる (Sakagami et al., 1967)。ノンポケット・メーカーのオオマルハナバチでもこの間接的な移動と直接的移動が観察されている (Katayama, 1975)。しかし Katayama (1973)はクロマルハナバチの1つのコロニーでは，間接的な移動はあまり見られなかったと記している。ノンポケット・メーカー

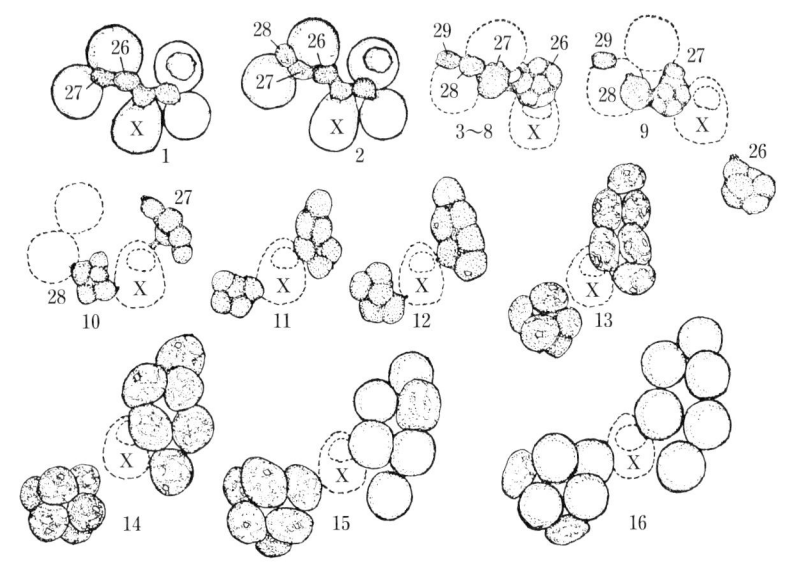

図10 オオマルハナバチの巣室の拡大と移動状況(第27番と28番巣室の経時変化)(Katayama, 1975より)。数字は第27番巣室がつくられた日(7月13日)からの経過日数である。Xで示した繭は位置移動を知るための起点として示した。

のなかでもオオマルハナバチ亜属のように幼虫室壁がもろくて、幼虫が早くから分離しやすい種では、巣室は重力の作用でより低い方へ移動してゆく傾向をもつことが図10に示されている。この図の巣は全体が右下の方向にやや傾斜しているため、各巣室は拡大するにつれて少しずつ右下へ移動している。いずれにしてもこの間接的および直接的移動によって、巣室は最初にその卵室がつくられた位置から種々の程度に移動して営繭している。

すでに4.1.で述べたようにマルハナバチの巣の構造が複雑で、バッチの配置が不規則なのは巣室が拡大・変形するという特性と、巣室の位置が移動するという性質が重要な要因であると思われる。

4.4. 食物貯蔵容器

多くのハナバチ類は幼虫の食糧として巣室に花粉蜜塊を貯蔵する。真社会性種のコハナバチ類でも食糧貯蔵は幼虫の餌用として行なわれている。これに対して私たちはマルハナバチ類で初めて成虫が消費するという目的で、巣のなかに食物貯蔵用の容器をつくり、多少なりとも食物を貯蔵しているのを見ることができる(Michener, 1964a；坂上, 1970)。マルハナバチの貯蔵容器は大きく分けるとワックスでつくられた壺状の容器と、成虫羽化後の空繭から改造された容器がある。

空繭の容器は大半が蜜壺として利用される。働きバチは空繭の羽化口の周囲を大顎できれいにかみ切り、丸く加工する。そして図11のようにその部分に厚いワックスの縁どりがつけられる。さらに必要に応じて繭の内面はワックスで裏打ちされ、蜜が蓄えられる。この一連の改造作業はきわめてすばやく行なわれるらしく、B. atratus での一例では、1つの繭で成虫羽化後わずか6.5時間で厚いワックスの縁どりがつけられて、繭の約1/3まで花蜜が蓄えられたという(Sakagami et al., 1967)。

一般に繭にはワックス製の蜜壺に比べて濃厚な蜜が蓄えられていて、ワックスで閉じられている場合が多い(Sladen, 1912)。B. impatiens の大きなコロニーでは多数の空繭が濃い蜜で満たされ、完全にワックスで閉じられている(Plath, 1934)。B. ruderarius と B. humilis では蜜が蓄えられた繭は完全に閉じられ、働きバチだけが巣にいるあいだは何日も手をつけられないままになっている。しかし多数のオスと新女王が出現すると、それらの蜜の大部分は一晩のうちに消費されるという(Weyrauch, 1934)。日本産マルハナバチでもトラマルハナバチ(Sakagami & Katayama, 1977；Katayama et al., 1996)、ウ

図11 空繭を利用した蜜壺。中央下部の繭はまだ羽化口を丸く加工する作業が終わっていない。そのほかの繭は丸く加工されて厚いワックスの縁どりがつけられ，蜜が蓄えられている。

スリーマルハナバチ(Katayama et al., 1990)，オオマルハナバチ(Sakagami & Katayama, 1977；片山・高見澤, 2004)では100個以上の繭に蜜が蓄えられている巣が見られた。このようにマルハナバチ類では蜜の貯蔵容器として，空繭が重要な役割を果たしている。

花粉壺として利用される空繭の数は，蜜壺に比べて一般にきわめて少ない。特にポケット・メーカーでは花粉は花粉ポケットに詰め込まれるため，空繭の利用は少ない。これに対して，ノンポケット・メーカーでは花粉ポケットがつくられないため，空繭が花粉壺として利用される頻度が高い。例えばセイヨウオオマルハナバチや *B. lapidarius* の大きな巣では，蜜壺の数の半分以上の繭が花粉壺として利用され，*B. lapidarius* の1巣では51個の蜜壺と並んで，27個の花粉壺があったという(Weyrauch, 1934)。しかしポケット・メーカーでも空繭が花粉貯蔵に利用される場合がある。Sladen(1912)は *B. hortorum* で空繭に花粉が貯蔵されるのを観察している。*Subterraneobombus* 亜属の *B. appositus* と *B. borealis* では，花粉は若い幼虫には花粉ポケットに詰め込まれるが，大きい幼虫を給餌するための花粉は巣の下側方の空繭に蓄えられる(Hobbs, 1966b)。また，Hagen(1990)によるとポケット・メーカーでも *B. humilis*, *B. sylvarum*, *B. pascuorum*, *B. hortorum* および *B. distinguendus* などでは，コロニー発達の最盛期には花粉が空繭に蓄えられるという。日本産種ではホンシュウハイイロマルハナバチの1巣で，57個の空繭に花粉が蓄えられていた。この巣には幼虫室が1つもなく，したがって花粉ポケットがないので，繭に蓄えられたと考えられる(Katayama et al., 1993)。

空繭を蜜壺として利用する場合は，繭の口にワックスの筒を高く継ぎ足すことは稀である。しかし花粉壺として利用する際に *B. affinis* と *B. terricola* では，空繭の口にワックスの長い円筒を継ぎ足し，しばしば長さ3インチ(7.6 cm)にもなるという(Plath, 1934)。

マルハナバチではこのように貯食容器として空繭は重要であるため，羽化後の繭が完全に破壊されることはない。Weyrauch(1934)は，成虫個体数の多い大きなマルハナバチの巣でも繭が完全に破壊されることはなく，しかも繭の下底部は特に厚くて硬いので，マルハナバチの大顎に耐えることができると述べている。これに対してタカネマルハナバチ亜属の *B. mendax* では，羽化しようとする成虫が繭を大きくかみ破り，羽化の手助けをする働きバチも繭

全体を横から引き裂き，完全にかみ砕く。そして繭は繊維にほぐされ，とり壊されてしまう。このため B. mendax の巣では空繭の貯蔵容器はまったく見られない(Haas, 1976；Hagen, 1990)。

ワックス製の貯食容器にも蜜の貯蔵に利用されるものと，図12のように花粉貯蔵用のものがある。ワックス製の蜜壺はカラー写真37～38のように，一般に数個まとめて巣の周辺部につくられることが多く，その大きさや数は種間差やコロニー間差が大きい。例えばユーラシアマルハナバチ亜属ではあまりつくられないが，B. lapidarius，セイヨウオオマルハナバチおよび B. lucorum では多数のワックス製の壺がつくられるという(Sladen, 1912)。また，カナダ産マルハナバチ類では Bombias 亜属，Cullumanobombus 亜属で多数の壺がつくられたが，Subterraneobombus 亜属ではあまりつくられなかったという(Hobbs, 1965a, b, 1966b)。さらに Plath (1934) は具体的に種名を示していないが，個体数の多い大きなコロニーでは1日で1ダースもの壺をつくることができると述べている。日本産マルハナバチ類では，ポケット・メーカーもノンポケット・メーカーもどちらもワックス製の貯食容器をつくることが知られている(Sakagami & Katayama, 1977)。ワックス製の貯食壺をつくりやすいかどうかという傾向は，それぞれの種のワックス生産能力と関連しているように思われる。

Weyrauch(1934)はワックス製の蜜壺についてつぎのように記している。濃い褐色で壁が厚く，胴の部分はあまり膨らまない。そして底は丸くならずややとがっている。つくられる場所は巣室塊の外側のもっとも高い縁で，つねに蛹がはいった繭の側面に隣接してつくられるが，幼虫室に付着してつくられることはない。また，多数の壺を1か所につくるのではなく，ところどころに分離して個別的につくるか，せいぜい2個ないし最大3個を結合してつくる。

彼の観察結果のうち蜜壺の形やつくられる場所については，ほかの研究者の結果とほぼ一致している。しかし1か所に多数結合してつくらないという点では異なっている。例えば B. lapidarius，B. lucorum およびセイヨウオオマルハナバチなどの地下営巣種の大きな巣では，20～30個の蜜壺が通常互いに接続して1列または2列につくられる(Sladen, 1912)。B. rufocinctus の1巣でも22個の蜜壺が1か所にまとめてつくられた(Hobbs, 1965b)。このような差異もたぶんワックス生産能力の種間差と関係があるのではないかと思われる。

Weyrauch(1934)によるとワックス製の一般的な蜜壺のほかに，ワックス製の内被の側面にできたポ

図12　クロマルハナバチのワックス製の花粉壺。形や大きさ，個数などは種間差，コロニー間差が大きい。

ケット状の部分に蜜が蓄えられることがあるという。巣塊の上にワックス製の内被をつくる B. hortorum, B. lucorum およびセイヨウオオマルハナバチでは，この内被の側方部分でワックス壁が二重，三重につくられることがある。そして外面の薄片はポケット状の袋になり，ここに蜜が蓄えられる。彼はこれを蜜袋 Honigtasche と呼んでいる。これは蜜の貯蔵という特定の目的でつくられたのではなく，内被の側面部分を補強する構造物が蜜の保存に一時的に利用されたにすぎないという。このような貯蔵容器はほかにあまり知られていない。日本産マルハナバチ類でもワックス製の内被が見られたトラマルハナバチ，ウスリーマルハナバチ，クロマルハナバチ，オオマルハナバチなどの巣で，この蜜袋は観察されていない。したがってこの貯蜜容器はつねに存在するのではなく，一時的にだけ見られるのかも知れない。B. mendax では巣室塊から離れた外側に，20〜30個の大きなワックス製の蜜壺を1か所にまとめてつくる。そのため集団の内側の蜜壺は結合して六角形のハニカム状の集団になり，一見すると巣板のようであるという(Haas, 1976)。

　ワックス製の花粉貯蔵容器について，もっとも詳細な記述をしているのは Weyrauch(1934)である。彼はつぎの6種類の容器を認めている。

(1)花粉コップ Pollenbecher：薄いワックス壁でつくられ，壺のように口が狭くならない円筒状で，大きさは中位の働きバチ繭と同じである。幼虫室側面に個別的につくられ，高さは幼虫室の上端とほぼ同じ(ポケット・メーカーの B. humilis と B. ruderarius で見られる)。

(2)ワックス壁のない花粉コップ：これは(1)の花粉コップと同形同大で，同じ場所につくられるが，(1)より稀である。花粉コップの花粉がいっぱいになったあと，ワックス壁が取り除かれたように見えるが，その確認はされていない。

(3)花粉壺 Pollentopf(図12)：花粉コップよりも大きさが変異しやすく，しかもいちじるしく大きいことと，つくられる場所が異なる点で，花粉コップと区別できる。これは Sladen(1912)がセイヨウオオマルハナバチや B. lucorum で記述している花粉貯蔵容器と同じである。

(4)花粉袋 Pollentasche：蜜袋(Weyrauch, 1934)をつくるのと同種のマルハナバチで見られる。両者は完全に形とつくられる場所が同じである(ワックス製の内被側部の重層になった薄片の開いた袋状の部分)。

(5)不定形の花粉塊 Pollengestampfe：巣のくぼみ，特に繭間のくぼみに花粉蜜塊がコンパクトな不定形の塊状に押し込まれている。しばしばワックス製のカバーがなくなっているが，完全にワックスでカバーされていることもある。

(6)花粉ポケット Pollennapf：ポケット・メーカーの幼虫室側面につくられるワックス製の壺である(これについては7.2.1.で詳しく述べる)。

　これらのうち(1)と(2)の花粉コップは，つくられる場所と形がポケット・メーカーの花粉ポケットによく似ている。彼自身もそう考えているが，両者が同じ機能をもっているかどうか確認されていない。このように幼虫室側面にワックスで円筒状の花粉容器をつくる例は Cullumanobombus 亜属でも知られている(Hobbs, 1965b)。Hobbs はこの花粉容器がポケット・メーカーの花粉ポケットによく似ているが，直接幼虫に接触していない点で，花粉ポケットと異なると述べている。またミナミマルハナバチ亜属では，幼虫室側面につくられた花粉ポケットがやがて幼虫の発育後，改造されて花粉壺 pollen cylinder になるという(Hobbs, 1966a)。ワックス製の容器は可塑性があるので，時間の経過につれて上記のように形がかわる可能性がある。したがって花粉コップと花粉ポケットの問題については，経時的な観察または詳細な分解調査によって相違を確認する必要がある。

　花粉袋への貯蔵は蜜袋と同様ごく一時的なものと考えられる。不定形の花粉塊については，女王の単独営巣期に第1巣室周辺に花粉を堆積しておくことが知られている(Sladen, 1912)。Hobbs(1965a, 1968)も Bombias 亜属とオオマルハナバチ亜属でそれを観察している。Sakagami & Katayama(1977)はシュレンクマルハナバチとトラマルハナバチの成熟期の巣で，不定形の花粉塊を観察した。このうちトラマルハナバチでは，繭塊の底部に6mmの厚さに花粉塊が固く付着していた。これらは花粉ポケットを通して幼虫室の底に多量に詰め込まれた花粉の名残であると考えられる。

　花粉貯蔵容器としてもっとも重要なのは花粉壺(図12)である。オオマルハナバチ亜属の B. lucorum やセイヨウオオマルハナバチでは，花粉壺は巣

の中央部近くの繭塊の上に，単独でかまたは1か所に数個まとめてつくられる。そして巣が上方に拡大するにつれて，壺の壁は高く伸ばされて長い円筒状になるという(Sladen, 1912)。オオマルハナバチ亜属ではしばしばこのような高い円筒状の花粉壺が観察され(Plath, 1934；Sakagami, 1976；Sakagami & Katayama, 1977)，*B. affinis* と *B. terricola* では高さ2〜3インチ(5〜7.6 cm)にもなるという(Milliron, 1971)。オオマルハナバチではこのような高い花粉壺の側面のワックスが取り除かれて，むきだしの花粉蜜塊が円柱状になっている例が観察された(Sakagami & Katayama, 1977)。

第5章
第1巣室における産卵と育児

　マルハナバチ類では第1巣室(越冬後女王によってつくられる最初の巣室)とその後の巣室とでは，産卵・育児習性が同一種でも表6のように非常に異なっている。そこで本章では第1巣室での産卵と育児習性について，第2以降の巣室と比較しながら記述した。

5.1. 第1巣室への産卵

　マルハナバチ類の第1巣室における産卵・育児習性についてはまだ未解明な部分が多く，今後の詳細な比較研究が必要である。日本産マルハナバチ類についても，この問題に関する研究はあまり行なわれていない。したがって，ここでは主にカナダにおけるHobbsの一連の研究(Hobbs, 1964～1968)とイギリスでのAlfordの観察結果(Alford, 1970, 1971, 1975)などについて紹介する。なお第1巣室における産卵・育児習性については，すでにSakagami(1976)の総説や片山(1993, 1998)による概要紹介があるので，ここではそれらの内容をもとにしてさらに新しい知見を加えて記述した。

　第2章で述べたように第1巣室は枯草，落葉，コケなどの柔らかい営巣材料の中央部付近に，女王によってつくられた直径3cm前後の空所(営巣室brood chamber)の床の上につくられる。女王は採集してきた花粉荷を営巣室中央部の床上に置き，蜜を混ぜて練り合わせてコンパクトな花粉蜜塊をつくる。それを床上にしっかり粘着させて動かないようにする。つぎに女王はこの花粉蜜塊をこねて，産卵するための空所をつくるが，Hobbs(1964～1968)のカナダ産7亜属19種の観察によると，ホッキョクマルハナバチ亜属以外の種では巣室づくりと産卵のしかたはみな同じだという。すなわち，女王は花粉蜜塊をこねてそのなかに小さい空室をつくり，1卵だけほぼ垂直に産卵するとすぐに花粉蜜塊で閉じてしまう。そしてこの小室に隣接して同じように小室をつくり産卵する。ふつうは1個の小室をつくるとすぐにそのなかに産卵してからつぎの小室をつくるが，Bombias亜属，Cullumanobombus亜属およびコマルハナバチ亜属では，しばしば2～4個の小室をまとめてつくってから，そのなかにつぎつぎと1個ずつ産卵する例もあるという。このようにして1つの

表6　マルハナバチ類の第1巣室とその後の巣室での産卵と育児習性(片山，1993を改変)

項　目	第1巣室	第2以降の巣室
作製場所	営巣室の床上	営繭した巣室上
巣室の構造	花粉蜜塊のなかやその上に数卵を産み，全体をワックスで覆う	中空のワックスの部屋*
卵の方向	ほぼ垂直	ほぼ水平
卵の配置	花粉でつくられた小室に1卵ずつ配置[*2]	全卵一括[*3]
1室当たり卵数	8卵前後	8卵前後
育児法	花粉蜜塊を巣室下底部へ詰め込み，巣室壁に小孔を開けて花粉蜜混合液を随時給餌	ポケット・メーカーでは第1巣室に同じ。ノンポケット・メーカーでは巣室壁に小孔を開けて花粉蜜混合液を随時給餌

* 一部の種(トラマルハナバチ亜属，ナガマルハナバチ亜属，コマルハナバチ亜属など)では産卵前に少量の花粉が詰め込まれる。
[*2] ホッキョクマルハナバチ亜属では全卵一括，ユーラシアマルハナバチ亜属では花粉蜜塊の周囲に1個ずつ産卵。
[*3] Bombias亜属，タカネマルハナバチ亜属などでは1室1個産卵。

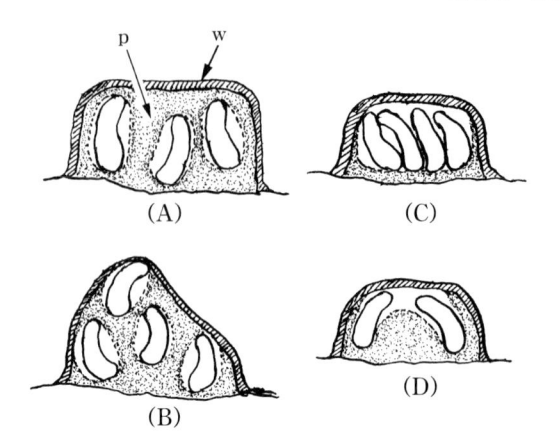

図13 マルハナバチ類の第1巣室の垂直断面模式図（Hobbs, 1964〜1968およびAlford, 1971, 1975より作図）。A：Bombias亜属、オオマルハナバチ亜属、Cullumanobombus亜属、コマルハナバチ亜属およびSubterraneobombus亜属、B：ナガマルハナバチ亜属、C：ホッキョクマルハナバチ亜属、D：ユーラシアマルハナバチ亜属、p：花粉蜜塊、w：ワックス製の覆い

花粉蜜塊に全部で8個前後産卵すると，全体をワックスで覆う。完成した第1巣室では図13Aのように各卵が花粉蜜塊の薄い壁によって分離されている。

一方ホッキョクマルハナバチ亜属では，女王は花粉蜜塊をこねてただ1個の空所をつくる。そしてそのなかに数個の卵を一括してほぼ垂直に産卵し，ワックスで全体を覆う（図13C）。したがって，Hobbsの研究によるとホッキョクマルハナバチ亜属の第1巣室では各卵は花粉蜜塊の壁で隔てられていない。Richards(1973)もホッキョクマルハナバチ亜属のB. polarisで第1巣室の卵は1個の卵室に一括して垂直に産卵されると述べている。

Hobbsが野外に設置した巣箱に営巣された初期巣を定期的に観察したのに対して，Alford(1970, 1971, 1975)はイギリス産マルハナバチ類で，営巣初期の自然巣を採集して観察した。イギリス産3亜属のうちユーラシアマルハナバチ亜属のB. pascuorumとB. humilisおよびコマルハナバチ亜属のB. pratorumでは，花粉蜜塊の上に一括してほぼ垂直に産卵し，ワックスで覆う。しかしナガマルハナバチ亜属のB. hortorumとB. ruderatusでは，花粉蜜塊のなかに数個の小室をつくり，1卵ずつほぼ垂直に産卵するという（Alford, 1970）。したがってユーラシアマルハナバチ亜属とホッキョクマルハナバチ亜属の産卵様式は同じということになる。また，ナ

ガマルハナバチ亜属の産卵様式は北アメリカ産の多くの種（ホッキョクマルハナバチ亜属以外の6亜属）のそれと同じである。しかしコマルハナバチ亜属の産卵様式は，ヨーロッパ産のB. pratorumと北アメリカ産の多くの種のあいだで異なっている。この点についてはその翌年の報告では，花粉蜜塊上に一括産卵する種としてユーラシアマルハナバチ亜属のB. pascuorumとB. humilisだけしかあげられていない（Alford, 1971）。

さらにAlford(1975)はユーラシアマルハナバチ亜属の産卵様式について，図13Dのようにピラミッド型の花粉蜜塊の周囲に卵を配置すると述べている。そして，本亜属のB. ruderariusの第1巣室で，数個の卵が中央部の花粉蜜塊の周囲にほぼ垂直に配置されている状態を鮮明な写真で示している。また彼はユーラシアマルハナバチ亜属と同じ産卵様式のグループとして，ホッキョクマルハナバチ亜属のB. balteatusをあげている。一方Hobbs(1964a, b)は，本種の第1巣室で，中央部に花粉蜜塊があるとは述べていない。ただ残念なことに，本種の第1巣室の構造について彼はきわめて簡単にしか書いていない。すなわち「第1巣室の全卵はただ1つの卵室に垂直に産卵されていた。卵を覆っているワックスの覆いは粗い花粉蜜塊を取り巻いていた」というだけである。これでは花粉蜜塊が卵の下にあるのか，周辺部に垂直に配置された卵の中心部にあるのかはわからない。Richards(1973)はホッキョクマルハナバチ亜属の別の種（B. polaris）で，第1巣室は花粉蜜塊の上にワックスと花粉でつくられると述べている。したがってHobbsのB. balteatusの記述も「卵を覆っているワックスの覆いが下に伸ばされて，卵の下にある花粉蜜塊を取り巻いていた」と解釈するのがよさそうである。

このようにマルハナバチ類の第1巣室の産卵様式は，ホッキョクマルハナバチ亜属型，ユーラシアマルハナバチ亜属型およびそのほかの亜属の型と3つのタイプに分けられる。第1巣室では卵室内の卵がほぼ垂直になっているのに対して，第2以降の巣室ではほぼ水平に産卵されている。また，第1巣室ではホッキョクマルハナバチ亜属とユーラシアマルハナバチ亜属を除いて，各卵が花粉でつくられた小室に1個ずつ分離して配置されているが，第2以降の巣室では数個の卵がまとめて産下されている（表6）。

第1巣室内の典型的な卵の配置はコマルハナバチ亜属やユーラシアマルハナバチ亜属では，最初中央に2卵が産下されてその両側に各3卵ずつ3列に計8卵が産下される(Hobbs, 1967；Alford, 1970, 1971, 1975)。しかし産卵数の多いナガマルハナバチ亜属の *B. hortorum* では卵の配置は不規則になり，しかも全卵が同一レベルに配置されるのではなく，図13Bのように一部の卵は下の卵の上に配置されている(Alford, 1971)。

5.2. 第1巣室の形と卵数

産卵が終わり，ワックスで覆われて完成した第1巣室の形と大きさは，ある程度までは産卵数の多少によって左右されるが，明らかな種間差も見られる(Alford, 1975)。ユーラシアマルハナバチ亜属の *B. pascuorum* や *B. humilis* などでは一般にクッション型で，大きさは約6.5×6 mmで高さ約3 mmである。ナガマルハナバチ亜属の *B. hortorum* ではくさび形で，大きさは約10×8 mm，高さはもっとも高い部分で10 mmに達するという。*B. hortorum* の第1巣室の形について，Alford(1971)はさらにつぎのように詳しく述べている。表面はひじょうに光沢があって，前方に向いた縁には馬蹄形の高く盛り上がった縁どりがあり，後方に向かって傾斜している広いくぼみを取り囲んでいる。

Hobbsは第1巣室の形について，つぎの点以外は特に記述していない。すなわち，*Cullumanobombus* 亜属の *B. rufocinctus* で第1巣室のワックスの覆いが他種に比べて色が薄く，透明に近いため内部の小室が透けて見える(Hobbs, 1965b)。また，*Subterraneobombus* 亜属の *B. appositus* と *B. borealis* では，他種よりも大きな第1巣室をつくる(Hobbs, 1966b)。本亜属ではヨーロッパ産の *B. subterraneus* でも大きな第1巣室をつくるという(Alford, 1975)。

Alford(1975)によると第1巣室の卵数には種間差があるが，ある程度女王の個体差も見られるという。そして産卵数の少ない *B. humilis*，*B. pascuorum* および *B. ruderarius* などの種では通常8卵を産下するが，セイヨウオオマルハナバチやそのほかの多産性の種では16卵くらい産卵することが多いという。Hobbs(1964～1968)は多くの種で第1巣室の卵数，幼虫数および繭数について詳しく調査している(表7)。これを見ると卵数については，ホッキョクマルハナバチ亜属や *Cullumanobombus* 亜属では平均11～11.2卵と多くなっているが，コマルハナバチ亜属の各種ではそれよりも少なくて平均8.2～9.5卵である。卵数のレンジが示されている *B.*

表7 カナダ産マルハナバチ類の第1巣室における卵数，幼虫数および繭数(Hobbs, 1964～1968より)

種名	卵数	幼虫数	繭数
B. (Al) balteatus*	11(7～21)*2	14(12～15)*2	—
B. (Bb) nevadensis	—	12.4	—
B. (Cl) rufocinctus	11.2(8～15)	10.2(7～13)	10.4(7～15)
B. (Fv) californicus	—	—	10
B. (Fv) fervidus	—	—	8
B. (Sb) appositus	—	—	13
B. (Pr) bifarius nearcticus	8.7	8.9	8.5
B. (Pr) centralis	—	9.0	9.0
B. (Pr) flavifrons	8.2	8.6	9.0
B. (Pr) frigidus	8.8	9.4	8.8
B. (Pr) huntii	9.3	8.2	9.4
B. (Pr) mixtus	—	8.7	7.9
B. (Pr) sylvicola	9.5	9.6	9.8
B. (Pr) ternarius	—	—	9.2
B. (Pr) vagans	—	—	9.2
B. (Bo) occidentalis	8.6	8.3	9.0

* 亜属名の略号はつぎのとおり。Al：ホッキョクマルハナバチ亜属，Bb：*Bombias* 亜属，Cl：*Cullumanobombus* 亜属，Fv：ミナミマルハナバチ亜属，Sb：*Subterraneobombus* 亜属，Pr：コマルハナバチ亜属，Bo：オオマルハナバチ亜属
*2 平均値およびレンジ

balteatus と B. rufocinctus の例を見ると，レンジの幅が前者では 7〜21 ときわめて大きく，後者でも 8〜15 とかなり幅があるので，産卵数は同種内でも女王の個体差があることがわかる。つぎに幼虫数をみるとホッキョクマルハナバチ亜属，Bombias 亜属および Cullumanobombus 亜属では多くて，コマルハナバチ亜属の各種ではそれより少なく，全体として卵数と同様の傾向になっている。同種内で卵数と幼虫数を比較すると，ホッキョクマルハナバチ亜属の B. balteatus を除いてみなほぼ同じ数値になっている。B. balteatus では卵数よりも幼虫数が多くなっているが，これは産卵してワックスで全体が覆われた巣室に，あとになって追加産卵が行なわれた結果である (Hobbs, 1964b)。Bombias 亜属の B. nevadensis で幼虫数が 12.4 と多いのも，基本的な 8 卵をもった巣室がつくられたあとで，約 4 卵が周辺部に追加されたためである (Hobbs, 1965a)。他種よりも大きな第 1 巣室をつくるといわれている Subterraneobombus 亜属の卵数がどうなのか興味深いが，Hobbs (1966b) は残念ながら卵数，幼虫数とも具体的な数値を示していない。繭数だけで比較すると確かに他種よりも多くなっている。本亜属の B. borealis では 24 個の繭を，B. appositus では 21 個の繭をもった第 1 巣室が見られたという (Hobbs, 1966b)。このような巨大な第 1 巣室ではどのように産卵が行なわれ，それがどんな構造であったのかとても興味深い。

　日本産マルハナバチ類の第 1 巣室については，高見沢 (1982) のウスリーマルハナバチでの観察がある。これは営巣開始後 3〜4 日以内のごく初期の自然巣を調査した貴重なデータである。それによると第 1 巣室は図 14 のように上から見て中央部がややくびれたひょうたん型で，長さ 11.5 mm，幅は中央部のくびれた部分で 5.0 mm，両側のやや膨らんだ部分で 7.2〜7.8 mm で，高さは中央部で 4 mm，その両側では 4.6 mm であった。この形は Alford (1975) のユーラシアマルハナバチ亜属におけるクッション型の第 1 巣室とほぼ同じである。内部の卵の配置については分解の際に卵がばらばらになり，図 14B のようになっていたが，これが巣室を開く前の状態だったのか，分解の際に倒れたのか明らかではない。いずれにしても中央部のくびれた部分に 5 卵が産下され，両側には花粉蜜塊が詰められていた。

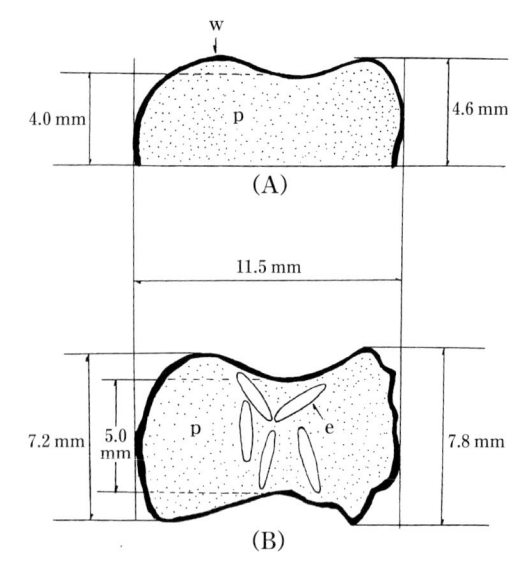

図 14　ウスリーマルハナバチの第 1 巣室 (高見沢, 1982 より)。A：垂直断面図 (卵の配置は省略)，B：水平断面図，e：卵，p：花粉蜜塊，w：ワックス製の覆い

　このようにウスリーマルハナバチの第 1 巣室における産卵様式は，ホッキョクマルハナバチ亜属 (Hobbs, 1964b；Richards, 1973) やユーラシアマルハナバチ亜属 (Alford, 1975) と同じように，花粉蜜塊でできた 1 つの腔所に一括して産卵されるタイプであると思われる。Hobbs (1964a) はホッキョクマルハナバチ亜属だけが一括産卵するのは営巣期間が短いきわめて厳しい気象条件に対する適応であろうと考え，Richards (1973) もそれを強調している。しかし一括産卵はユーラシアマルハナバチ亜属やトラマルハナバチ亜属でも見られるので，ホッキョクマルハナバチ亜属だけに限られた産卵様式ではない。したがって，一括産卵は営巣期間が短いという気象条件に対する適応であるとは考えにくい。

　日本産マルハナバチ類の第 1 巣室における卵数は明らかではないので，卵数を推定する資料として第 1 巣室の繭数について表 8 に示した。ミヤママルハナバチの繭数は平均 7.2 個で他種よりもやや少ないが，これは調査例数が少ないので，誤差が大きかったためと思われる。そのほかの種では平均 8.3〜9.9 個で，表 7 のカナダ産のコマルハナバチ亜属の各種とほぼ同じである。したがってこの数値から推定して，日本産種の第 1 巣室における卵数は一般に 8 個前後であると考えられる。

表 8　日本産マルハナバチ類の第 1 巣室の繭数(Sakagami & Katayama, 1977；Ochiai & Katayama, 1982 および著者の未発表データから作成)

亜属名	種名または亜種名	平均繭数*	レンジ	観察巣数
オオマルハナバチ	オオマルハナバチ	8.6±1.7	7〜11	5
トラマルハナバチ	トラマルハナバチ	9.6±2.2	6〜14	10
コマルハナバチ	コマルハナバチ	9.9±1.5	8〜14	16
ユーラシアマルハナバチ	ホンシュウハイイロマルハナバチ	8.3±2.7	5〜14	10
ユーラシアマルハナバチ	ミヤマママルハナバチ	7.2±1.3	5〜8	5

*平均値±標準偏差

5.3. 第 1 巣室における幼虫の発育と育児習性

　第 1 巣室が完成すると女王は巣室の上にのり，彼女の各脚を伸ばして巣室をしっかりと抱え込む。そして腹部を平たく伸ばし，巣室を包み込むようにして抱いて温める。その際女王は胸部の筋肉を活動させて発熱し，それを腹部腹面から放出することによって巣室を保温する(Heinrich, 1979)。

　この体温維持に必要なエネルギー源を確保するために，女王は第 1 巣室が完成するとすぐに巣室の近くにワックス製の蜜壺をつくる。蜜壺がつくられる位置は巣室の正面で，営巣室の出入口のところである(Sladen, 1912；Alford, 1975 など)。巣室と蜜壺のあいだの距離は短いので，女王は巣室から離れないで蜜を飲むことができるという。ウスリーマルハナバチの初期巣の例では，蜜壺と巣室間の距離は 1.4 cm であった(高見沢, 1982)。一般に蜜壺は巣室が完成したあとでつくられるが(Sladen, 1912；Alford, 1975；Hobbs, 1964〜1968)，Bombias 亜属では蜜壺の方が巣室よりも先につくられることが多い(Hobbs, 1965a)。

　女王によってつくられる蜜壺は，その後働きバチのつくる蜜壺と形が異なる(Weyrauch, 1934)。女王の壺は色が薄く，働きバチの円筒形の壺よりも丸みがあって球形に近く，底部はあまり突出していない。Sladen(1912)も女王の壺はほぼ球状で，きわめてデリケートで壁が薄く柔らかい。大きさは B. lapidarius で幅 1.3〜1.6 cm，高さ 1.6〜1.9 cm であると述べている。また，Alford(1975)も幅はほぼ 15 mm，高さ 15〜20 mm としている。女王の蜜壺の色にはある程度種間差があり，B. pratorum では淡色だが B. hortorum, B. pascuorum およびそのほか多くの種では，黄色または褐色である(Alford, 1975)。ウスリーマルハナバチでは混ぜものの少ないワックスでつくられ，白濁色のゼラチン状で幅 10 mm，高さは 8 mm であった(高見沢, 1982)。女王がつくる蜜壺の数は一般に 1 個であるが(Weyrauch, 1934)，Bombias 亜属の B. nevadensis では 3 個ぐらいつくられる場合があり(Hobbs, 1965a)，Cullumanobombus 亜属の B. rufocinctus ではしばしば 2 個つくられる(Hobbs, 1965b)。

　産卵後 4〜5 日で卵はふ化するが，一般にふ化の順序は産卵順に従っている。B. pascuorum の第 1 巣室では中央の 2 卵がほかの卵よりも 1 日以上早くふ化し，全卵がふ化するのに 2〜3 日かかる(Alford, 1971)。ふ化した幼虫は最初は巣室内の花粉蜜塊を摂食する。そのため初めは小室内で花粉蜜塊の壁に隔てられていた各幼虫は互いに接触するようになり，1 つの巣室で数個体の幼虫が集団育児される。そしてそれ以降女王によってさらに追加給餌されるが，Hobbs(1964〜1968)によれば第 1 巣室に対する給餌法は，基本的にすべての種で同じである。女王は花粉を採集してきて，それを巣室の下側方から幼虫の下へ詰め込む。幼虫は花粉蜜塊の上に位置して，下の花粉蜜塊を摂食する。女王はまた随時巣室のワックス壁に小孔を開けて，蜜と花粉の混合液を吐きもどして幼虫に与える。この給餌法は花粉が幼虫室の下側方に詰め込まれる点と，巣室内の幼虫が直接花粉蜜塊に接触している点で，第 2 以降の巣室におけるポケット・メーカーの給餌法と同じである。しかし巣室下側方への花粉詰め込みの方法として，Bombias 亜属ではポケット・メーカーの花粉ポケットと同様の花粉給餌用の構造物が巣室下側方につくられるが(Hobbs, 1965a)，そのほかの種では花粉ポケットはつくられない。そのため花粉は第 1 巣室下側方のワックス壁の裂け目から巣室内へ詰め込

まれる(Hobbs, 1964～1968)。なぜ Bombias 亜属だけ花粉ポケットがつくられるのだろうか。また，そのほかの種における巣室壁の裂け目というのが，どのような形態で，つねに開いているのか，花粉詰め込みの際だけ開かれるのかなどの点について，Hobbsは詳しく記述していない。したがって，これらの点については今後さらに詳しい観察が必要である。

Alford(1970)はユーラシアマルハナバチ亜属の B. humilis と B. pascuorum で，第1巣室下側方に花粉ポケットがつくられ，巣室内の幼虫は，そこから詰め込まれた花粉蜜塊を摂食すると述べている。Richards(1973)もホッキョクマルハナバチ亜属の B. polaris での第1巣室幼虫に対する給餌様式は「ポケット・メーカー」であると述べている。この記述のとおり花粉ポケットがつくられるとすれば，Hobbs(1964b)の B. balteatus の観察と矛盾する。また，Garófalo(1979)は野外へ食物採集にでられるようにした巣箱でミナミマルハナバチ亜属の B. atratus の女王に営巣させて，第1巣室の作製と発達経過を観察した。その結果，幼虫のふ化後間もなく女王は巣室の側面に花粉ポケットをつくり，そこに採集してきた花粉を投入したという。しかしHobbs(1966a)による同亜属の B. californicus と B. fervidus では，女王は巣室壁下部の裂け目から花粉を巣室へ詰め込んだという。この場合 B. atratus では人工巣箱で営巣させたため，自然巣の場合と異なる行動が見られたのかも知れない(Sakagami, 1976)。それにしてもこれらの例のように，同一亜属でも種によって第1巣室に花粉ポケットがつくられたり，つくられなかったりするのだろうか。

その後 Alford(1975)はポケット・メーカーとノンポケット・メーカーとでは，第1巣室に対する給餌法が異なると述べている。すなわちポケット・メーカーでは第1巣室の下側方に花粉ポケットがつくられ，そこから花粉が投入される。これに対してノンポケット・メーカー(彼は"pollen storers"を用いている)では女王は第1巣室の周囲に花粉蜜塊を置き，幼虫に給餌する際はそれを蜜との混合液にして直接吐きもどして与えるという。これが事実だとすれば，これですっきりと問題は解決されたことになるが，残念ながらこれでは Hobbs(1964～1968)の一連の観察と矛盾してしまう。Alford のノンポケット・メーカーで第1巣室周囲に花粉を置くという観察結果は，Hobbs のいう巣室壁下方の裂け目に詰め込まれた花粉が裂け目からあふれて，巣室の周囲にあるように見えたのではないのか。花粉が巣室の外に置かれているだけで，巣室内部の幼虫と接触していないかどうかなど今後詳しい調査が必要である。

最近筆者はノンポケット・メーカーのクロマルハナバチで，自然営巣した第1巣室の形態を観察した。この巣室は営巣中の8個体の幼虫を含んでいたが，巣室下面のワックス壁を取り除くと，ごく薄い繭の底に橙黄色の新鮮な花粉蜜塊がところどころに付着していた。これは幼虫に給餌するため巣室下底部のワックス壁の内側へ，女王が直接花粉蜜塊を詰め込んだ証拠である。そして幼虫は営繭活動中に，体を回転させてこの花粉蜜塊のところに頭部が接近したとき，大顎を活発に開閉して花粉蜜塊を摂食しているのが観察された(片山, 2005)。したがって，第1巣室における給餌法についての Alford(1975)の記述には矛盾があり，Hobbs の記述の方が正しいと考えられる。しかし第1巣室での花粉蜜塊の詰め込みの際に，花粉ポケットがつくられるかどうかに関してはなお疑問点があり，今後多くの種について比較検討する必要がある。

第1巣室の幼虫では発育初期から個体間でサイズ変異が大きい。巣室中央部の幼虫は大きく，周辺の幼虫はそれより小さい。中央部の幼虫はもっとも早く産卵されて最初にふ化した個体で，しかも女王の保温行動の際女王の体温をもっとも受け取りやすい位置にいる。このため発育が周辺部の幼虫よりもいっそう早くなる(Alford, 1975)。幼虫の発育につれて巣室は拡大し，巣室の両側下方から詰め込まれる花粉によって，巣室の両側縁はしだいに中央部より高くなる。女王は保温行動の際巣室中央部の低くなったくぼみに腹部腹面を長く伸ばして密着させ，両側に各脚を広げて巣室を抱き続ける。このため巣室上面中央部に，営巣室の入口方向に向いた1本の溝状のくぼみができる(抱卵溝または保温溝 incubation groove という)。この保温溝はほぼ女王の体幅ぐらいで，幼虫の発育が進むにつれてしだいに深くなり，第1巣室が完全に繭塊になった段階でもっとも顕著になる(図15A，F)。保温溝の表面はワックスが塗り込められて，なめらかで光沢がある。この保温溝は第1巣室だけに見られる特徴で，ヨーロッパ産の多くの種で観察されている(Sladen, 1912；Free & Butler,

第5章　第1巣室における産卵と育児

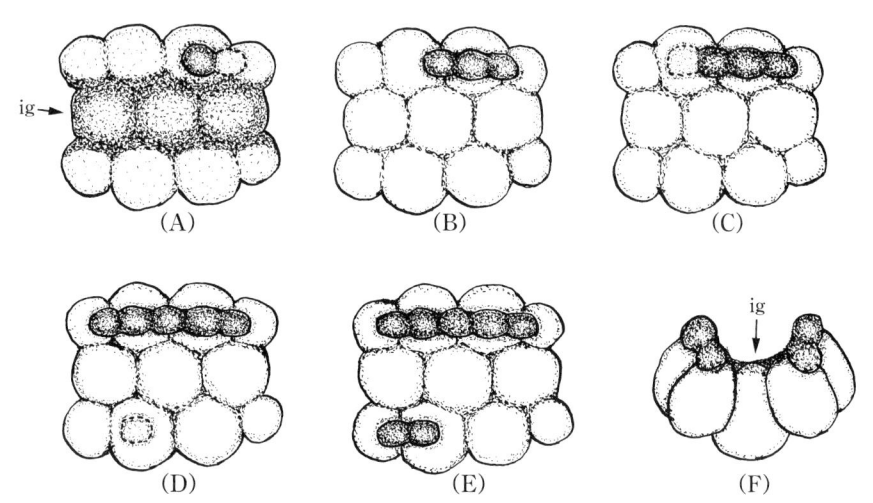

図15 コマルハナバチの第1巣室上での第2，第3巣室の作製経過(1980年5月10〜14日観察)。A〜Eは上面図，Fは側面図。A：5月10日午後(保温溝 ig の上側の縁に第2巣室の1つの卵室がつくられ産卵されて，さらに1つの卵室がつくられている)，B：5月11日午前(第2巣室の3個の卵室がつくられ，産卵された)，C：5月11日夕方(第2巣室の4番目の卵室がつくられている)，D：5月12日朝(第2巣室の5個の卵室が保温溝に沿って直線状につくられ産卵された。さらに保温溝の下側の縁に第3巣室の卵室がつくられ始めた)，E：5月14日夕方(第3巣室の2個の卵室に産卵された)，F：Eを左から見た側面図で，保温溝 ig のくぼみがよくわかる。

1959；Alford, 1975など)。また Hobbs(1964〜1968)もカナダ産の *Subterraneobombus* 亜属を除く多くの種で，保温溝が形成されることを記録している。

幼虫は終齢(4齢)になると絹糸を吐いて，互いに隣接する幼虫間に薄い網を張り始め，その後急速に発育する。そしてそれまで水平に横たわって頭部と腹端が接触するように丸まっていた体位から，腹端を下方に，頭部を上に向けた垂直方向の体位にかわり，鶏卵を立てたような形の繭をつくる。各繭は1個ずつばらばらに分離せず，それぞれ側面が緊密に接着された大きな1つの繭塊となる。第1巣室では卵のときの配置がその後も維持され，営繭完了した巣室でも卵のときとほぼ同じ繭の配置になっているという(Alford, 1975)。

第6章
第2以降の巣室への産卵

　第2以降の巣室での産卵習性については，多くの研究データが蓄積されている。それによるとマルハナバチ類では一般に「卵室づくり―産卵―卵室閉じ」の一連の行動が，同一個体によって連続して行なわれる点で，ほかの社会性ハチ類とはきわめて異なっている。日本産のマルハナバチ類でも産卵習性に関して近年かなり情報が増えてきたので，ここでは日本での研究結果を中心にして，卵室づくりと産卵行動について詳しく記述した。

6.1. 第2以降の巣室の形と設置場所

　巣室の呼び方は研究者によって異なる場合があるので，まずはじめに巣室の呼び方について若干触れておきたい。Hobbs(1964～1968)は第1巣室内の一群の子虫(卵，幼虫，蛹および繭内の若蜂など未羽化の幼若個体をいう)を「first brood」と呼び，それ以降の巣室内の子虫を「succeeding broods」と呼んだ。さらに succeeding broods のうち第1巣室上につくられた巣室にはいっている子虫を「second and third broods」と呼んでいる。Alford(1975)も第1巣室の上につくられた巣室内の子虫を「second and third brood batches」としている。Richards(1973)も第1巣室上に「second and third brood cells」がつくられると記しているが，その後 second brood とは第1巣室上につくられた巣室内の子虫で，それ以降につくられる巣室は「subsequent broods」であるという(Sakagami, 1976)。Duchateau & Velthuis(1988)は第1巣室上につくられた巣室の子虫をまとめて「second brood」と呼んでいる。

　第1巣室上には図15Eのようにふつう保温溝の両側の縁に沿って，それぞれ数個の卵室が接続して直線状につくられる。幼虫がふ化すると隣接する卵室間の隔壁がなくなり，左右2つの大きな幼虫室になって別々に発達する。このような発達のしかたから，HobbsとAlfordは「second and third broods」と呼んだのであろう。筆者も第1巣室上のこれら2つの巣室を第2，第3巣室と呼ぶのがよいと思うので，以後そのように呼ぶことにする。なお第4章で述べたように，マルハナバチ類の巣室は大きさと形が最初から固定されているのではなく，幼虫の発育に従って拡大，変形する。そのため同一の巣室でも内部の子虫の発育ステージに応じて，卵室，幼虫室あるいは繭などと適宜使い分けることが必要な場合もある。

　第2以降の巣室は表6のように営繭直後の繭の上につくられるが，第1巣室上につくられる第2，第3巣室はそれ以降の巣室と異なった特徴をもっている。HobbsとAlfordによると多くの種は，第1巣室の保温溝の縁にある繭の上にワックス製の卵室をつくり，2～3個の卵をまとめて産下する(図15A)。そしてそれに隣接してつぎつぎと直線状に卵室をつくり，同じように産卵する(図15B～C)。こうして4～5個の卵室が完成すると，さらに全体をワックスで覆う。そのため各卵室の境界は外から見ると不明瞭になり，保温溝に平行な1本のワックスのひも状の構造になる(図15D)。保温溝の片側の繭上に第2巣室の卵室群が完成すると，保温溝の別の縁にある繭上に同じようにして第3巣室の卵室群がつくられる(図15D～E)。これに対して Subterraneobombus 亜属では第2，第3巣室の卵室群は直線状に配置されず，主に第1巣室周辺部の繭上にばらばらにつくられる(Hobbs, 1966a；Alford, 1975)。これは第1巣室の繭数が多く，巣室が大きくて明瞭な保温溝が形成されないためだという(Hobbs, 1966a)。Bombias 亜属の B. nevadensis でも第1巣室上につくられる卵室は直線状に配置されず，1個ずつばらばらにつくられる。本種でも第1巣室の保温溝が浅くて不明瞭なためだと考えられている(Hobbs, 1965a)。

このように Subterraneobombus 亜属と Bombias 亜属を除いて，第1巣室の上につくられる第2，第3巣室の卵室群は，それ以降の卵室と比較してつぎのような特徴がある。①4～5個の卵室が直線状に接続してつくられる。②卵室群全体がワックスで覆われ，各卵室間の境界は不明瞭になる。③各卵室内の卵数はその後の卵室のそれよりも少ない（2～4個と8～14個）。④幼虫がふ化すると各卵室間の隔壁はなくなり，全体が共通のワックス壁で覆われた1個の大きな巣室になる。

第4以降の卵室も営繭直後の繭上につくられるが，卵室の形や設置場所には種間差，グループ間差が知られている。Weyrauch (1934) はユーラシアマルハナバチ亜属の B. humilis，B. pascuorum および B. ruderarius の卵室は2～3個の繭の合わさりめのくぼみにつくられ，平べったい形をしているが，Melanobombus 亜属の B. lapidarius は繭の先端部に背の高いドーム状の卵室をつくると述べている。また，トラマルハナバチは各卵室を1個ずつ分離して主に営繭完了した繭上につくるが，オオマルハナバチ亜属のクロマルハナバチとオオマルハナバチはしばしば2個以上の卵室を1か所に結合して，営繭完了後の繭上につくる (Katayama, 1965, 1971, 1974)。さらに Weyrauch (1934) は卵室が営繭完了した巣室上にだけつくられ，幼虫室上にはつくられないと述べている。しかし Sakagami et al. (1967) はミナミマルハナバチ亜属の B. atratus で，営繭完了前の幼虫室上にも卵室がつくられると報告している。その後 Sakagami & Katayama (1977) は日本産マルハナバチ類の多くの巣を調査し，卵室の形と設置場所について亜属別の特徴をつぎのようにまとめている。①ユーラシアマルハナバチ亜属の女王がつくる卵室は背が低く平たくて，営繭完了後の繭間のくぼみに1個ずつ分離してつくられる（図16E）。②トラマルハナバチ亜属の女王はカラー写真16～18のように，背の高い卵室を主に営繭完了後または営繭前の巣室上にふつう1個ずつ分離してつくる（図16A）。③オオマルハナバチ亜属の女王はカラー写真7～9のように，背の高い卵室を営繭完了後の繭上にふつう2個以上結合させてつくる（図16H）。④コマルハナバチ亜属の女王はカラー写真12～13のように，比較的背の高い卵室を営繭完了後の繭上に2個以上結合させてつくる（図16F）。

このように卵室の形と設置場所には種間差やグループ間差が見られるが，Katayama (1989) は本州産マルハナバチ類8種の産卵行動を観察して，表9のように卵室の形と設置場所の種間差をより詳しく示している。それによるとポケット・メーカーとノンポケット・メーカーという大きなグループ間で，営繭完了前の幼虫室上への卵室設置の有無と結合卵室の建設頻度の点で差が見られる。ポケット・メーカーでは営繭完了前の幼虫室上にしばしば卵室がつくられるが，ノンポケット・メーカーでは幼虫室上への卵室建設はほとんど見られない。また，ポケット・メーカーでは1か所に2個以上の卵室を結合してつくることは稀であるが，ノンポケット・メーカーでは頻繁に結合卵室がつくられる（図16F～H）。片山 (1993) もこれらの点を指摘しているが，表9をよく見るとナガマルハナバチはポケット・メーカーなのに幼虫室上に卵室をつくらず，しかも図16Dのように結合卵室をつくる点で，ノンポケット・メーカーと同じである。したがってポケット・メーカーとノンポケット・メーカーという区分にとらわれずに，それぞれのグループ内での種間差や亜属間差に注目する必要があると思われる。

卵室は一般に未羽化の繭上につくられるが，それ以外の設置場所としてポケット・メーカーに属するトラマルハナバチやウスリーマルハナバチでは，女王の産卵活動の盛期にしばしば幼虫室の花粉ポケットへの産卵が見られる（図16C）。それらの卵室は開かれて内部の卵は食べられ，再び花粉ポケットとして利用される場合が多い。しかし花粉ポケット由来の卵室はそのまま残され，その幼虫室の別の位置に新しい花粉ポケットがつくられる場合もある。このような卵室のその後の発達は，一般に隣接する大きな幼虫室との競合で不利な立場になることが多い。一方ノンポケット・メーカーでは，図16Jのようにワックス製の花粉壺の上縁部に卵室がつくられる場合が多い。そのほかの設置場所ではトラマルハナバチやクロマルハナバチなど産卵力の旺盛な種では，稀に羽化後の空繭も選ばれる。また，コマルハナバチでは花粉壺の花粉上に産卵し，壺の口を閉じてしまうこともある。Medler (1959) も同亜属の B. huntii で花粉壺上への卵室建設を記録している。産卵性働きバチ出現後のコロニーでは，働きバチによって種々の場所に卵室がつくられて産卵される。

第6章 第2以降の巣室への産卵

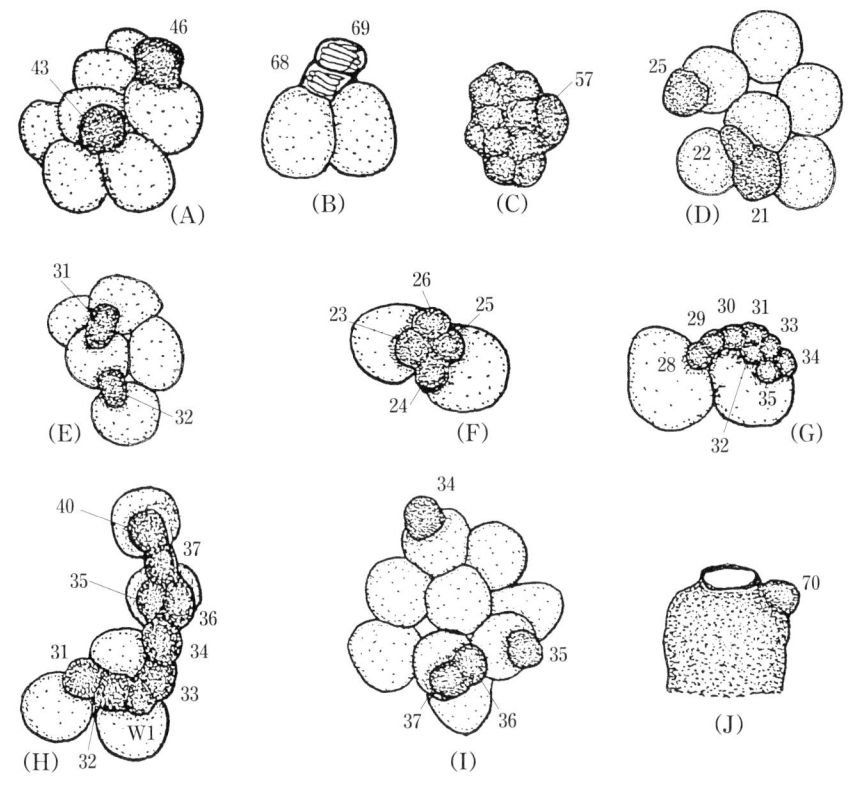

図16 本州産マルハナバチ類の卵室。数字は巣室番号を示す。A：トラマルハナバチの卵室（背の高い大型の卵室を1個ずつ分離してつくる），B：1つの卵室上に重ねてつくられたトラマルハナバチの卵室（垂直断面図），C：トラマルハナバチの若い幼虫室の花粉ポケットに産卵して閉じられた例，D：ナガマルハナバチの卵室（大型と小型の卵室を2個結合してつくる例が多い），E：ミヤママルハナバチの卵室（繭間のくぼみに平たい卵室がつくられる），F：コマルハナバチの卵室群（1か所に数個の卵室を丸く結合してつくる例が多い），G：ヒメマルハナバチの卵室群（小型で平たい卵室を1か所に多数結合させてつくる），H：オオマルハナバチの卵室群（多数の卵室を曲線状に接続してつくることが多い），I：クロマルハナバチの卵室（1個ずつ分離する場合も，2〜3個結合させてつくることもある），J：花粉壺の上縁部につくられたクロマルハナバチの卵室

表9 本州産8種のマルハナバチ女王のつくった卵室の形と設置場所（Katayama, 1989 より）

項　目	ポケット・メーカー				ノンポケット・メーカー			
	トラマルハナバチ	ウスリーマルハナバチ	ナガマルハナバチ	ミヤママルハナバチ	コマルハナバチ	ヒメマルハナバチ	オオマルハナバチ	クロマルハナバチ
羽化後繭上への建設	±	−	−	−	−	−	−	±
営繭完了前巣室への建設	+	+	−	±	(±)[*3]	−	−	−
繭上側部または繭間のくぼみへの建設頻度	t>n	t>n	t=n	n	t>n	t<n	t>n	t>n
結合卵室の建設頻度	−	−	+	−	++	++	++	+
卵室の大きさと形[*2]	大・高	大・高	大・高	中・平	中・高	小・平	大・高	大・高

* t：繭の上側部，n：繭のくぼみ
[*2] 大：大型（幅6〜7 mm），中：中型（5 mm前後），小：小型（4 mm前後），高：背の高いドーム型の卵室，平：背が低く平たい卵室
[*3] コマルハナバチではコロニーの初期に営繭中の幼虫室上に稀に卵室がつくられた。

女王はその卵室を開いて食卵したあと,自分の卵室として利用する。その結果図16Bのように1つの卵室の上にもう1つの卵室がのっているという特殊な例も稀に見られる。Frison(1930a)は特殊な例として B. vagans で,少量の花粉がはいった古い空繭内に7卵が不規則に産下されていたと報じている。

6.2. 卵の配置と卵数

第5章で述べたように第1巣室では卵がほぼ垂直に産下されているのに対して,第2以降の巣室では各卵がほぼ水平向きに産下される。また,第1巣室ではホッキョクマルハナバチ亜属やユーラシアマル

図17 マルハナバチ類の卵室における卵の配置。A:働きバチの産卵妨害が行なわれない発達中期のクロマルハナバチのコロニーでの2個接続してつくられた卵室。各卵はほぼ水平に平行して産卵されている。B:産卵性働きバチ出現後のオオマルハナバチのコロニーでの大型卵室。多数の卵がばらばら向きに産卵され,食卵されて萎縮した死卵も見られる。これは複数個体による食卵と追加産卵が繰りかえされた結果である。

第6章 第2以降の巣室への産卵

ハナバチ亜属を除く多くの種で、各卵が1個ずつ小室内へ分離して産下されるが、第2以降の巣室では図17Aおよびカラー写真10，31，82のように、数個の卵が一括して互いに平行に積み重ねられている。第2以降の巣室で卵の向きがこのようにほぼ水平で規則的に積み重なっている点は、現在まで調べられた多くの種で認められている(Hobbs, 1964～1968；Sakagami et al., 1967；Michener, 1974；Alford, 1975；Katayama, 1989など)。このように卵の配置が規則的になるのは、マルハナバチの産卵行動の特徴によると考えられる。すなわち女王(または産卵性働きバチ)は産卵行動を開始すると、卵室に尾端を挿入して卵室基部を後脚でしっかり握り、一定のリズムでつぎつぎと卵を排出する。そして産卵終了するまで卵室から尾端を離したり、体の向きをかえたりすることはない。そのため卵は規則的にほぼ平行に積み重なっているのである。しかし働きバチの産卵妨害で産卵中に体の向きをかえたり、卵室から尾端を離してから再挿入して産卵を続ければ、卵の向きは図17Bのように不規則でばらばらになってしまう(Katayama, 1974, 1989)。

卵の配置が不規則な例として、Wagner(1907)はセイヨウオオマルハナバチで卵が垂直に産下された卵室を図示し、さらに本種では卵の向きがかなり不規則でばらばらであると述べている。Weyrauch(1934)も *B. lapidarius* で1つの卵室の上につくられた卵室に、卵がほぼ垂直に産下されている状態を図示している。また、Loken(1961)は *B. lucorum* の成熟期のコロニーで、1か所に2～4個の結合卵室がつくられ、内部の卵の向きがばらばらになっている写真を示している。Katayama(1971, 1974)はクロマルハナバチとオオマルハナバチで、多数の産卵性働きバチが存在するコロニーでは働きバチがしばしば結合卵室をつくり、卵の向きがばらばらになることを記録している。したがって営巣後期のコロニーで卵室内の卵の向きが、上記のように不規則でばらばらになっている例は、働きバチによる産卵か、または働きバチの産卵妨害を受けながら女王が産卵したためと考えられる。

1室当たりの卵数は表10のように、種類やコロニーの発達段階によって差が大きい。一般に極端に小さい例は働きバチによって産卵された卵室であると考えられている(Frison, 1927a；Plath, 1934；Weyrauch, 1934など)。また、極端に大きい例も複数の産卵性働きバチによって、追加産卵されたものと考えられている(Cumber, 1949a)。オオマルハナバチで複数の働きバチによる多数回産卵が行なわれた卵室で、62個もの卵がはいっていた例もある(Katayama, 1974)。また、コマルハナバチ亜属の *B. huntii* の515個体もの働きバチを含む巨大巣で、各々40，46，47，48個の卵がはいった卵室が記録されているが(Medler, 1959)、これも働きバチの追加産卵の例と考えられる。表10でWeyrauch(1934)があげている8～13個という数値は、多くの種の1室当たり卵数として妥当なものであろう。本州産の8種類17コロニーの女王の産卵行動を直接観察した結果、女王による1卵室への1回産卵の最多卵数は、トラマルハナバチの19個であった(Katayama, 1989)。したがって、一般に1室に20個以上の卵を含んでいる卵室は、働きバチによって多数回産卵が行なわれたものと考えられる。ただし、ユーラシアマルハナバチ亜属の女王は既産卵室への追加産卵をつねに行なう習性があるので、女王が産卵した卵室でも20個以上の卵を含んでいる場合がある。また、極端に大きい例として、働きバチ数180個体を含む *B. lapidarius* の大きなコロニーで、女王は7月15～21日までの1週間毎日規則的に午後4時ごろ30～35(平均33.6)個産卵したという(Weyrauch, 1934)。マルハナバチ類の女王が1回でこのように多数の卵を産下する能力があるのかどうか、*B. lapidarius* およびその近縁種について再検討する必要がある。

1室当たり卵数の少ない例では、表10のようにヒメマルハナバチの女王が4個以下(たいてい2～3個)しか産卵しない。そして産卵最盛期には1～2個の卵しかはいっていない卵室を1か所に多数結合してつくる場合が多い(Katayama, 1989)。卵数の少ない極端な例は表10に示した *Bombias* 亜属の *B. nevadensis* で、本種の女王はつねに1室に1個しか産卵しない(Hobbs, 1965a)。その後ふ化した幼虫も個別に養育されるので、本種の育児様式はマルハナバチ類としては珍しい個室制 unit-cell system である。このため Hobbs(1964a) は *Bombias* 亜属がマルハナバチ類のなかでもっとも進化したグループであると考えている。このような1室1個産卵の習性はほかにもう1種、タカネマルハナバチ亜属の *B. mendax* で知られている(Williams, 1994)。なお、未

第 II 部　営巣習性の解説編

表 10　マルハナバチ類の第 4 巣室以降の 1 卵室当たり卵数(片山, 1993 を改変)

種　名	1 室当たり卵数	報告者
B. (Ml)* lapidarius, B. (T) muscorum, B. (T) sylvarum およびそのほかの種	1〜12 個, 一般に 6〜8 個	Wagner(1907)
B. (F) pennsylvanicus	コロニー初期：2〜5 個 コロニー盛期：9〜14 個	Frison(1930b)
B. (T) pascuorum ほか 5 種を一括している	2〜40 個, たいてい 8〜13 個で, 11 個の例が最多	Weyrauch(1934)
B. (T) pascuorum	1947 年：5〜13(平均 9.6)個 1948 年：4〜16(平均 10.8)個	Brian(1951)
B. (Bb) nevadensis	1 室 1 卵	Hobbs(1965a)
B. (Cl) rufocinctus	$\bar{x} \pm SE = 8.2 \pm 3.9$, n = 12	Hobbs(1965b)
B. (Bo) occidentalis	$\bar{x} \pm SE = 6.6 \pm 0.9$, n = 5	Hobbs(1968)
B. (F) morio	11〜15 個($\bar{x} \pm SD = 12.5 \pm 0.4$)	Garófalo(1978a)
B. (Mg) ruderatus	$\bar{x} \pm SE = 14.3 \pm 0.6$, n = 23	Pomeroy(1979)
トラマルハナバチ	10〜15 個	Katayama(1989)
ナガマルハナバチ	5〜10 個	
コマルハナバチ	6〜 9 個	
ヒメマルハナバチ	1〜 4 (たいてい 2〜3)個	
オオマルハナバチ	7〜 9 個	
クロマルハナバチ	10〜15 個	

*亜属名の略号はつぎのとおり。Bb：Bombias 亜属, Bo：オオマルハナバチ亜属, Cl：Cullumanobombus 亜属, F：ミナミマルハナバチ亜属, Mg：ナガマルハナバチ亜属, Ml：Melanobombus 亜属, T：ユーラシアマルハナバチ亜属

発表のデータであるが, トウヨウマルハナバチ亜属の B. haemorrhoidalis の女王も 1 室に 1 卵ずつ産下するということなので(落合, 未発表), 今後詳細に産卵行動を観察する必要がある。

マルハナバチ類の産卵様式について, Hobbs(1964a)は多くの種で見られる 1 室に数個の卵をまとめて産下する「一括産卵」よりも, Bombias 亜属の 1 室に 1 個ずつ分離して産卵する「1 室 1 個産卵」の習性の方がより進化したものであろうと考えた。これに対して Sakagami(1976)は, マルハナバチ類の祖先型が一括産卵をするようになったあとで, Bombias 亜属がさらに 1 室 1 個産卵の習性にもどったのか, または古い祖先型の 1 室 1 個産卵の習性をもったまま現在に至ったのか解明する必要があるとしている。マルハナバチ類の多くの亜属を用いて成虫の形態的特徴を分析し, 系統関係を解析した結果, 1 室 1 個産卵をするタカネマルハナバチ亜属および Bombias 亜属はほかの多くの亜属よりももっとも古く分化したグループであったという(Williams, 1994)。さらに, ごく最近の核遺伝子の配列分析による系統解析でも, タカネマルハナバチ亜属はもっとも早く分化したグループで, Bombias 亜属もこれに次いで早く分化したグループであるという(Kawakita et al., 2004)。これらの結果によれば 1 室 1 個産卵の習性は, 一括産卵する習性から進化したものではなくて, 古い祖先型の産卵習性をそのまま残しているグループであるように思われる。

6.3. 卵室への花粉詰め込み

第 5 章で述べたように, 第 1 巣室では花粉蜜塊のなかやその上に産卵されるのに対して, 第 2 以降の巣室では多くの種で産卵前やあとに, 巣室内に花粉が詰め込まれることはない。しかしカラー写真 11〜15 に示したコマルハナバチのように, 一部の種では産卵前の卵室の底に花粉蜜塊が詰め込まれる。このように花粉を詰め込む種を Sladen(1912)はポーレン・プライマー pollen-primers と呼び, ナガマルハナバチ亜属の B. hortorum, B. ruderatus および Subterraneobombus 亜属の B. subterraneus の 3 種をあげている。さらに彼は B. subterraneus に近縁の B. distinguendus もたぶんそうであろうと考えた。その後の観察の結果, 卵室への花粉詰め込みはつぎのような亜属の種で明らかになった。

ナガマルハナバチ亜属：*B. hortorum*(Sladen, 1912)，*B. ruderatus*(Sladen, 1912；Pomeroy, 1979)，ナガマルハナバチ(片山，未発表；落合弘典，私信)

トラマルハナバチ亜属：トラマルハナバチ(Sakagami & Katayama, 1977；Katayama et al., 1996)，ウスリーマルハナバチ(Katayama et al., 1990)

Subterraneobombus 亜属：*B. appositus* および *B. borealis*(Hobbs, 1966b)，*B. subterraneus*(Sladen, 1912)，*B. distinguendus*(? Sladen, 1912)

コマルハナバチ亜属：*B. bimaculatus*(Frison, 1928)，*B. impatiens*(Plath, 1934；Plowright, 1977)，*B. pratorum*(Free & Butler, 1959)，*B. ternarius*(Plowright, 1977)，コマルハナバチ(Sakagami & Katayama, 1977；Katayama, 1989)，ヒメマルハナバチ(片山ら，未発表)，*B. bifarius*，*B. centralis*，*B. frigidus*，*B. huntii*，*B. melanopygus*，*B. mixtus*，*B. sylvicola*，*B. ternarius* および *B. vagans*(以上 Hobbs, 1967)

これら以外の亜属の種では，ごく稀な例が記録されているだけである。すなわち，Wagner(1907)はオオマルハナバチ亜属のセイヨウオオマルハナバチで，ほぼ垂直に産下された卵の上に花粉蜜塊が詰められている卵室を図示している。また，Loken(1973)は *Alpigenobombus* 亜属の *B. wurflenii* の 1 巣で，女王が産卵前の卵室に花粉荷を投入したという Meidell の観察記録を報告している。

卵室への花粉詰め込みと産卵がどのような順序で行なわれるかについて，コマルハナバチで詳しく調査した結果(Katayama, 1989)の概要はつぎのとおりである。

コマルハナバチではカラー写真 11 のように，たいてい 3～4 個の卵室が 1 か所に接続してほぼ同時につくられる。しかしこれらの卵室は完成状態になってもすぐに産卵されず，数時間から 1 日間空のままで開かれている。そのあいだに外役バチが採集してきた花粉荷を直接空の卵室に投入する。花粉が詰め込まれたあとの卵室は，通常数時間以内に産卵される。このように卵室に詰め込まれる花粉は巣内の花粉壺から移されるのではなく，外役バチがもち帰った花粉荷を直接投入するので，夜間につくられて産卵された卵室には花粉ははいっていない。

コマルハナバチの同一卵室における卵室づくりから花粉詰め込みおよび産卵終了までの時間経過について，1 例を図 18 に示した。まず，卵室づくりは午前 9 時 25 分から始まり，女王と複数の働きバチによって断続的に行なわれた。11 時 17 分ごろでほぼ卵室が完成したあと，図のように 11 時 36 分に外役バチが採集してきた花粉荷を投入した。すぐに巣内バチがこの花粉に少量の蜜を吐きもどしながら，湿らせて柔らかくし，卵室の底へ押し固めた。さらにつぎつぎと別の働きバチも花粉押し固めをした。その後 15 時 40 分にまた図のように外役バチが 2 回目の花粉荷投入をし，巣内バチが花粉押し固めをした。しかしその後もすぐに産卵は行なわれず，4 時間近く経過した 19 時 20 分ごろに女王が図のように産卵行動を開始し，19 時 40 分までかかって産卵とその後の卵室閉じを完了した。

この例では卵室の完成から約 20 分後に 1 回目の花粉投入があり，さらにそれから 4 時間以上経って，2 回目の花粉投入が行なわれた。別の観察では 1 回目の花粉投入のあと，32 分と 4 分の間隔をおいて，全部で 3 回花粉が投入された。このように花粉投入の間隔は，個々の場合によってかなり異なるように思われる。また 1 つの卵室に対する花粉投入の回数も，表 11 のように 1 回から 5 回まで変異が大きいが，一般には 2～3 回の場合が多い。したがって卵室

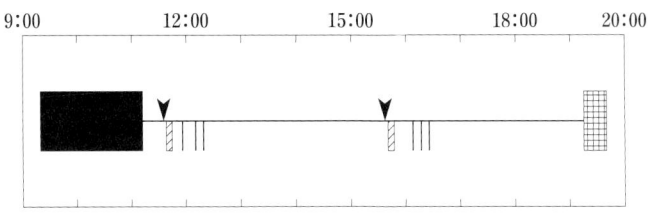

■卵室づくり，▨花粉押し固め，▦産卵と卵室閉じ，▼花粉荷投入

図 18 コマルハナバチの同一卵室における卵室づくり，花粉詰め込み，および産卵終了までの時間経過(AA-17 巣の第 15 番卵室での午前 9 時から 20 時までの継続観察，1980 年 5 月 25 日)

表11 コマルハナバチの1卵室当たりの花粉荷投入回数
(Katayama, 1989を改変)

観察コロニー別	花粉荷投入回数別卵室数					
	1	2	3	4	5	計
AA-11	0	3	4	0	1	8
AA-17	1	1	3	2	0	7
計	1	4	7	2	1	15

当たりの花粉の量もかなり変異があり，例えば正確に計測したAA-11巣の3個の卵室では，それぞれ82，69，30mgの花粉を含んでいた(Katayama, 1989)。

卵室に詰め込まれた花粉の表面は産卵に先だち，女王によって念入りに磨きあげられる。その際，女王はときどき少量の蜜を吐きもどして花粉を湿らせ，表面の中央をややくぼませてきれいに磨きあげる。

花粉詰め込みの生態学的な意味については，まだ十分解明されていない。多くの研究者は明言はしていないが，卵室内のふ化直後幼虫に対する食物補給と考えていることが，文脈から推察される(Sladen, 1912；Hobbs, 1964a, 1967；Michener, 1974；Alford, 1975など)。しかしコマルハナバチとヒメマルハナバチで，花粉が詰め込まれた卵室と花粉詰め込みが行なわれなかった卵室とで，その後の幼虫の発育には差が見られなかった(片山，未発表)。また，コマルハナバチで，花粉詰め込みが行なわれた卵室から発達した幼虫室を分解して調べたところ，いくつかの例で幼虫室底部に乾燥して固まった古い花粉塊が見られた。これは卵室に詰め込まれた花粉が固まったものである(片山，未発表)。これらの点から，花粉詰め込みが幼虫に対する食糧補給であるという意味はあまり重要であるとは考えられない。

これに対して，Plowright(1977)は卵室への花粉詰め込みは外役バチが産卵前の空の卵室を花粉貯蔵容器として利用した結果だと考えている。しかしコマルハナバチでは花粉壺に少量の花粉しかはいっていなくても，卵室への花粉詰め込みが見られることが多い。逆にクロマルハナバチでは多くの花粉壺を巣から除去しても，卵室への花粉詰め込みは見られない(片山，未発表)。したがって，Plowright(1977)の考えは妥当ではないように思われる。

筆者はポーレン・プライマーの場合，卵室内の花粉の存在が女王の産卵行動を誘発する役割を果たしているのだろうという考えを示した(Katayama, 1989；片山, 1993)。コマルハナバチとヒメマルハナバチでは，空の卵室に人為的に花粉を投入してみると，多くの場合女王が産卵行動を開始する(Katayama, 1989)。しかしクロマルハナバチでは完成状態になった卵室に人為的にいれられた花粉は，すぐに女王や働きバチによって食べられてしまう。また，コマルハナバチとヒメマルハナバチでは，花粉壺の花粉の上に直接産卵が行なわれることがしばしば観察される。同様の例がポーレン・プライマーの *B. huntii* でも知られている(Medler, 1959；Hobbs, 1967)。しかしクロマルハナバチやオオマルハナバチで花粉壺上に卵室がつくられる場合は，壺の上側部につくられことが多く，しかも卵が直接花粉に接していることはない。ポーレン・プライマーでは花粉詰め込みを行なわない種に比べて，卵室の完成から産卵までの経過時間がひじょうに長いので，そのあいだ女王が産卵行動を開始するタイミングが重要である。花粉荷の投入は花粉押し固めとその表面をなめらかに塗り込める行動を引き起こし，さらにそれが産卵行動を誘発する。つまり卵室への花粉詰め込みは産卵行動の解発要因として重要な役割を果たしているものと考えられる。

6.4. 女王の産卵行動

第2以降の巣室での女王の産卵行動については，日本産の種でもいくつかの報告がある。Katayama(1989)は本州産8種について詳細な比較研究を行ない，その後その概要を短文にまとめている(片山, 1993)。Sakagami & Zucchi(1965)はブラジル産の *B. atratus* できわめて詳細な産卵行動の観察を行ない，後にそれをすばらしい語り口で紹介している(坂上, 1970)。ここではKatayama(1989)の調査内容を中心にして，マルハナバチ類の一般的な産卵行動についてとりあげる。

6.4.1. 卵室づくり

マルハナバチ類の産卵過程では「卵室づくり―産卵―卵室閉じ」の行動が，通常同一個体によって連続して行なわれる。ミツバチやハリナシバチ類では巣室づくりは働きバチによって行なわれるが，マルハナバチ類ではカラー写真21～24のように，産卵に先だち女王が自分で卵室をつくる。したがって，

産卵過程を卵室づくりと産卵とに分けて述べることは適切ではないが，ここでは便宜的に両者を区分した。

卵室づくりに先だち，女王はまず巣内をあちこち歩きまわり，卵室をつくるのに適した場所をさがす。ときには1時間近くもかかって，念入りに場所さがしをする例もある(Katayama, 1989)。卵室の設置場所としては6.1.で述べたように，一般に前蛹や若い蛹がはいっている営繭直後の繭塊が選ばれる。卵室づくりは2つの異なる行動要素の組み合わせによって進められる。1つは巣内の各所から卵室づくりに使う建築材料であるワックスを集める行動で，もう1つはこのワックスを使って卵室をつくる行動である。女王はこのワックスを巣内の各所，特に幼虫の営繭によって不要になった巣室壁，貯食壺の縁，花粉ポケットの縁や巣内各所の接着に使われているワックスの一部などから少しずつ大顎でかき取り，建築場所に運んでくる。図19はミヤママルハナバチの女王がワックス集めのために巣内を歩きまわったコースを示している。このように女王は1か所に集中しないように巣内各所を歩いて，少しずつワックスを集めるので，1つの卵室を完成するのに，30〜40回もワックス集めをする。

卵室の建築行動は集めてきたワックスを大顎でこねる行動である。最初建築場所にワックスを付着させて，不定形のワックスの塊をつくる。それを徐々にリング状にし，さらにつぎつぎとワックスを付け足してそのリング状のワックス壁を高くし，直径5〜6 mm，深さ5 mm前後のカップ状にする。女王はたえず触角で建築中のワックス壁に触れながら，大顎でじょうずにワックスをこねる。外形ができあがると，女王は最後に卵室の内面を大顎できれいに磨いて，卵室づくりの仕上げをする。この仕上げ作業の段階では女王はやや興奮状態になり，きわめて熱心に中断することなく建築行動を続ける。そして女王は通常すぐに後ろ向きになって卵室に尾端を挿入し，産卵行動を開始する。卵室づくりの各段階はカラー写真21〜24および図20の右側に示した。

女王の卵室づくりの時間経過の1例として，図20にミヤママルハナバチ女王での観察結果を示した。この例では女王が卵室づくりを始めて間もなく，観察が開始された。図のように初め建築活動は緩慢で，休息や巣内をあちこち歩きまわるなど卵室づくり以外の行動が多かった。しかし観察開始後7分過ぎからは，熱心に建築活動を継続した。そしてワックス集めと卵室づくり行動をつぎつぎに繰りかえし，約40分かかって卵室をほぼ完成させた。この図ではその後の記録を省略したが，この後女王は継続してもう1回ワックス集めと最後の卵室づくりをして，すぐに産卵を開始した。図に示すとおり女王は45分の観察時間内に，ワックス集めと建築行動をそれぞれ41回も繰りかえした。卵室づくりの過程で，このように休息や巣内歩行などの行動をほとんど挿入せずに，いっきに卵室を完成させる例はむしろ稀であるが，ここでは図のスペースを省くためにこれを採用した。

マルハナバチ女王の建築活動は，一般的には一連のワックス集めと建築行動のあと，休息や歩行，体そうじなどの建築活動以外の行動を行なう場合が多い。その後また一連の建築活動を行なうというパターンの繰りかえしによって進行する。Katayama (1989)は本州産8種の女王で，このような例を多数図示している。したがってワックス集めを「A」，建築行動を「B」，休息などそのほかの行動を「X」とすると，卵室づくりの過程は，n{A−B−X−(A)−B}のように表すことができる。nは1回だけの場合もあれば，2〜3回繰りかえす場合もあ

図19 ミヤママルハナバチ女王が1つの卵室づくりのためにワックス集めに巣内各所を歩いたコース(Katayama, 1989より)。各コースは帰りの道すじだけを示している。各コース先端の黒点は，女王が主にそこでワックスをかき取った場所を示す。また，Xは女王が花粉ポケットから花粉を摂食した場所を示す。

第 II 部　営巣習性の解説編

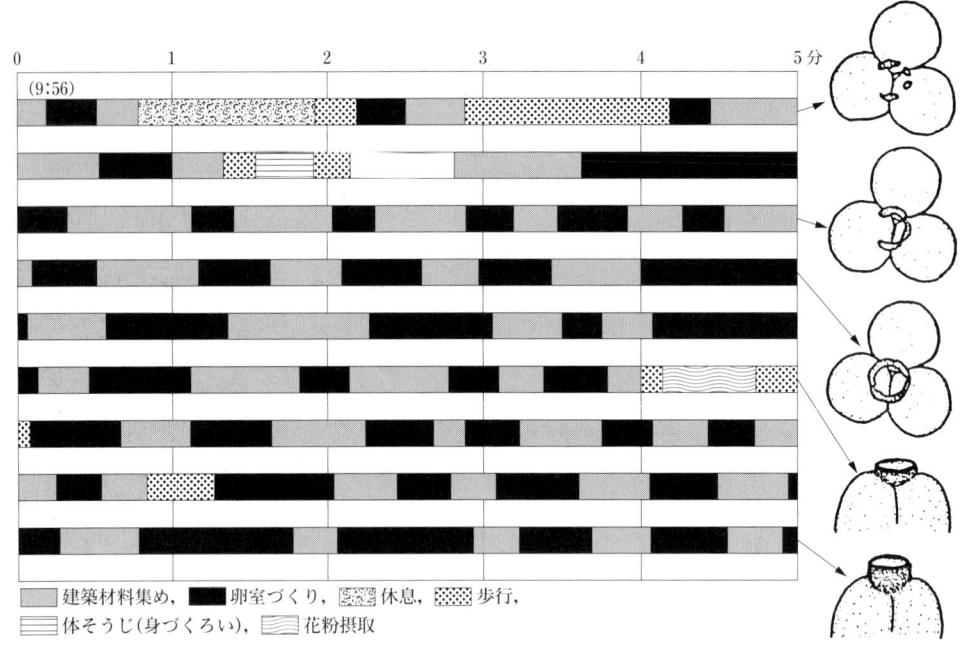

図 20　ミヤママルハナバチ女王の卵室づくり行動の 45 分間連続観察の結果(Katayama, 1989 を改変；1980 年 9 月 4 日，9 時 56 分観察開始)。右端に卵室建築の進捗状況を模式的に示した。

る。いずれにしても最後は熱心な建築行動を行なう。このときさらにワックス集めをする場合もあるし，ワックス集めはせずに建築行動だけを行なって，すぐ産卵を開始する場合もある。Sladen(1912) も B. lapidarius 女王の卵室づくりは，初期段階では散発的で緩慢であるが，徐々に熱心に仕事をすると述べている。また，オオマルハナバチ女王も卵室づくりの過程で，しばしば建築活動を中止し，休息などそのほかの行動を挿入する(Katayama, 1974)。これに対して，Sakagami & Zucchi(1965) は B. atratus で女王はときどき歩行などそのほかの行動をするだけで，熱心に連続して建築活動を行なうと述べている。

マルハナバチ女王の卵室づくりの過程で，働きバチがそれを手伝うことは一般的に稀である。しかしコマルハナバチとヒメマルハナバチの卵室づくりでは，働きバチがしばしば建築活動に参加する。これら両種でも初期のコロニーや働きバチ数の少ないコロニーでは，卵室づくりは主に女王によって行なわれるが，盛期のコロニーでは主として働きバチによって行なわれるか，あるいは女王と働きバチの両方が交互に同一の卵室をつくる場合が多い。

図 21 にヒメマルハナバチの女王と働きバチの両者による卵室づくりの例を示した。この例では女王よりもむしろ働きバチが熱心に建築活動をし，女王はときどき散発的にそれに参加した。そして最後に女王が産卵した。働きバチの建築活動は同一個体によって継続して行なわれるのではなく，図のように複数の個体がつぎつぎに入れ替わって卵室づくりを行なった。

本州産 8 種のマルハナバチ女王で，1 つの卵室を完成するのに要する建築活動の時間を表 12 に示した。ヒメマルハナバチおよびコマルハナバチの女王，働きバチ共同作業の例を除くと，1 つの卵室をつくるためのワックス集めの回数は 17〜42 回(平均 28.2 回)，1 回のワックス集めの平均時間は 20〜37 秒(平均 28.2 秒)で，ワックス集めの総時間は 4.6〜19.7 分(平均 13.1 分)である。また，ワックス集めを除いた建築行動そのものについては，卵室完成までの建築行動の回数が 20〜42 回(平均 30.1 回)，1 回の建築行動の平均時間は 26〜67 秒(平均 38.2 秒)で，建築行動だけの総時間は 12.8〜27.4 分(平均 19.6 分)である。したがって，ワックス集めと建築行動を合わせた総時間は 21.3〜46.1 分(平均 32.7 分)かかっている(表 12)。これに対して，ヒメマルハナバチの卵室はきわめて小さいので，卵室建築の時間は表 12 のように 10 分前後であり，他種に比べると 1/3 程

第6章 第2以降の巣室への産卵

図21 ヒメマルハナバチ女王(Q)と働きバチ(W)による同一卵室の建築活動と女王による産卵行動の継続観察の結果(Katayama, 1989 より；1979年8月16日，17時53分観察開始)。産卵開始前におけるワックス集めと卵室づくり以外の各種行動は粗い網目で示した。働きバチの建築活動の下の番号は働きバチの個体標識コードを示す。

度しかかからない。

　このようにマルハナバチ類の女王は1つの卵室を完成させるのに，休みなく働いても30分あまりかかる。しかし実際には途中で休息や歩行など各種の行動が挿入されるため，建築開始から完成までの卵室づくりの総時間は表13のように46〜163分(平均91分)かかり，しかも変異が大きい。

　Katayama(1989)はマルハナバチ類の女王の卵室建築活動の過程を，大きく3期に区分している。すなわち，第1期(初期)は建築開始からワックスのリングが完成するまで，第2期(中期)がワックスのリングの完成から卵室の外形がほぼ完成するまでで，第3期(終期)はその後産卵開始までの時期である。ポーレン・プライマーのコマルハナバチなどでは，

6.3.で述べたように第2期と第3期のあいだに花粉詰め込みが行なわれるので，この間隔がひじょうに長い。第1期と第2期のあいだで女王の行動には特別な変化は見られないので，この区分はやや恣意的であると思われる。しかし第3期には女王の行動はきわめて特徴的になる。このステージは産卵に先だつ卵室の最終調整の段階で，女王はいったん建築活動を開始すると，ワックス集めと建築行動以外の各種行動を挿入することはない。女王はやや興奮状態になり，しばしば翅を振動させたり，ときには体を振動させたりする。そしてときどき後ろ向きになって，卵室に尾端を挿入しようとする。このような行動は第1期と第2期には見られない。

　また，コマルハナバチやヒメマルハナバチでは，

表12 日本産8種のマルハナバチ女王が1つの卵室をつくるのに要した時間の代表例(Katayama, 1989を改変)

種名	コロニーコード	ワックス集め				卵室づくり				総時間
		回数	1回の時間(秒)	1回の平均時間(秒)	総時間	回数	1回の時間(秒)	1回の平均時間(秒)	総時間	
トラマルハナバチ	DD-14	33	11～73	34.5	18'24"	36	9～118	46.2	27'24"	46'06"
	DD-15	19	15～55	28.7	9'06"	27	17～132	37.6	16'55"	26'01"
ウスリーマルハナバチ	Us-1	26	10～63	29.8	12'55"	28	17～93	38.5	17'57"	30'52"
	Us-1	31	12～53	25.5	13'10"	32	13～135	44.5	23'43"	36'53"
ナガマルハナバチ	CW-3	33	13～35	22.5	12'24"	39	13～257	37.8	24'33"	36'57"
	CW-3	17	9～93	24.4	6'54"	21	16～246	67.2	23'32"	30'26"
ミヤママルハナバチ	Ho-6	31	14～77	32.6	16'50"	39	12～70	32.6	17'59"	34'49"
	Ho-6	42	10～63	27.2	19'01"	42	14～100	31.2	21'51"	40'52"
	Ho-7	41	12～70	19.9	13'36"	42	12～80	28.0	19'38"	33'14"
コマルハナバチ	AA-14	32	13～89	36.9	19'42"	35	20～95	39.2	22'53"	42'35"
	AA-17Q*	10	9～29	16.9	2'49"	18	8～73	22.6	6'47"	9'36"
	AA-17W*	13	7～76	17.8	3'51"	22	7～38	21.0	7'42"	11'33"
	AA-17W*	28	11～47	20.8	9'41"	34	10～74	25.7	14'35"	24'16"
ヒメマルハナバチ	BB-5	10	10～23	15.6	2'36"	11	10～100	29.2	5'21"	7'57"
	BB-2W*²	13	10～41	21.5	4'39"	20	14～50	26.1	8'41"	13'20"
オオマルハナバチ	HH-3	20	17～62	33.8	11'16"	26	14～159	42.4	18'23"	29'39"
	HH-3	28	11～66	30.0	14'01"	33	16～72	32.6	17'57"	31'58"
クロマルハナバチ	Ig-10	17	14～57	29.9	8'28"	20	8～76	38.5	12'51"	21'19"
	Ig-11	25	13～70	25.9	10'48"	27	12～83	30.3	13'38"	24'26"

* 女王(Q)と働きバチ(W)が交互に建築活動をして同一卵室をつくった例。
*² 働きバチ(W)だけでほとんど建築活動が行なわれ、女王が最後にわずかに卵室内面磨きをしてすぐに産卵した例。

表13 日本産7種のマルハナバチ女王が卵室建築の全過程を終了するのに要した総時間(Katayama, 1989を改変)

種名	コロニーコード	所要時間(分)			
		ワックス集め	卵室づくり	そのほかの行動	総時間
トラマルハナバチ	DD-14	18	28	59	105
	DD-15	>9	>17	—	>138
ウスリーマルハナバチ	Us-1	13	18	62	93
ナガマルハナバチ	CW-3	12	24	127	163
ミヤママルハナバチ	Ho-6	17	18	73	108
	Ho-7	14	20	14	48
コマルハナバチ	AA-14	20	23	13	56
オオマルハナバチ	HH-3	11	18	17	46
クロマルハナバチ	Ig-10	8	13	45	66

第1期と第2期には働きバチが建築活動を行ない、女王はほとんどそれに参加しない場合がしばしば見られる。しかしそのような例でも、第3期には必ず女王が卵室磨きなどの建築行動を行なって、すぐに産卵を開始する。このことはSakagami & Zucchi(1965)が明らかにしたように、マルハナバチ類の産卵過程では「卵室づくり―産卵―卵室閉じ」の各行動が相互に緊密に結合していることを示している。

6.4.2. 産卵と卵室閉じ

マルハナバチ類女王の産卵と卵室閉じ行動の一般的な例を図22に示した。これはオオマルハナバチ女王の卵室づくりと産卵行動を示している。観察開始後30分間の卵室づくりの部分は、スペースを省くため削除してある。図のようにしばらく休息していた女王は、13分間ほど熱心に卵室の仕上げ作業をしてすぐに後ろ向きになり、尾端を卵室に挿入して産卵行動を開始した。このように産卵に先だって女王は必ず卵室づくりの仕上げ作業(内面磨きや卵室

第6章　第2以降の巣室への産卵

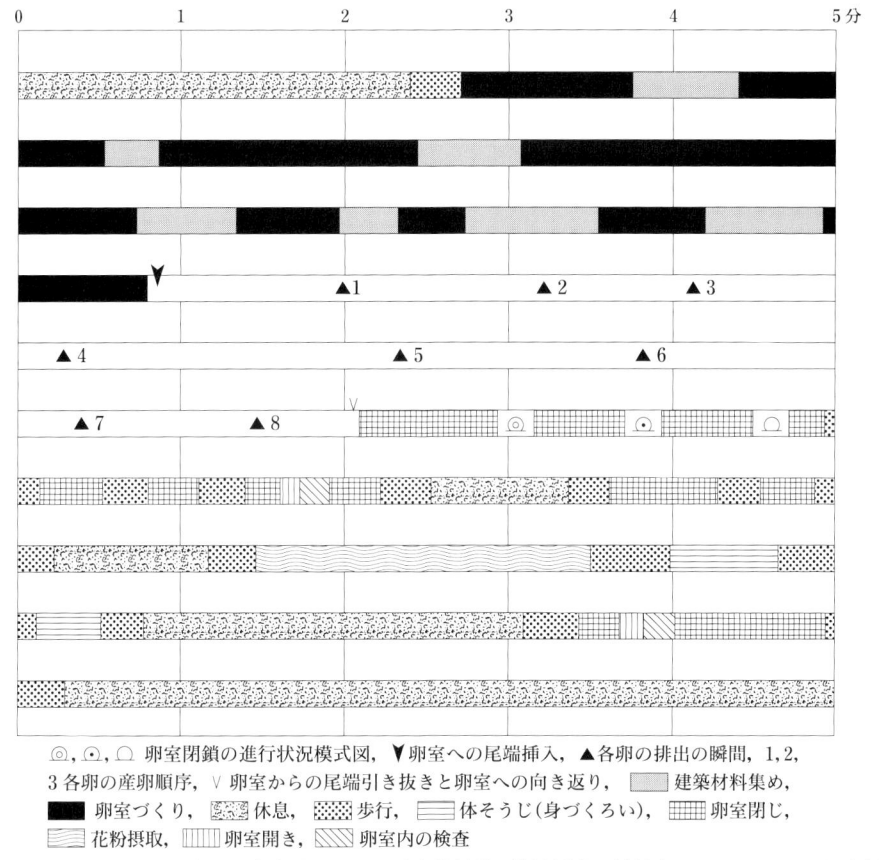

◎, ⊙, ○ 卵室閉鎖の進行状況模式図，▼卵室への尾端挿入，▲各卵の排出の瞬間，1, 2, 3 各卵の産卵順序，∨ 卵室からの尾端引き抜きと卵室への向き返り，▒ 建築材料集め，■ 卵室づくり，▨ 休息，▦ 歩行，≡ 体そうじ（身づくろい），▦ 卵室閉じ，= 花粉摂取，||||| 卵室開き，▧ 卵室内の検査

図22　オオマルハナバチ女王の卵室づくりおよび産卵行動の継続観察の結果（Katayama, 1989 を改変）。1979年7月10日，21時14分から観察を開始したが，最初の30分間の卵室づくりの部分は削除した。

の縁の整形など）を熱心に行なう。そして通常その卵室の上で後ろ向きになり，卵室に尾端を挿入しようとしてぐるぐる回転する。この最初の尾端挿入で，必ずしもうまく産卵姿勢になれないときもある。その場合女王は再び卵室の方に向き返り，卵室の点検と卵室こねを行なう。この尾端挿入と卵室点検の行動は，数回繰りかえされることもあるが（図21のヒメマルハナバチ女王では1回），最後にうまく卵室内へ尾端を挿入する（図22では尾端挿入の試行はなかった）。

女王の産卵行動はカラー写真25～30に示したとおりで，女王の産卵姿勢は腹部を丸く下へ曲げて尾端を卵室にいれる。そして前脚と中脚でしっかり体を支えて後脚で卵室を握り，頭部を下げて触角を顔面に密着させる。このような産卵姿勢で腹部を激しく30秒から1分程度伸縮させると，卵室のワックス壁を貫通して女王の針が卵室の外側へ長く突きだされる（カラー写真28）。それから少しずつ針は引っ込められて，完全に見えなくなった瞬間に女王の腹部がわずかにピクリともち上げられる。この瞬間に1個の卵が産み落とされる（図21～22では黒い三角で示してある）。ほかのハチ類ならばこれですぐに尾端を引き抜いて産卵行動を終了するが，マルハナバチの女王はまだ尾端を挿入したままで，産卵姿勢を続ける。再び腹部を大きく伸縮させ，卵室の外へ女王の針が突きだされる。図のように第1卵排出から1分以上かかって第2卵が産み落とされた。こうしてさらにつぎつぎと同じ行動が図のように全部で8回繰りかえされて，8個の卵が産下された。このように1回の産卵過程で，上記の産卵動作はその卵室に産下される卵数と同じ回数だけ繰りかえされる（図21では3回，図22では8回）。各卵の排出間隔は図22では第4～7卵間でやや長くて不規則になっているが，一般的には比較的一定している場合が多い。そして最後の2～3卵の排出間隔が長くなる場合が多

い。

　最後の卵の排出後も女王はしばらく産卵姿勢を保っているが(図22では約30秒間)、やがて卵室から尾端を完全に引き抜いてただちに向き返り(図21～22の∨印)、卵室閉じを始める(図21～22の格子目の部分)。全体の産卵時間(卵室への尾端挿入から最終卵を産み終えて尾端を引き抜いたときまで)は図22では11分あまりかかっている。多くのマルハナバチ類では、このように1つの卵室内の全卵が一括して産卵される。したがって産卵の途中で卵室から尾端を引き抜くことはないし、すでに産卵後閉鎖した卵室を開いて追加産卵することもない。そのため卵室内の卵の配置は、6.2.で述べたようにほぼ水平で各卵が平行に積み重ねられている(カラー写真10, 31, 82)。

　卵室閉じの過程はカラー写真31～34のとおりである。卵室閉じは必ず女王によって産卵後ただちに行なわれる。初め女王は卵室上でまわりながら、卵室の縁を内側へ折り曲げるようにして穴を閉じる。開口部が小さくなると表面からワックスをこねて完全に閉鎖し、その後も入念に表面をこね続ける。図21～22に卵室閉じの過程で、卵室の開口部が縮小されていく状況が模式的に示されている。卵室閉じのとき女王はきわめて熱心に行動し、ほかのハチが近づいてもまったく無関心で、いっきに穴を閉じてしまう。図22では女王はほぼ3分かかって完全に卵室閉じを終わり、卵室から離れて巣内を歩行した。しかし彼女はすぐにもとの卵室にもどって、表面のワックスこねを図のように6回も繰りかえした。このうち2回は卵室壁に小孔を開けて触角を挿入し、内部を点検して再び穴を閉じた(図22の斜線部)。このように女王は産卵後の卵室再訪を通常数回繰りかえすが、その後吸蜜や花粉摂取などをし(図22では約2分間花粉摂取をした)、体そうじをしてやがて完全な休息状態になる。

　これが一般的なマルハナバチ女王の産卵と卵室閉じ行動であるが、坂上(1970)は名著『ミツバチのたどったみち』でブラジル産の B. atratus 女王の産卵行動をみごとな筆致で描いているので、ぜひそちらも参照してほしい。

　一括産卵をする日本産7種のマルハナバチ類女王の産卵と卵室閉じ行動に見られる特徴を表14に示した。産卵開始前の卵室への尾端挿入行動はナガマルハナバチでは頻繁に見られるが、トラマルハナバ

チやウスリーマルハナバチでは稀であった。コマルハナバチ、ヒメマルハナバチおよびクロマルハナバチでも一般に稀であったが、女王の個体によって差が見られた。この行動は B. lapidarius (Sladen, 1912)、B. atratus (Sakagami & Zucchi, 1965)、 B. morio (Garófalo, 1978a) などでも観察されているので、マルハナバチ類全般に共通の特徴であると思われる。1回の産卵過程の時間(産卵開始から終了までの時間)は一般に6～10分であるが、ヒメマルハナバチではきわめて短く、平均約3分で決して4分を超えることはない。これは本種の1産卵過程当たりの産卵数がきわめて少ないためである。B. atratus でも1回の産卵時間は約10分間続くが(Sakagami & Zucchi, 1965)、B. morio ではひじょうに長くて平均20.5分もかかるという(Garófalo, 1978a)。

　産卵中の卵の排出間隔は、トラマルハナバチ、ウスリーマルハナバチ、クロマルハナバチなどのように、1産卵過程当たり産卵数が多い種では短くて、約30～40秒であった。これに対して、1回の産卵数が少ない種(ナガマルハナバチ、コマルハナバチ、ヒメマルハナバチおよびオオマルハナバチ)では長くて、約60～70秒間隔で排卵する。このため極端に産卵数の少ないヒメマルハナバチを除くと、1産卵過程の所要時間は産卵数とあまり関係なく、どの種でも10分前後になっている(表14)。

　1産卵過程当たりの産卵数はトラマルハナバチ、ウスリーマルハナバチ、クロマルハナバチでは10～15個と多く、産卵最盛期には15～16個産卵した。しかしナガマルハナバチ、コマルハナバチおよびオオマルハナバチでは一般に6～10卵であった。これに対して、ヒメマルハナバチでは1～4個ときわめて少なく、産卵盛期にはほとんど1～2個であった。

　産卵後の卵室閉じの時間は表14のようにヒメマルハナバチではきわめて短く、平均で85秒であった。これは本種の卵室がほかの種に比べてひじょうに小さくて(平均直径4.5 mm)壁も薄く、しかも産卵数が少ないので簡単に閉じられるためと思われる。そのほかの種では通常2～3分であったが、トラマルハナバチではひじょうに長くて4～5分かかった。産卵数の多い卵室では穴を完全に閉じるまでに、表面のワックスこねを入念にしなければならないので、閉鎖に要する時間が長くなる傾向が見られた。卵室

第6章 第2以降の巣室への産卵

表14 本州産7種のマルハナバチ女王の産卵と卵室閉じ行動の特徴

項目 \ 種名	トラマルハナバチ	ウスリーマルハナバチ	ナガマルハナバチ	コマルハナバチ	ヒメマルハナバチ	オオマルハナバチ	クロマルハナバチ
産卵開始前の尾端挿入	稀	稀	頻繁	稀*	稀*	稀*	稀*
産卵開始〜終了の時間	長い(約10分)	長い(約11分)	長い(約8分)	長い(約9分)	短い(約3分)	長い(約9分)	やや短(約6分)
排卵の間隔	短い(約40秒)	短い(約33秒)	長い(約60秒)	長い(約75秒)	長い(約67秒)	長い(約71秒)	短い(約45秒)
1産卵過程当たり産卵数	多い 10〜15	多い 15〜17	少ない 5〜10	少ない 6〜9	ごく少 1〜4 (大半2〜3)	少ない 7〜9	多い 10〜15
卵室閉じ時間(秒)	長い(約290)	長い(約170)	中間(約120)	中間(約135)	短い(約85)	長い(約175)	中間(約110)
産卵後卵室再訪回数(平均)	3.0	4.7	4.2	3.0	2.1	4.0	4.1
再訪時の内部点検(平均回数)	稀(0.6)	稀(0.7)	稀(0.5)	稀(0.3)	稀(0.2)	頻繁(2.3)	頻繁(1.8)
産卵後の吸蜜行動(観察回数)	5/11	4/5	3/6	7/22	3/15	1/9	4/12

*個体間差が見られる。

閉じ終了後も女王はふつう3〜4回もとの卵室にもどって表面こねをするが,この卵室再訪の頻度にはあまり種間差は見られなかった。再訪時の卵室内部の点検はオオマルハナバチ亜属のオオマルハナバチとクロマルハナバチでは頻繁に見られたが,コマルハナバチとヒメマルハナバチではきわめて稀であった。産卵後の吸蜜行動については坂上(1970)が *B. atratus* 女王で,産卵後たいていは吸蜜すると述べている。日本産の各種でも表14のように観察されているが,この行動には特に種間差はないように思われる。

表14にあげなかったそのほかの特徴では,産卵行動中の腹部伸縮と後脚の振動が,コマルハナバチ亜属のコマルハナバチとヒメマルハナバチで,ほかの種よりも頻繁で小刻みに繰りかえされる傾向が見られた。またナガマルハナバチの女王は,産卵中に1秒当たり2回ぐらいの頻度ですばやく翅を開閉し,リズミカルにプップップップッという音を発する。この行動は産卵開始から終了まで,卵が排出される瞬間を除いて続けられる。これはほかの種では見られないので,本種だけの特徴なのか,ナガマルハナバチ亜属に共通のものなのか,今後詳しい調査が必要である。

6.4.3. 同一卵室への追加産卵

上記のように多くのマルハナバチ類では,1つの卵室内の全卵を一度に産下する一括産卵が一般的である。しかしユーラシアマルハナバチ亜属の種では,同一卵室に対して1回に1〜2個ずつ数回に分けて産卵を繰りかえす「追加産卵」というきわめてユニークな産卵習性をもっている。Meidell(1934)は *B. pascuorum* で初めてこの追加産卵の習性を詳しく観察した。Brian(1951)も本種の産卵習性について,1つの卵室内の卵はほとんどすべての場合,1〜2日間かかって産下されると述べているが,具体的に追加産卵の行動については書いていない。Katayama(1989)は本州産のミヤママルハナバチで,追加産卵の習性を詳しく報告している。一般の一括産卵の習性に比べてどのようにかわっているか,図23に1例を示した。

図のように卵室づくりをしたあと,女王はすぐに尾端を卵室に挿入して産卵を開始した。第1卵を産下した直後から,一括産卵と比べてようすが一変する。一括産卵であればそのまま産卵が継続されるのに(図22),ミヤママルハナバチの女王はただちに尾端を引き抜いて卵室の方に向き返り,卵室内の点検をした。しかしすぐにまた後ろ向きになり,卵室に尾端を挿入した。第2卵を排出するとすぐに尾端を引き抜き,卵室閉じを始めたがすぐにまた穴を広げてその縁を整えると,3回目の尾端挿入をした。第3卵排出後も女王は前回と同じ行動を繰りかえし,4回目の尾端挿入をした。第4卵排出後すぐに尾端を引き抜くと,ややていねいに半分ほど穴を閉じた。しかし途中からまた穴を大きく広げてその縁をてい

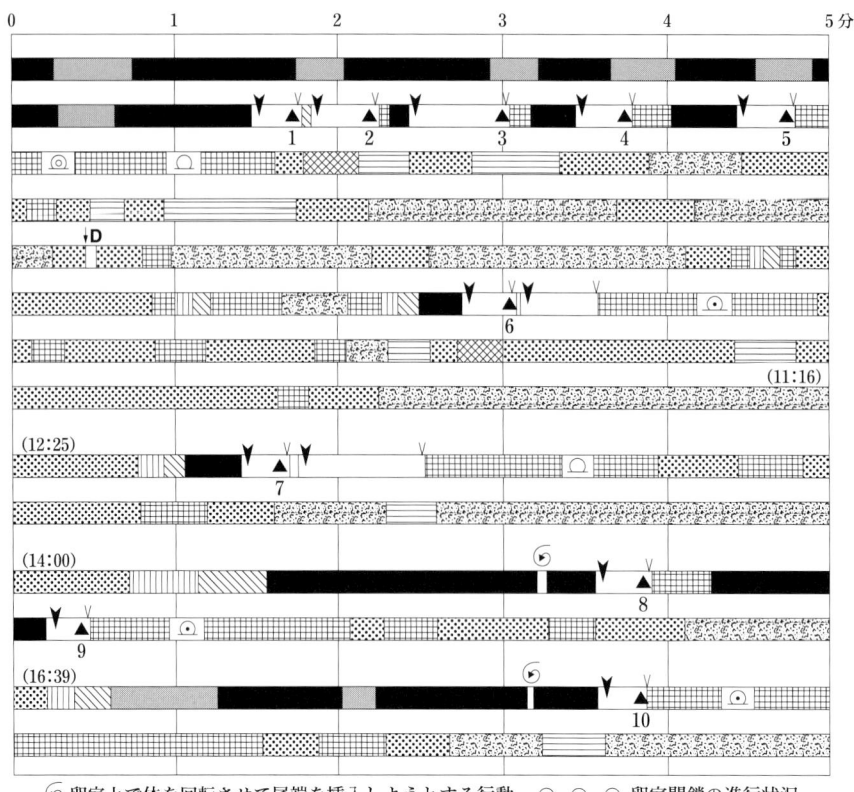

⏀ 卵室上で体を回転させて尾端を挿入しようとする行動，◉, ⊙, ⌒ 卵室閉鎖の進行状況模式図，▼ 卵室への尾端挿入，▲ 各卵の排出の瞬間，1,2,3 各卵の産卵順序，∨ 卵室からの尾端引き抜きと卵室への向き返り，▨ 建築材料集め，■ 卵室づくり，▦ 休息，▨ 歩行，☰ 体そうじ(身づくろい)，▦ 卵室閉じ，∥∥ 卵室開き，▨ 卵室内の検査，▨ 吸蜜，↓D 排泄

図23　ミヤママルハナバチ女王の卵室づくりおよび産卵行動の継続観察の結果(Katayama, 1989を改変)。1980年9月4日，9時56分から観察を開始したが，最初の40分間の卵室づくりの部分は削除した。削除した部分は図20に示した。

ねいに整えたあと，5回目の尾端挿入をした。第5卵排出後ただちに尾端を引き抜くと，今度は本格的に卵室閉じを続けて，1分50秒ぐらいかかって完全に閉じ終わった。

これだけ見ても本種の産卵行動は，一括産卵をするほかの多くの種と比べて大きく異なっているが，さらにその後の産卵行動もきわめて特徴的である。図のように第5卵の産下後17分ほどのあいだに，女王は2回卵室内の点検をした。そして3回目の卵室点検後，穴を大きく広げてその縁を整えるとすぐ後ろ向きになり，尾端を卵室に挿入した。第6卵排出後ただちに尾端を引き抜いて卵室の方へ向き返ったが，卵室閉じをせずにすぐまた後ろ向きになった。尾端挿入後30秒ほど腹部を伸縮させて産卵姿勢を続けていたが，結局産卵せずに尾端を引き抜いて卵室閉じを行なった。

第6卵排出後，図の中段のように80分あまり経って，12時26分ごろから女王は再び卵室を開いて内部を点検したあと，第7卵を産下した。第7卵排出後さらに1時間40分近く経って，14時03分ごろ第8卵を産み，1分半ほど経って第9卵を産んだ。その後さらに図の下段のように2時間40分近く経って，第10卵を排出した。

このようにミヤママルハナバチの女王は，全部の卵を一度にまとめて産下するのではなく，必ず数回に分けて追加産卵を行なう。1つの卵室における産卵過程はつぎのようになっている(Katayama, 1989)。

①卵室づくりのあとすぐに3〜6個の卵をきわめて短い間隔で，1回1卵ずつ連続して産卵する。②その後さらに8〜10個の卵が，24時間以上にわ

たって追加産卵される。③各追加産卵時には通常1個だけ産卵されるが，ときには2〜3個の卵をきわめて短い間隔で，1回1卵ずつ連続して産下する。

この産卵過程でもっとも重要な特徴は，女王が1回の産卵時に2卵以上産む場合でも，1卵産むごとにつぎのような同じ行動パターンを繰りかえす点である。すなわち，「1卵産下—尾端引き抜き向き返り—卵室内の点検—卵室閉じ行動—穴を広げて形を整える—後ろ向きになり尾端挿入—次卵排出」である。

以上のように，ミヤママルハナバチでは連続して産卵する場合でも，産卵と産卵のあいだで必ず尾端を引き抜いて向き返り，卵室閉じ行動を行なう。このことは本来本種の産卵行動が，1回に1卵ずつ産下するものであることを示している。Meidell (1934)によると，*B. pascuorum* では卵室の完成後すぐに産卵は行なわれず，一度閉じられてからその後産卵されるという。そして産卵の際には1回に1個ずつ間隔をおいて追加産卵されるという。両種のあいだで卵室完成の直後から産卵するかどうか，また，産卵間隔が長いか短いかの差はあるものの，共通している点は1回に1個ずつ産卵するという点である。筆者は同じユーラシアマルハナバチ亜属のホンシュウハイイロマルハナバチでも，女王が1回に1個ずつ追加産卵することを観察しているので(片山，未発表)，この1回に1個ずつ産卵するという習性は，ユーラシアマルハナバチ亜属に共通の特徴であると思われる。

上記のようにユーラシアマルハナバチ亜属では，コロニーの条件に関係なくつねに追加産卵を行なうが，一部の種では産卵性働きバチが出現して，働きバチによる激しい産卵妨害が行なわれているコロニー条件下で，追加産卵行動が見られる場合がある。Plath(1923)によると，Hofferはすでに1882〜83年に *B. lapidarius* の攻撃性働きバチによる産卵妨害が行なわれているコロニーで，女王が同一卵室に追加産卵するのを記録しているという。Sladen(1912)も *B. lapidarius* の女王が働きバチによる激しい産卵妨害と食卵を受けながら，同一卵室に追加産卵するのを詳しく記述している。Katayama (1974, 1989)はオオマルハナバチでも，上記のような働きバチによる産卵妨害が行なわれているコロニー条件下では，女王による追加産卵が見られる場合があることを報告している。このような特定のコロニー条件下で見られる女王の追加産卵行動の例を図24に示した。

図のように女王が産卵を開始すると間もなく，働きバチがつぎつぎと女王に接近して，尾端をかじったり卵室をこじ開けようとして，激しく産卵妨害した。それでも女王は産卵行動を続け，やっと3個産卵することができた。激しい妨害のため女王は産卵を中止してただちに卵室閉じを行なったが，働きバチが卵室の周囲に群がって，女王の行動を妨害した。そして卵室内の3個の卵を取りだして，図のようにつぎつぎと食卵してしまった。

女王は空の卵室の内面こねをし，図のように再び尾端を挿入して産卵を再開した。しかしまた働きバチの激しい産卵妨害のため4個産卵しただけで再び中止し，卵室閉じを始めた。すぐに働きバチが群がって女王の卵室閉じを激しく妨害し，図のようにつぎつぎと4個の卵を取りだして，すべて食卵してしまった。このようにして，女王は4回にわたって全部で10個の卵を産下したが，結局すべて働きバチによって食卵されてしまった。

このようなオオマルハナバチでの追加産卵の観察結果から，Katayama(1974)は追加産卵は働きバチの産卵妨害などによって起こる異常行動であろうと考えた。また，Sakagami(1976)やSakagami & Katayama(1977)も，追加産卵の有無などの産卵行動の差は，種間差というよりもコロニーの条件によるものであろうと述べている。しかし上記の2例をみると，追加産卵は2つに分けて考える必要があるように思われる。1つは正常なコロニー条件下でも，すべての産卵の際に見られる行動で，種あるいは特定亜属などグループに特有のものである。そしてもう1つは通常は一括産卵を行なうが，攻撃性働きバチの存在など特殊なコロニー条件下で追加産卵が起こるもので，オオマルハナバチや *B. lapidarius* などの例がこれにあたる。

6.5. 女王の産卵数

今まで述べてきたように，マルハナバチ類はひじょうにかわった産卵習性をもっているので，毎日の産卵数を正確に調べるのはかなり困難である。もっともよい方法は女王のすべての産卵行動を直接観察し，産卵数を確認することである。しかし産卵

第II部　営巣習性の解説編

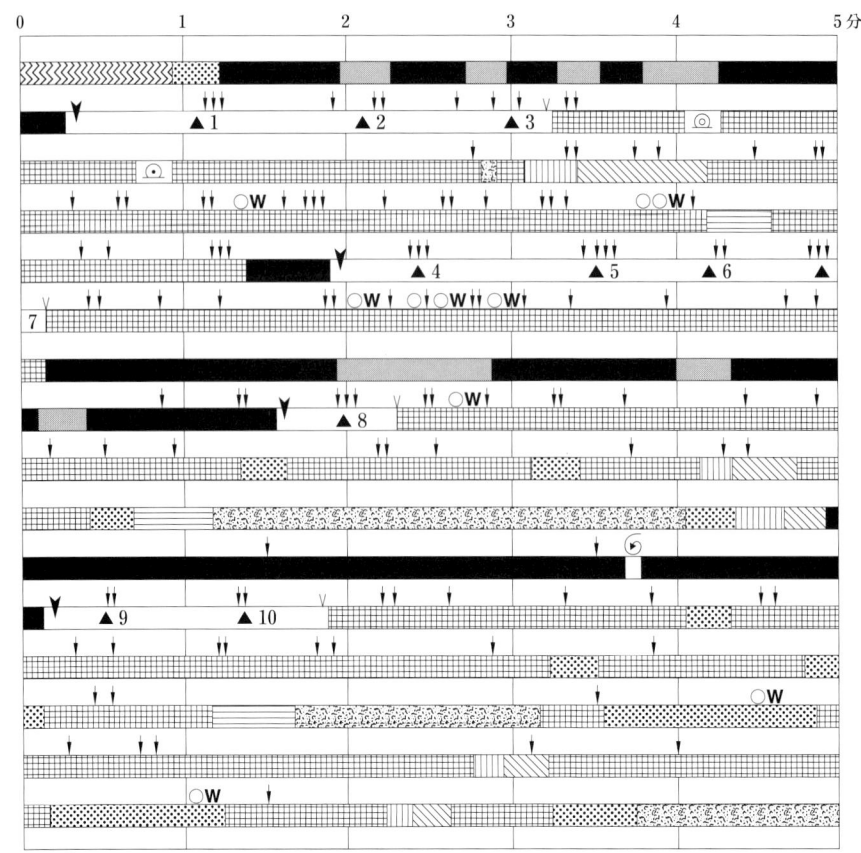

⊙ 卵室上で体を回転させて尾端を挿入しようとする行動，◎，☉ 卵室閉鎖の進行状況模式図，▼卵室への尾端挿入，↓各卵の排出の瞬間，1, 2, 3各卵の産卵順序，∨卵室からの尾端引き抜きと卵室への向き返り，↓女王に対する働きバチの妨害行動，○W 働きバチによる食卵，▨ 建築材料集め，■ 卵室づくり，▩ 休息，▦ 歩行，▤ 体そうじ（身づくろい），▦ 卵室閉じ，▨ 繭の保温行動，▦ 卵室開き，▨ 卵室内の検査

図24 働きバチによる産卵妨害が行なわれているコロニーでのオオマルハナバチ女王の追加産卵行動（Katayama, 1989を改変）。1979年7月25日，9時53分から観察を開始したが，最初の25分間の卵室づくりの部分は削除した。

はしばしば真夜中にも行なわれるため，すべての産卵行動を観察することは困難である。つぎによい方法は毎日数回決まった時間に巣内を点検し，新しく産卵された卵室内の卵数を直接調べることである。しかしこの方法では働きバチによる食卵があった場合，産卵数が過小評価されるおそれがある。また，働きバチ数の多い発達したコロニーでは，卵室を開こうとするとすぐに働きバチ群がって閉じてしまうので，大きく穴を広げて正確に卵数をチェックすることは，想像以上に困難な作業である。さらに働きバチを遠ざけて卵室を開くことに成功しても，卵数が多い場合は表面の数個の卵をピンセットで除去しなければ，下部の卵を調べることができない。卵はひじょうに柔らかいので，ピンセットで挟むと傷がついてしまう。これをもとの卵室にもどすと働きバチによる食卵を誘発しやすいし，うまくふ化しない場合が多い。

このため従来の研究では，マルハナバチ類の産卵数のかわりに産卵率として，1日当たりの卵室数や産卵間隔で表している場合が多い。例えば，Sladen(1912)は *B. lapidarius* とセイヨウオオマルハナバチの女王が産卵盛期には毎日1個の卵室に産卵すると述べている。Sakagami & Zucchi(1965)はブラジル産の *B. atratus* で，女王が毎日1〜2個の卵室に産卵したと報告している。Katayama(1965, 1971, 1974)も日本産の3種のマルハナバチ類につい

第6章　第2以降の巣室への産卵

て，1日当たりの卵室数で示している。

　筆者は本州産8種の女王の産卵数をより正確に知るために，上記の2つの調査法を組み合わせて，いくつかのコロニーで女王が産卵したすべての卵室の卵数を調べた。片山(1987)でその概要を紹介し，その後詳しい報告にまとめているので(Katayama, 1989)，ここで紹介したい。

　まず本州平地産の3種の女王について，産卵数の季節消長を図25〜26に示した。図25Bのトラマルハナバチ女王の産卵数は，時期が経つにつれて徐々に増加し，8月下旬になってから急増した。そして9月11〜15日にピークに達したあと，また急速に減少した。前半は1日平均2〜6個産卵したが，産卵最盛期には1日平均16個産卵した。日本産マルハナバチ類のなかでトラマルハナバチは営巣期間がもっとも長く，ふつう5月初めから10月末まで約半年間も続く。このように営巣期間の長い種では，産卵数の消長は一般に前半はゆるやかに増加し，後半になって急増してピークに達するという傾向を示す。

　つぎにクロマルハナバチ女王の産卵消長は図25Aのとおりで，6月中旬ごろまで産卵数はゆるやかに増加したが，その後やや急速に増加した。そして7月半ばからはいっきに増加して7月末ごろにピークに達し，その後急減した。6月半ばまでは1日平均3〜5個しか産卵しなかったが，6月下旬には1日に6〜10個産卵するようになり，産卵最盛期の7月21〜25日には1日平均20個近く産卵した。7月末以降産卵数が激減したのは，働きバチの産卵妨害により産卵できなくなったためである。クロマルハナバチやオオマルハナバチではこのように産卵ピークに達したあと，働きバチの妨害行動により産卵数が急減する場合が多い。クロマルハナバチの営巣期間は通常5月初めから9月半ばごろまでで，トラマルハナバチとコマルハナバチの中間の長さである。このため女王の産卵数の消長も両者の中間のような傾向になっている。

　これに対して，コマルハナバチ女王の産卵数の消長は図26のとおりで，5月中旬まではゆるやかに増加したが，5月下旬から急速に増加した。そしてその後6月半ばまで連続して高い産卵数を持続した。産卵数は5月中旬までは1日平均3〜4個であったが，5月下旬から6月半ばまでは1日平均13〜14個以上であった。産卵最盛期の6月6〜10日には1日平均17個産卵した。コマルハナバチの営巣期間は日本産のマルハナバチ類のなかでもっとも短く，ふつう4月上旬から7月初めまでしか続かない。このように営巣期間が短い種での産卵数の消長は，一般に最初だけ低くてその後急増し，一定水準をしばらく持続したあと急減するという傾向を示す。

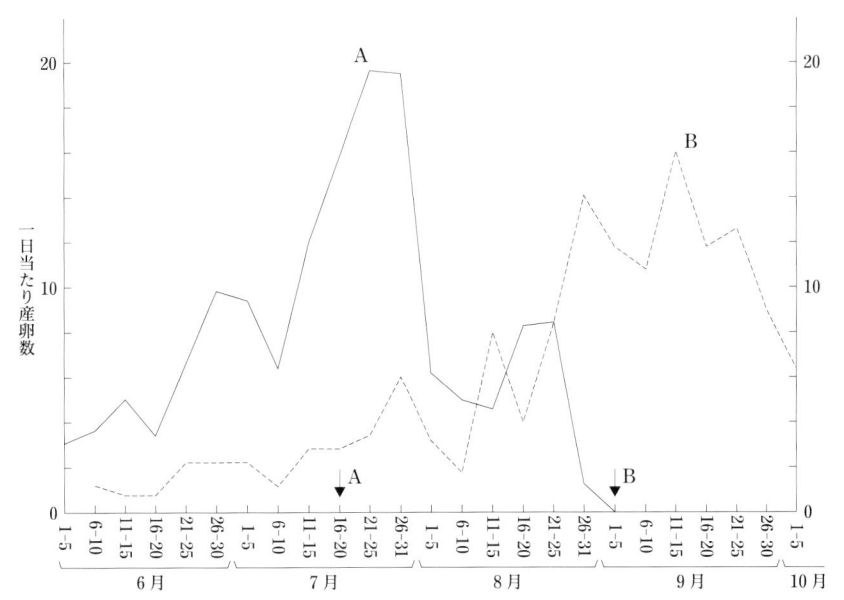

図25　クロマルハナバチ(A)およびトラマルハナバチ(B)の女王の産卵数の消長とスイッチ点（オス卵の産下開始期：矢印）との関係(Katayama, 1989 より改変)

第II部　営巣習性の解説編

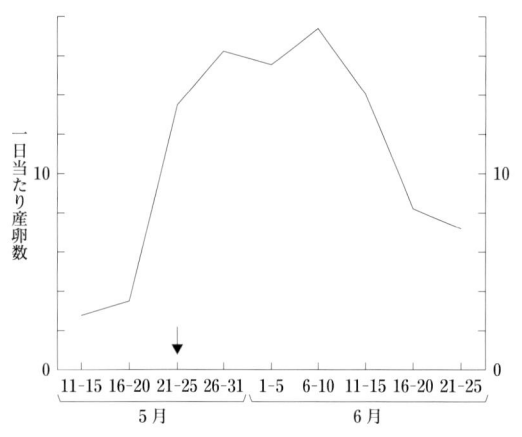

図26　コマルハナバチ女王の産卵数の消長とスイッチ点（矢印）との関係（Katayama, 1989より改変）

産卵数の消長と生殖虫（女王とオス）の生産時期との関係をみるために，図25～26にオス卵（未受精卵）の産卵開始時期（スイッチ点という。Duchateau & Velthuis, 1988参照）を示した。図25のようにクロマルハナバチでは産卵ピークの直前にスイッチ点が出現し，トラマルハナバチでも産卵ピークの少し前にスイッチ点になっている。片山（2002）もクロマルハナバチでは産卵数が最大になる少し前（約10日前）にスイッチ点が起こると述べている。したがってこれら2種では働きバチの生産から生殖虫の生産への転換は女王の産卵数がピークになる少し前に起こるということができる。これに対して，コマルハナバチでは図26のようにスイッチ点が産卵ピークよりかなり前に起こっている点で，上記の2種とはやや異なっているように思われる。

今までにマルハナバチ類女王の産卵数について，直接観察した例はほとんど報告されていない。筆者が本州産8種の女王が1日に最大でどのくらい産卵するのか調べたデータを表15に示した。まず産卵最盛期（5日間の産卵数が最大になった時期とした）の1日平均産卵数をみると，トラマルハナバチとクロマルハナバチでは1日に約25個であった。5日間平均の産卵数ではなく，日別の産卵数が最大になった日の産卵数（実測の1日最大産卵数）でも，これら両種は30～33個と高い産卵能力を示した。これら2種は平地産の種で，日本産種のなかではコロニーサイズが最大級になるので（Sakagami & Katayama, 1977；Katayama et al., 1996），一般にコロニーサイズが大きくなる種の女王は高い産卵能力をもっていると考えられる。オオマルハナバチも平均で20個を超えたが，実測の最大産卵数は調査できなかった。本種のコロニーサイズは一般にトラマルハナバチやクロマルハナバチに比べればやや小さいと考えられていたが（伊藤，1991；片山ら，2003など），最近の調査では総繭数が1000個を超えるような大きなコロニーも記録されている（片山・高見澤，2004）。したがって21.6個という比較的高い平均最大産卵数は，本種女王の産卵能力を必ずしも過大評価したものではなく，ほぼ妥当な数値なのかも知れない。

表15　本州産8種のマルハナバチ女王の1日最大産卵数

種　名	コロニーコード	最盛期の1日平均産卵数* 期間（月/日）	産卵数	実測の1日最大産卵数 月/日	産卵数
トラマルハナバチ	DD-14	9/16～20	24.9	9/16	33
トラマルハナバチ	DD-15	9/11～15	16.0	9/22	33
ウスリーマルハナバチ	Us-1	8/16～20	12.0	8/17	32
ナガマルハナバチ	CW-3	8/26～31	10.0	8/27	13
ミヤママルハナバチ	Ho-6	9/ 6～10	13.4	9/20	18
ミヤママルハナバチ	Ho-7	8/21～25	7.9	8/30	12
コマルハナバチ	AA-16	6/ 1～ 5	10.8	6/ 5	19
コマルハナバチ	AA-17	6/ 6～10	17.4	5/27	25
ヒメマルハナバチ	BB-2	8/11～15	8.5	8/19	12
ヒメマルハナバチ	BB-5	8/21～25	11.8	8/24	18
オオマルハナバチ	HH-3	7/11～15	21.6	―	―
クロマルハナバチ	Ig-10	7/26～31	24.5	8/19	33
クロマルハナバチ	Ig-11	7/21～25	19.6	7/22, 8/20	27

*5日間の産卵数が最大になった時期を産卵最盛期とした。

ウスリーマルハナバチの最大産卵数は平均で1日12個と少なかったが，本種のコロニーサイズはトラマルハナバチに近い大きさになることが知られている(Katayama et al., 1990)．実測の最大産卵数は1日32個で，トラマルハナバチと同等になっている．したがってコロニーサイズから推測して，これが本種女王の産卵能力としてほぼ妥当な数値であると考えられる．コマルハナバチの最大産卵数は平均で約17個，実測では1日25個で，両方とも比較的大きかった．本種のコロニーサイズはコロニー間差が大きいが，総繭数で500個を超える例も知られている(片山，1964；松浦，2004)．本種の営巣期間は短いにもかかわらず，コロニーサイズが比較的大きくなるのは，本種女王の産卵能力がこのように比較的高いためであると思われる．

ナガマルハナバチ，ミヤママルハナバチおよびヒメマルハナバチでは平均最大産卵数が1日10～13個で，実測の最大産卵数も1日20個以下で，本州産8種のなかではもっとも産卵能力の低いグループであった．これらはいずれも山地性の種で，一般にコロニーサイズも比較的小さい．例えばミヤママルハナバチのコロニーサイズは，総繭数で200個ぐらいである(Ochiai & Katayama, 1982)．

それではマルハナバチ類の女王は，一生涯にどのぐらいの卵を産むのだろうか．これについても具体的な数字はほとんど示されていない．Katayama (1965)はトラマルハナバチの1つのコロニーで，総繭数と卵期～幼虫期の死亡率(Brian, 1951)から，女王の生涯総産卵数として1408～1878個という推定値を示している．筆者が調査した本州産8種の女王の生涯総産卵数を表16に示した．マルハナバチ女王の総産卵数についての具体的なデータはおそらくこれが最初の記録であると思う．

表のようにトラマルハナバチとクロマルハナバチの女王では，総産卵数が1000個を超え，1日最大産卵数と同様にこれら2種では産卵能力が高いことを示している．ウスリーマルハナバチでも総産卵数は700個以上になり，本種の女王が高い産卵能力をもつことを示している．オオマルハナバチでは500個をやや下まわったが，平地での飼育条件と違って山地の自然巣の場合は，おそらくこれよりも多く産卵すると考えられる．コマルハナバチでは表のようにコロニー間差が大きく，最小と最大間で約4倍の差がみられた．このような傾向はトラマルハナバチやクロマルハナバチでもみられるので，マルハナバチ類女王の産卵数は一般に個体による差がかなり大きいと思われる．コマルハナバチの総産卵数はコロニーによっては500個を超えているので，この結果から総繭数が500個を超えるような大きなコロニーがときどき記録されることも納得できる．ミヤママルハナバチ女王の総産卵数は約300～400個で，この数値は本種のコロニーサイズの記録(Ochiai & Katayama, 1982)から考えて，ほぼ妥当なものと思われる．ナガマルハナバチとヒメマルハナバチ女王の総産卵数は300個以下で，本州産8種のなかではもっとも小さかった．

表16 本州産8種のマルハナバチ女王の生涯総産卵数

種　名	コロニーコード	総卵室数	総産卵数	産卵期間(月/旬)
トラマルハナバチ	DD-14	131	1359*	?～9/下
トラマルハナバチ	DD-15	76	737	6/上～10/上
ウスリーマルハナバチ	Us-1	64	720*	?～10/上
ナガマルハナバチ	CW-3	27	167	6/下～9/上
ミヤママルハナバチ	Ho-6	34	397*	?～9/下
ミヤママルハナバチ	Ho-7	37	315*	?～9/中
コマルハナバチ	AA-11	38	270*	?～6/下
コマルハナバチ	AA-12	24	137	4/下～5/下
コマルハナバチ	AA-17	91	541	4/中～6/下
ヒメマルハナバチ	BB-2	51	259*	?～8/下
ヒメマルハナバチ	BB-5	88	213	7/上～9/中
オオマルハナバチ	HH-3	58	470*	?～7/下
クロマルハナバチ	Ig-10	125	1065	5/上～8/下
クロマルハナバチ	Ig-11	103	801	5/中～8/下

*初期の自然巣を採集して飼育したため，初期の産卵数は繭数を用いた．

マルハナバチ類女王の産卵数についての具体的なデータとしては，現在までにつぎのような記録がある。すなわち，Weyrauch(1934)によると *B. lapidarius* の大きなコロニーでの7月15〜21日までの1週間の調査で，女王は1日平均33.6個産卵したという。この数値は今回のトラマルハナバチ，ウスリーマルハナバチおよびクロマルハナバチ女王の実測の1日最大産卵数とほぼ同等であり(表15)，*B. lapidarius* の女王が高い産卵能力をもつことを示している。一方，Cumber(1949a)は *B. pascuorum* の女王の産卵数を知るために，産卵盛期(7月)にいくつかの巣を採集して，巣内の卵数を調査した。そして卵数を卵期間(4日)で除して，1日平均産卵数として12.0個を記録している。この数値は本州産の同じユーラシアマルハナバチ亜属のミヤママルハナバチにおける最盛期の1日平均産卵数とほぼ同じである(表15)。

最後にマルハナバチ類の産卵数に関連して，しばしばとりあげられてきた産卵数の調節機構に触れたい。まずBrian(1951)は *B. pascuorum* で，産卵数はその卵室の土台となっている繭塊の繭数(蛹数)に比例していると報告した。この結果からBrian(1965)はマルハナバチの産卵数は巣内の蛹数によって調節されていると考えた。Free & Butler(1959)やAlford(1975)もBrian(1951)の結果を引用して，同様の結論を示している。これに対して，Pomeroy(1979)は *B. pascuorum* と *B. ruderatus* で，女王は土台の繭塊の蛹数によって産卵数を調節しているのではなくて，大きな繭塊ほど卵室をつくるスペースが広いため，より多くの卵室をつくっているにすぎないと述べている。

Katayama(1989)はトラマルハナバチの女王を繭塊，幼虫室および働きバチなどをすべて取り除いた状態で，ただ十分な食物と好適温度条件下で飼育して，順調に産卵させることに成功した。女王の産卵数は繭塊，幼虫室および働きバチがまったく存在しないにもかかわらず，時期が経つにつれて着実に増加した。そして産卵数の消長は正常なコロニーの女王の場合と同様の傾向を示した。この結果から筆者は十分な食物と好適な温度条件などがあれば，女王の産卵数は巣内の繭数，幼虫数および働きバチ数などに関係なく，女王の卵巣における卵細胞の発育の生理的なリズムによって支配されているのだろうと考えている。

第7章
幼虫に対する給餌法と育児習性

　マルハナバチ類の幼虫に対する給餌法は，幼虫室の側面にワックス製の花粉ポケットをつくり，そこから幼虫室に花粉を詰め込む「ポケット・メーカー」と，花粉ポケットはつくらずに花粉と蜜の混合液にして幼虫に与える「ノンポケット・メーカー」という2つのグループに大別されている。従来ポケット・メーカーの給餌法は，花粉を直接巣室内に蓄えるという点で，ノンポケット・メーカーよりも原始的である考えられてきた。しかし花粉ポケットの機能はその巣室の幼虫に花粉を供給するためのものなのか。ほかにもっと重要な機能はないのだろうか。また，これら2つのグループによって，幼虫に対する給餌法は本質的に相違しているのだろうか。ここではこれらの点を中心にして，幼虫に対する給餌法全般について解説した。なお幼虫の齢期について，ここでは従来からの呼び方に従って，ふ化直後幼虫を1齢，終齢幼虫を4齢と呼ぶことにした（これらは正確には2齢幼虫および5齢幼虫である）。

7.1. 異なる2つの給餌法
　　　　── ポケット・メーカーとノンポケット・メーカー

　第2以降の巣室の幼虫に対する給餌法は，マルハナバチのグループによって2つに分けられる。1つのグループでは幼虫のふ化後間もなく，巣室のやや下方側壁にワックスでポケット状の花粉給餌袋（以下「花粉ポケット」という）がつくられる（カラー写真115，117）。外役バチは採集してきた花粉荷をカラー写真116のように，この花粉ポケットのなかへ投入する。花粉ポケットの底は巣室下底部に通じているので，投入された花粉は巣内バチによって巣室内の幼虫の下へ詰め込まれる（カラー写真126～129）。巣室のなかで花粉蜜塊と幼虫とは直接接触しているので，幼虫は花粉蜜塊の一部を直接摂食することができる。もう1つのグループではカラー写真50～53のように，幼虫室の側面に花粉ポケットはつくられない。花粉は幼虫室から離れたところにある空繭やワックス製の花粉壺に蓄えられ（カラー写真45～47），働きバチによって蜜（ここでは一般に熟成された濃厚な「ハチミツ」ではなく，当座用の薄い「花蜜 nectar」である。以下同じ）との混合液にされて幼虫に与えられる（カラー写真54～57，62～66）。したがって，このグループでは巣室内の幼虫が花粉蜜塊と直接接触していることはない。

　これら2つのグループに対して，Sladen(1912)は前者をポケット・メーカー pocket makers，後者をポーレン・ストーラー pollen storers と呼んだ。その後 Plath(1927a) は北アメリカ産のマルハナバチ類でもこの給餌法による分類が妥当性をもつことを認めた。しかし彼はポケット・メーカーでも花粉ポケットのなかだけでなく，空繭やワックス製の容器に花粉を蓄える場合があるので，ポーレン・ストーラーという用語は不適切だと考え，つぎのように呼ぶよう提案した。すなわち，ポケット・メーカーを marsipoea と，ポーレン・ストーラーを amarsipoea とし，さらにその後彼は前者を marsipopoea，後者を amarsipopoea と改称した (Plath, 1934)。Sakagami(1976)はこの花粉ポケットによる給餌法がマルハナバチ類の重要な生態的特徴の1つである点を指摘した上で，ポーレン・ストーラーに対して，ノンポケット・メーカー non-pocket makers を用いている。筆者もこの用語の方が簡単で，より適切であると思うので，本書でもこれを用いることにした。

　Sakagami(1976)によると，幼虫に対する給餌法が確認されているのはつぎの15亜属である。

　ポケット・メーカー（8亜属）：*Alpigenobombus* 亜属，ホッキョクマルハナバチ亜属，トラマルハナバチ亜属，ミナミマルハナバチ亜属，ナガマルハナバチ亜属，*Rhodobombus* 亜属，*Subterraneobombus*

亜属，ユーラシアマルハナバチ亜属

　ノンポケット・メーカー (7亜属)：*Bombias*亜属，オオマルハナバチ亜属，*Cullumanobombus*亜属，*Kallobombus*亜属，*Melanobombus*亜属，コマルハナバチ亜属，*Separatobombus*亜属

　その後さらにポケット・メーカーとして*Senexibombus*亜属 (Sianturi et al., 1995)，ノンポケット・メーカーとして*Festivobombus*亜属 (Ito et al., 1984) と*Rufipedibombus*亜属 (Kato et al., 1992) が報告されている。

　これに対して，いくつかの亜属では花粉ポケットがつくられるか否かに関して，異なった報告が発表されている。Plowright (1977) は上記のノンポケット・メーカーとされている*Separatobombus*亜属について，コロニー発達の初期段階では働きバチ幼虫に給餌する際に花粉ポケットがつくられるが，女王とオスの幼虫には食物を吐きもどして給餌すると述べている。さらにノンポケット・メーカーであるコマルハナバチ亜属の2種 (*B. pratorum*と*B. bimaculatus*) および*Cullumanobombus*亜属の*B. rufocinctus*では，第2巣室の側面にワックス製の花粉貯蔵容器がつくられる。この容器の構造はポケット・メーカーの花粉ポケットの構造とよく似ていて，幼虫と花粉とが直接接触していることを確認したという (Plowright, 1977)。また，Laverty & Plowright (1985) によると，コマルハナバチ亜属には第2巣室の幼虫室壁に花粉ポケットがつくられるか否かに基づいて，2つの異なったサブグループがあるという。ポケットをつくる種には*B. bimaculatus*，*B. perplexus*お よび*B. vagans*が含まれ，ポケットをつくらない種には*B. bifarius*，*B. ephippiatus*，*B. huntii*，*B. impatiens*，*B. ternarius*および*B. vosnesenskii*が含まれるという。このようにPlowrightらは第2巣室内の幼虫と花粉が直接接触しているのを確認しているので，このワックス製の容器はポケット・メーカーの花粉ポケットと同じ構造であると考えられる。したがってコマルハナバチ亜属の一部の種と*Cullumanobombus*亜属は，第2巣室の幼虫を育てる時期だけ，ポケット・メーカーの給餌法を採用しているということができる。

　筆者もコマルハナバチ亜属のコマルハナバチで，1例ではあるが第2，第3巣室側壁に，図27のようにワックス製の花粉貯蔵容器がつくられているのを観察した (片山，未発表)。また，外役バチが採集してきた花粉荷をこれらの容器のなかに投入する行動も直接観察することができた。しかしこの巣はコロニーの発達経過観察に使用するので，巣室の分解調査は行なわなかった。そのため巣室内の幼虫と花粉が直接接触していたかどうかは，残念ながら確認できなかった。しかしこの花粉容器の形は外見的には図に示したとおり，ポケット・メーカーの花粉ポケットときわめてよく似ていた。

　これに反して，Hobbs (1965b) は*Cullumanobombus*亜属の*B. rufocinctus*では，第2，第3巣室の側面にワックスで円筒状の花粉容器がつくられるが，巣室内の幼虫と花粉とは直接接触していないと述べている。また，彼はコマルハナバチ亜属のカナダ産11種で，第2巣室に上記のようなワックス製の容

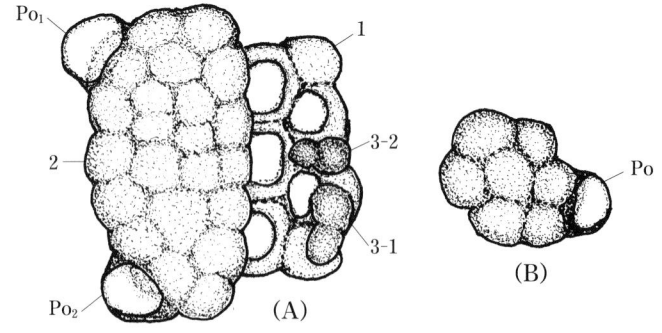

図27　コマルハナバチの第2，第3巣室側壁につくられたワックス製の花粉貯蔵容器 (AA-17巣，1980年5月調査，上面図)。A：ふ化4日後の第2巣室側壁の2個のワックス製容器 (1980年5月18日夜の状況)；1：第1巣室；2：第2巣室；3-1と3-2：第3巣室；Po1とPo2：花粉貯蔵容器，B：第3巣室 (3-1) につくられた花粉容器 (1980年5月24日夜，ふ化6日後の状況)

器がつくられることを観察していない(Hobbs, 1967)．

このようにノンポケット・メーカーに分類されている一部の亜属では，コロニー発達のごく初期の段階で，花粉ポケットによる給餌を行なうかどうかに関しては，研究者によって見解が分かれている．したがってこれらのグループでは，今後さらに多くの種について詳しく調査する必要がある．また，ポケット・メーカーに分類されている亜属のうち，*Alpigenobombus* 亜属とホッキョクマルハナバチ亜属は成虫の形態による分類(1.1.参照)では，マルアシマルハナバチ枝に属し，ポケット・メーカーのほかの亜属がケズメマルハナバチ枝に属しているのとは異なっている．これらの2亜属がコマルハナバチ亜属や *Cullumanobombus* 亜属のように，本来はノンポケット・メーカーであるが，コロニー発達のごく初期の段階だけ花粉ポケットによる給餌を行なっているようにも考えられる．しかし，これらについては詳しい観察例数がきわめて少ないので，今後詳しい調査が必要であると考えられる．

7.2. ポケット・メーカーの給餌法と育児習性

ポケット・メーカーの幼虫室側面につくられるワックス製の花粉ポケットは，マルハナバチの巣のなかでよくめだつ構造物であるため，Sladen(1912)以来多くの研究者に注目されてきた．しかし花粉ポケットの構造と幼虫の発育にともなうその経時変化などの具体的な点は，あまり報告されていない．また，ポケットへの花粉投入と花粉貯蔵，幼虫の花粉蜜塊摂食および給餌バチによる吐きもどし給餌についても，断片的にしか報告されていない．さらに花粉ポケットの生態的な意味や生殖虫の幼虫室におけるポケットの有無などについても，従来研究者によって意見が分かれているので，これらの点について詳しく記述した．

7.2.1. 花粉ポケットの構造と幼虫の発育にともなうポケットの経時変化

Sladen(1912)は花粉ポケットの構造について，一般にワックス壁で覆われた幼虫群の側面に，袋状のワックス製のポケットがつくられ，比較的少量の花粉が詰め込まれると述べている．さらに，*B. ruderatus* ではポケットは大きく，その口は楕円形で約1.6×1.3cmだったがきわめて浅く，内部の花粉の厚さは中央部で約0.3cmであったと具体的に書いている．それより具体的な記述として，Weyrauch(1934)は *B. pascuorum* と *B. ruderarius* の花粉ポケットについて，つぎのように書いている．

幼虫室底部の外側にワックス製の壺状のポケットがつくられる．ポケットは幼虫室側に向いた部分では壁がなく，その口はつねに広く開いていて，その上縁は幼虫室の高さよりも上に突出することはない．ポケットはその高さの約半分まで花粉を詰められ，その後幼虫室のなかへ合併されて外から見えなくなる．そしてまた，別の新しいポケットがつくられる．ポケットの大きさはそれがつくられている幼虫室の大きさによって異なり，幼虫室が大きければポケットも大きくなる．一般的なポケットの口の大きさは，そのコロニーの最大の働きバチのサイズぐらいで，深さもそれとほぼ同じである．

しかしこれら以外にはヨーロッパや北アメリカ産の種について，具体的な記録はあまり見られない．これに対して，Sakagami et al.(1967)はブラジル産の *B. atratus* で，花粉ポケットの形や構造，それらの経時変化などをきわめて詳しく報告している．また，Katayama(1966)もトラマルハナバチの花粉ポケットについて，詳しい観察を行なっている．日本産のポケット・メーカーについては，その後もSakagami & Katayama(1977)をはじめいくつかの調査データが報告されて，花粉ポケットに関する知見がかなり蓄積されてきた．

図28にポケット・メーカーの幼虫室とその側面につくられた典型的な花粉ポケットの形を示した．ポケットは幼虫室の側面にワックスで半円筒状につくられ，上下に縦になった形で幼虫室に接着されている．上端はつねに広く口が開いていて，口の縁は側面よりもワックス壁が厚く，口の部分の強度を保っている(Sakagami et al., 1967)．ポケットの下部外側はワックス壁が幼虫室の底壁に接着されていて，ポケットの底にはワックス壁がなく，幼虫室の底に通じている．そのためポケットのなかに投入された花粉は，働きバチによって幼虫室の底へ詰め込まれる(図29)．これに対して，Sakagami & Katayama (1977)はエゾトラマルハナバチの1つの巣で，ポケットの底部がワックス壁によって完全に幼虫室か

第II部 営巣習性の解説編

図28 トラマルハナバチのふ化3日後の幼虫室と花粉ポケット

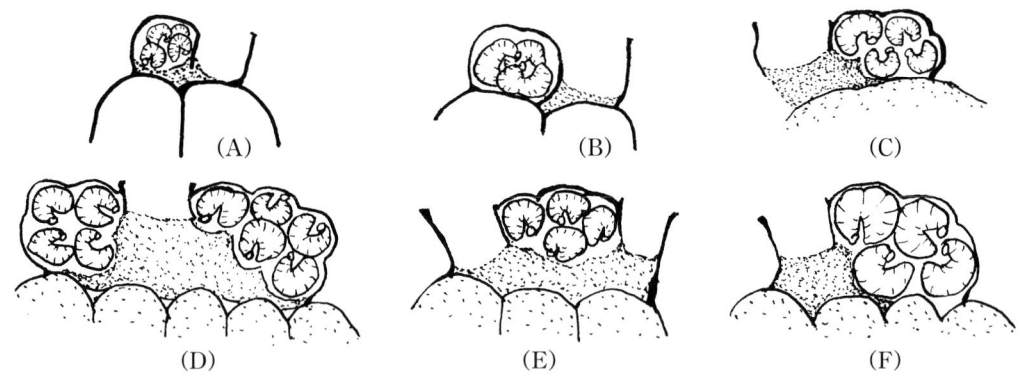

図29 ウスリーマルハナバチの幼虫室と花粉ポケットの断面図(Katayama et al., 1990を改変)。A：ふ化後間もない若い幼虫室(幼虫室とポケットの底にすでに少量の花粉が詰め込まれている)，B：ポケットの底がワックス壁で完全に閉じられている幼虫室(幼虫室内には花粉は詰められていない)，C：大きなポケットをもった中齢幼虫室(ポケットの下半分ではワックス壁が取り除かれて，花粉蜜塊が露出している)，D：1つのポケットを共有している2つの老齢幼虫室，E：2つのポケットをもった老齢幼虫室，F：営繭直前の老齢幼虫室に残っている花粉ポケット

ら分離されている例を報告している。またKatayama et al.(1990)もウスリーマルハナバチの1つの巣で，同様にポケットの底と幼虫室がワックス壁で完全に仕切られた状態を記録している(図29B)。

図28，29のようにポケットの幼虫室側に向いた部分にはワックス壁はつくられず，幼虫室の壁がポケットの壁を兼ねている(Weyrauch, 1934)。これに対してKatayama(1966)はトラマルハナバチで，幼虫室側に向いた部分にもワックス壁をもったポケットを図示しているが，これはきわめて稀な例で，このほかには知られていない。花粉ポケットはきわめてもろく，こわれやすい構造物なので，おそらく分解調査の際に幼虫室壁の一部が付着したものを，見まちがえたのではないかと考えられる。

花粉ポケットは幼虫室の拡大につれて，働きバチによってつねに加工されるので，その形や大きさは

少しずつ変化する。大きさは一般にその幼虫室の拡大にともなってある程度増大するが(Weyrauch, 1934)，サイズ増大はポケットがつくられて2〜3日後までで，その後の変化は個々の例により相当の変異が見られる(Katayama, 1966；Sakagami et al., 1967)。若い幼虫室のポケットの大きさは，トラマルハナバチでは口の直径が6〜7 mm，高さも5〜6 mmでその幼虫室の高さを越えることはない(Katayama, 1966)。B. atratusでも口の直径が平均で5.7〜6.9 mmで(Sakagami et al., 1967)，トラマルハナバチとほぼ同じである。中〜老齢幼虫室のポケットはトラマルハナバチでは口の直径が8 mm前後で，高さは10〜15 mmぐらいになる。B. atratusでも口の直径は平均で8.0〜8.4 mmである。

多くの種では花粉ポケットは口が上方に向いていて，真上から完全に見える顕著な形をしている(Katayama, 1966；Sakagami et al., 1967；Sakagami & Katayama, 1977；Katayama et al., 1990, 1996 など)。これに対して，Weyrauch(1934)は B. ruderarius で横向きになった花粉ポケットを図示している。Haas(1965, 1966)も B. humilis でポケットは幼虫室の側面につくられ，ほぼ水平向きであると述べている。また，Sakagami & Katayama(1977)はハイイロマルハナバチの巣で，幼虫室側面に横向きのポケットがつくられ，内部に多量の花粉が蓄えられていた例を記録している。さらにミヤママルハナバチ(Ochiai & Katayama, 1982)とホンシュウハイイロマルハナバチ(Katayama et al., 1993)でも，一般にポケットは幼虫室の下側面に斜め向きにつくられるので，真上からでは全体の形を見ることができない。これら斜め向きのポケットが記録されている種は，いずれもユーラシアマルハナバチ亜属に属している。したがって，このように横向きの花粉ポケットをつくることはユーラシアマルハナバチ亜属の種に共通の特徴であると思われる。ミヤママルハナバチの横向きの花粉ポケットを図30に示した。トラマルハナバチのポケット(図28)と比較すると，ポケットの口が斜めに向いているのがわかる。

Sladen(1912)は B. ruderatus, B. humilis, B. pascuorum および B. ruderarius では，1つの幼虫室に通常1個の花粉ポケットがつくられるが，2個あるいは稀に3個のポケットがつくられると書いている。Alford(1975)も花粉ポケットは1つの幼虫室にふつう1個ずつつくられるが，ときどき2個以上つくられることもあると述べている。これに対してKatayama(1966)はトラマルハナバチで，1室に1個のポケットがつくられた例はむしろ少なくて，通常2個のポケットがつくられた。そして稀には1室に3個つくられた例もあったと報告している。Sakagami et al.(1967)も B. atratus で，1室に2個の

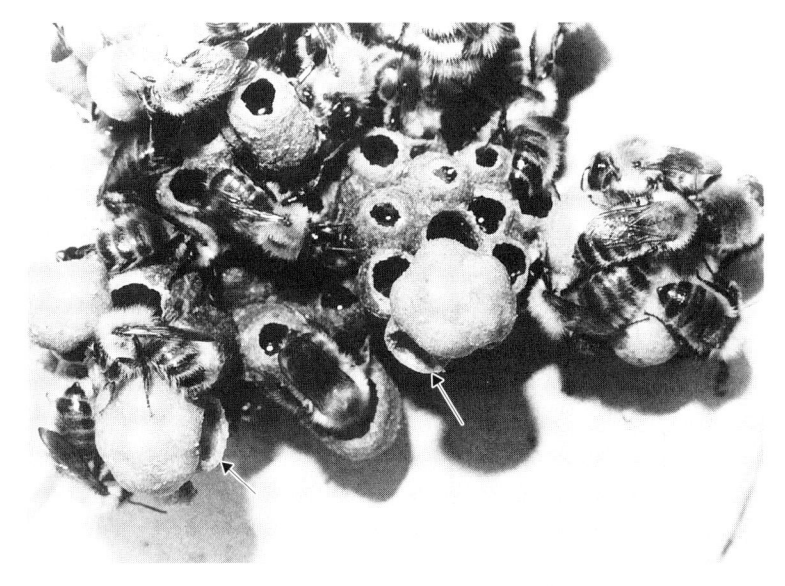

図30　ミヤママルハナバチの中齢幼虫室につくられた斜め向きの花粉ポケット(矢印)

ポケットがつくられる例は稀ではなかった。その頻度は57例中12例で見られ，そしてときどき1室に3個のポケットがつくられた(57例中3例)と述べている。さらに，Sakagami & Katayama(1977)もエゾトラマルハナバチで，1室に2個のポケットをもった例を記録している。またウスリーマルハナバチでも図29Eに示したように，1つの幼虫室に2個のポケットがつくられた例が記録されている(Katayama et al., 1990)。このように1つの幼虫室に複数の機能的なポケットがつけられる例はしばしば見られる。その場合各ポケットの位置関係は，個々の例によって変異が大きい。1つの幼虫室の反対側に向かい合ってつくられる場合や，2個が近接してつくられる場合などがある。

1つの幼虫室に複数の花粉ポケットがつくられる例とは反対に，隣接している2個の幼虫室が1個のポケットを共有している例もいくつか記録されている。Sakagami et al.(1967)はB. atratusで2個の幼虫室で1個のポケットを共有している例を観察している。Sakagami & Katayama(1977)はトラマルハナバチで同様の例を記録し，Katayama et al.(1990)もウスリーマルハナバチで，2個の幼虫室が1個の花粉ポケットを共有している例を報告している(図29D)。このように1つの幼虫室につくられるポケットの数は種によって一定しているのではなく，コロニーの各種条件によって変動するものであると考えられる。

トラマルハナバチやB. atratusでは，花粉ポケットは通常幼虫のふ化1日後ぐらいにつくられる(Katayama, 1966；Sakagami et al., 1967)。Pomeroy(1979)によるとB. ruderatusでも産卵後5日の巣室につくられるというので，卵期間(4日あまり)から推測して，これも幼虫のふ化1日後ぐらいに相当すると考えられる。

筆者は花粉ポケットの作製開始から完全な形のポケットが完成されるまでの作製経過をまだ観察していない。トラマルハナバチでたいていの場合は，ふ化後間もない幼虫室に隣接して，直径5〜6mmのワックスのリングがつくられている段階で，ポケットの作製開始に気がついた。Sakagami et al.(1967)はB. atratusで，ポケットの作製経過を詳しく観察している。それによると，まず幼虫室の側面から2本のワックスのすじが平行に伸ばされ，その両端が

図31 トラマルハナバチのふ化1日後の小さい幼虫室につくられた直後の花粉ポケットとそれを加工している働きバチ

内側に曲げられて結合され，ワックスのリング状になる。その後の経過は筆者も観察しているが，このリングにワックスが付け足されて，ワックス壁が徐々に高く伸ばされる。そしてやがて高さ5mm前後のポケットの外形が完成する(図31)。

しかしこれですべてが完成したわけではない。花粉ポケットとして機能するためには，ポケットと幼虫室の底部を隔てている幼虫室のワックス壁が取り除かれて，両者が完全につながらなければならない。これがどのようにして行なわれるのか，まだ詳しく観察されていない。Haas(1965, 1966)は幼虫が花粉ポケットの底をかじって穴を開けると書いているが，ふ化後間もない小さな幼虫にそのような能力があるとは考えにくい。ポケットの外形ができたあと，働きバチがポケットにもぐって底の部分を加工しているのが観察されるが，外からは何をしているのか見ることができない。たぶんこの際に働きバチがワックス壁に穴を開けているのではないかと思われる。

花粉ポケットへの花粉の投入は一般にポケットがつくられるとすぐに始まり，その後幼虫室にポケットが存続している限り続けられる(Katayama, 1966)。1つのポケットへの花粉投入の頻度は，そのコロニーの各種条件などによって異なる。特に外役バチの数と幼虫室の数，気象条件，コロニー周辺の開花植物の種類と量などが大きく影響する。したがって，個々の幼虫室に詰め込まれている花粉の量も，これらの条件によって変異が大きい。たとえばCumber

(1949a)やSakagami et al.(1967)は比較的少量の花粉しか蓄えられていない状態を図示しているが，Katayama(1966)，Sakagami & Katayama(1977)，Katayama et al.(1990)などは幼虫室とポケットの底部に多量の花粉が詰め込まれた状態を図示している（図29D〜E）。

花粉ポケットは一般にその幼虫室内の幼虫が摂食して，発育を続けているあいだ存続する。トラマルハナバチではつくられてから5日間ぐらい存続し(Katayama, 1966)，*B. atratus* でも5〜6日間存続した例が多い(Sakagami et al., 1967)。これに対して，Weyrauch(1934)が観察した *B. pascuorum* と *B. ruderarius* の花粉ポケットはきわめて特異的である。すなわち，ポケットはその高さの約半分まで花粉が詰められると，幼虫室のなかへ合併される。この合併はきわめてすばやく行なわれるので，直接観察が困難だという。ポケットが幼虫室にはいり込み，消失するとすぐに幼虫室はポケットの壁の方へ拡大する。そして別のポケットがまた新しくつくられるという。これはポケットがほんとうに幼虫室のなかへはいり込むのか，それともポケットの口がワックスで完全に閉じられて，幼虫室との境界がわからなくなるのだろうか。いずれにしてもこのような例はほかに観察されていない。トラマルハナバチではときどき花粉ポケットのなかへ産卵して，ポケットの口をワックスで閉じてしまう(Katayama, 1966)。この場合ポケットは幼虫室に合併されたようになり，外部からはわかりにくくなる（カラー写真19および図16C参照）。

1つの幼虫室に2個のポケットがつくられる場合，トラマルハナバチでは最初に1個つくられて，それから約2日後にもう1個つくられる例が多いという(Katayama, 1966)。*B. atratus* でも最初1個でその後2個になる例が多いが，2個が並存した例や最初2個でその後1個になった例もあったという(Sakagami et al., 1967)。

トラマルハナバチでは一般にポケットはつくられてから4〜5日経つと幼虫室の拡大によって，徐々に幼虫室の下側方へ沈んでゆく。そして早い場合は4日後から，遅い例でも6日後には取り壊される(Katayama, 1966)。しかし取り壊されずに幼虫室の下側部に斜め向きになって残っているポケットにも，外役バチはときどき花粉を投入する。*B. atratus* で

もポケットは5〜6日間機能するが，機能を終了したポケットはなお1〜2日間存続し，その後取り壊される(Sakagami et al., 1967)。トラマルハナバチでは不要になったポケットはすべて簡単に取り壊されたが，*B. atratus* ではときどき貯食用の壺につくりかえられたという(Sakagami et al., 1967)。Frison(1930b)はミナミマルハナバチ亜属の *B. pennsylvanicus* で，Hobbs(1966a)も同亜属の *B. californicus* で不要になったポケットが花粉貯蔵容器につくりかえられたと報告している。したがってこの習性はミナミマルハナバチ亜属に特有なものなのかも知れない。

7.2.2. ポケット・メーカーの給餌法と育児習性

花粉ポケットへの花粉投入と花粉貯蔵については，あまり詳しく報告されていない。Alford(1975)によると，外役バチによって採集された花粉はポケットのなかへ投入され，蜜で湿らせて幼虫集団の下へ押し込められる。そのため幼虫はマッシュルームのような形の花粉蜜塊の上に位置するようになるという。Free & Butler(1959)も外役バチが採集してきた花粉はポケットのなかにいれられ，ポケットの底に塗りつけられる。幼虫の発育につれて幼虫室全体は徐々に拡大し，その側面と下部に花粉蜜塊をもつようになると書いている。しかしこれらのほかには，あまり詳しい記述は見られない。

トラマルハナバチでは幼虫室の側面にポケットがつくられると，間もなく外役バチによってポケットに花粉が投入される(Katayama, 1966)。投入された花粉は巣内バチによって処理される。このとき巣内バチは必ず幼虫室側からポケットのなかへもぐり込むので（カラー写真118），ハチの腹面はつねに幼虫室側に向いている。この姿勢によってハチはポケットの底や幼虫室下底部の狭い空間でも自由に作業することができる。投入された花粉は蜜を混ぜて柔らかくこねられ，ポケットの底から幼虫室の底の部分に押し固められる。外役バチによる花粉投入はその後も不定期に繰りかえされ，巣内バチによって同じように処理される。そして徐々に花粉蜜塊の量は増加し，多量に蓄積された場合ではカラー写真120のように，ポケットの底の部分で厚さ4〜5 mmの花粉蜜塊が貯蔵される。幼虫は最初ひと塊になっているので，下底部の個体だけが花粉に接触し，最上部の

個体は花粉から離れている。しかし花粉の蓄積量が増加し、幼虫室壁も徐々に拡大されるので、各幼虫が花粉蜜塊の周囲に位置を占めて、直接花粉に接触するようになる（カラー写真126〜128）。

　幼虫のふ化後4〜5日経つと多量の花粉が投入されて、幼虫室の底へつぎつぎと詰め込まれる。その結果花粉蜜塊の上面はドーム状に盛り上がって（カラー写真129）、マッシュルームのような形になる。そして各幼虫はこの花粉蜜塊と幼虫室壁の間に挟まれたような状態で、体を丸くして横になっている（カラー写真128）。花粉蜜塊の量が多い場合、その表面の各幼虫がのっていた位置には、ちょうど幼虫の体がうまくはいるくらいの浅くて丸いくぼみがついている（カラー写真129）。Sakagami & Katayama (1977) もハイイロマルハナバチの1巣で、各幼虫が多量に詰め込まれた花粉蜜塊の表面にできた浅いくぼみのなかに、1匹ずつはいっているのを図示している。

　このようにして、外役バチによる花粉投入はポケットが存続する限り続けられるが、トラマルハナバチでは一般に幼虫のふ化後5〜6日経つとポケットは取り壊される。その際働きバチは幼虫室の底へもぐり込んで、長い時間かかって残っている花粉を摂食する (Katayama, 1966)。

　トラマルハナバチではふ化直後の幼虫室は直径5〜6.5 mmであるが、1日経つと平均で7.8 mm、2日後には11.5 mm、3日後には15.0 mmと急速に拡大する。そして3日後には各幼虫の位置が丸い膨らみになって、幼虫室の外から見えるようになる (Katayama, 1966)。このように幼虫室は内部の幼虫の発育と花粉蜜塊の詰め込みによって急速に拡大するが、Weyrauch (1934) によると幼虫室は花粉ポケットが幼虫室に合併されるときに、ポケットがついていた方向へ拡大されるという。*B. atratus* ではポケットが幼虫室に合併されることはないが、幼虫室は一般にポケットの方へ拡大するという (Sakagami et al., 1967)。

　ポケット・メーカーの幼虫が幼虫室内に詰め込まれた固形の花粉蜜塊を自力で摂食する行動は、幼虫室の外から直接観察することができない。したがって幼虫が花粉蜜塊をどのようにして、どの程度の量摂食するのかというもっとも重要な点については、まだ詳しく記録されていない。Sladen (1912) はポケット・メーカーの幼虫が発育の初期にはポケットにいれられた花粉を摂食することは疑いないという。花粉は幼虫室壁に塗りつけられるとすぐに消滅するので、疑いなく幼虫によって消費されるのだろうと書いている。筆者も幼虫が直接花粉蜜塊を食べるところを観察したことはない。しかし上記のように、中・老齢幼虫室に多量に詰め込まれた花粉蜜塊の表面を見ると、各幼虫がそれぞれ浅いくぼみにはいっている。これは幼虫が自分の下の花粉蜜塊を少しずつかじって食べた結果生じたものと考えられる。したがって、幼虫が直接花粉蜜塊を摂食する能力をもっていることは、確実であると思われる。ただしこのようにして摂取する食物量は、幼虫が発育を完了するのに必要な量の一部分にすぎないと思われる。それでは発育に必要な残りの食物はどのようにして与えられるのだろうか。それは働きバチが幼虫室壁に穴を開けて、幼虫に直接花粉と蜜の混合液を吐きもどして与えるのである。

　ポケット・メーカーでは上記のように、花粉ポケットを通じて幼虫室内へ花粉蜜塊を蓄え、幼虫は多少なりともそれを直接摂食することができる。しかし働きバチはさらに幼虫室壁に穴を開けて、花粉蜜混合液を吐きもどして幼虫に与える。Frison (1930b) は *B. pennsylvanicus* で中齢および老齢幼虫は、働きバチによって直接吐きもどされた液体の食物によって養われると述べている。Hobbs (1964b, 1966a, b) はホッキョクマルハナバチ亜属、ミナミマルハナバチ亜属および *Subterraneobombus* 亜属では、終齢幼虫は働きバチが吐きもどして与える蜜と花粉の混合液で養われると書いている。Katayama (1966) もトラマルハナバチで、働きバチによる食物の吐きもどし給餌を記録している。そして一般に食物の吐きもどし行動はふ化4〜5日後の中〜老齢幼虫に対して行なわれ、ふ化後3日以内の若齢幼虫には行なわれないと述べている。Sakagami et al. (1967) も *B. atratus* でポケットからの花粉投入のほかに、幼虫室壁に開けられた小孔を通じての直接給餌が観察されたと書いている。さらにナガマルハナバチ亜属の *B. ruderatus* では、食物の吐きもどし給餌がすべての日齢の幼虫について観察されている (Pomeroy, 1979)。

　このように詳しい観察が行なわれるようになって、ポケット・メーカーでも吐きもどし給餌はすべての

発育段階の幼虫に対して行なわれることが明らかになってきた。Katayama(1998)はトラマルハナバチとウスリーマルハナバチで，働きバチの吐きもどし給餌行動を詳しく観察している。それによると，まず給餌バチは花粉ポケットのなかへもぐり込んで，花粉蜜塊を摂食する。それから幼虫室に行き，ワックス壁を大顎でこねて，直径2〜3 mmの小孔を開ける。そしてすぐに口部を小孔にピッタリと押し込むと，花粉蜜混合液を吐きもどすために，腹部をギュッと1回収縮する。吐きもどされた液体は丸まった幼虫の腹面に置かれ，幼虫は頭部を食物のところへ近づけて，大顎を開閉しながらそれを飲み込む。食物を吐きもどすとすぐに給餌バチはワックス壁の小孔から口部を引き抜き，すばやく小孔を閉じるという。この給餌行動はノンポケット・メーカーのそれとまったく同じである(7.3.1. 参照)。

筆者が本州産5種のポケット・メーカーで詳しく観察した結果，この給餌行動はふ化直後の若齢幼虫から営繭直前の老齢幼虫まで，すべての発育段階の幼虫に対して，一般的に行なわれていることが明らかになった(片山，未発表)。したがってこの行動はすべてのポケット・メーカーに共通のものであると考えられる。

Katayama(1998)はトラマルハナバチとウスリーマルハナバチで，特に後者で，吐きもどし給餌のためにワックス壁に穴を開けるときだけ，給餌バチがリズミカルな音を発する行動を観察している。発音行動中のハチは触角で幼虫の体表に接触しながら，翅をたたんで先端部を互いにクロスさせ，翅を細かく振動させて発音する。この発音行動の生態的な意味は成虫と幼虫間のコミュニケーションのように思われるが，まだ解明されていない。

7.2.3. 花粉ポケットの生態的意味と生殖虫の幼虫室における花粉ポケットの有無

従来ポケット・メーカーでは機能的な花粉ポケットが存在しているあいだは，吐きもどしによる給餌はあまり重要ではないか，あるいは単に蜜を供給しているのだろうと考えられていた(Sladen, 1912; Cumber, 1949a; Hobbs, 1964a; Michener, 1974 など)。しかしポケット・メーカーの B. ruderatus で，幼虫に吐きもどされた液体食を分析した結果，0.91〜1.34 mg/μl というかなり多量の花粉を含んでいた

(Pomeroy, 1979)。したがってポケット・メーカーでも吐きもどし給餌は単なる蜜の供給のためではなく，花粉供給の重要な役割を果たしているのである。

Frison(1930b)は B. pennsylvanicus で，ポケットに投入された花粉が食物として直接幼虫に利用されているという点は確定的ではないという。なぜなら中齢〜老齢幼虫は確実に働きバチによって吐きもどされた液体食で養われていて，この給餌法は若齢幼虫にも及んでいると考えられるからであると述べている。Pomeroy(1979)も B. ruderatus で，すべての幼虫室に花粉ポケットがつくられて花粉が投入されるのに，吐きもどし給餌もすべての日齢の幼虫室で頻繁に見られるという事実を強調している。そしてこれに基づいて，ポケット・メーカーの幼虫の栄養摂取にとって，これら2つの給餌法がどのような貢献をしているのだろうかという疑問点を指摘しているが，結論は述べていない。Katayama et al. (1990)はポケット・メーカーにおける花粉ポケットの機能についてコメントし，いくつかの事実をあげてから，花粉ポケットは幼虫室に花粉を投入するための単なる開口部ではなく，ノンポケット・メーカーの花粉壺と同様に，コロニー全員のための花粉貯蔵容器としての役割を果たしていると書いている。さらに片山(1993, 1998)はポケット・メーカーの給餌法に言及して，花粉ポケットの生態的意味は第一に花粉の貯蔵容器であり，第二がポケットを通じての幼虫に対する直接的な花粉の補給であるとしている。そしてポケットを通じて幼虫が自力で花粉を摂取する量は，幼虫の食物摂取量の全体からみれば，わずかであろうと述べている。

このように筆者はいくつかの機会に花粉ポケットの生態的意味に触れてきたが，現在も上記の考え方に変更はない。すなわち，花粉ポケットの生態的意味は第一がコロニー全員のための花粉貯蔵容器であり，第二がそのポケットのついている幼虫室内の幼虫に対する直接的な花粉の補給である。しかしポケットを通じて幼虫が直接摂取する花粉の量は，幼虫の総栄養摂取量の一部分にすぎぬであろう。残りの大半の栄養は働きバチによる吐きもどし給餌によって供給されていると考えられる。

つぎにポケット・メーカーの給餌法で従来から論議されてきたのは，生殖虫になる幼虫を含んでいる幼虫室にも，花粉ポケットがつくられるかどうかと

いう点である。Plath(1927a, 1934)はポケット・メーカーの B. fervidus と B. pennsylvanicus では，働きバチの幼虫室にだけ花粉ポケットがつくられるが，女王とオスの幼虫は働きバチによって吐きもどされる液体で養われると書いている。これを受けて Free & Butler(1959)や Alford(1975)なども，一般にポケット・メーカーでは働きバチの幼虫は花粉ポケットを通じて養われるが，生殖虫の幼虫は吐きもどされた食物で養われると述べている。これに対して Cumber(1949a)は B. pascuorum で，Hobbs(1964a, 1966b)は B. appositus と B. borealis で，働きバチの幼虫室だけでなくオスと女王の幼虫室にもポケットがつけられることを観察している。また Plowright(1977)はホッキョクマルハナバチ亜属，ミナミマルハナバチ亜属および Separatobombus 亜属の種では，働きバチの幼虫室にはポケットをつくるが，女王とオスの幼虫は吐きもどし給餌だけで養われると述べている。このように生殖虫の養育の際にポケットがつくられるかどうかに関しては，研究者によって異なった結果が報告されている。最近片山(2002)はマルハナバチの生殖虫生産と給餌様式のなかで，この問題の総括を試みている。

ポケット・メーカーのうち，生殖虫の幼虫室における花粉ポケットの有無が記録されている種を整理すると表17のとおりである。トラマルハナバチ亜属，ナガマルハナバチ亜属，ユーラシアマルハナバチ亜属および Subterraneobombus 亜属の種では，生殖虫の幼虫室に花粉ポケットがつくられる点で，どの研究者の観察結果も一致している。問題はミナミマルハナバチ亜属の種で，B. atratus と B. brasiliensis の2種ではポケットがつくられるが，B. californicus など4種ではポケットがつくられないというように，同一亜属内で異なった給餌様式が報告されている。さらに B. atratus の場合は，同一種でも研究者により異なった観察結果が報告されている。

幼虫室に花粉ポケットをつくるという習性は，ポケット・メーカーの種に特化したきわめて固定的な習性である。そして正常に発育している幼虫室を含んでいる巣では，花粉はこのポケットのなかだけに蓄えられ，花粉壺などの容器は通常つくられない。したがってミナミマルハナバチ亜属の一部の種だけで，生殖虫生産期に突然この習性がなくなるということは，生態的にきわめて重要な点である。花粉ポケットの機能はコロニー全員のための花粉貯蔵容器であると考えられるので，生殖虫生産期に突然ポケットがつくられなくなる種では，花粉はどこに蓄えられるのだろうか。不要になった花粉ポケットは

表17 ポケット・メーカーに属するマルハナバチ類における生殖虫の幼虫室での花粉ポケットの有無

亜属名	種名	ポケットの有無 有	ポケットの有無 無	報告者
トラマルハナバチ	トラマルハナバチ	○		Sakagami & Katayama(1977), Katayama et al.(1996)
トラマルハナバチ	ウスリーマルハナバチ	○		Katayama et al.(1990)
ナガマルハナバチ	B. ruderatus	○		Pomeroy(1979)
ナガマルハナバチ	ナガマルハナバチ	○		片山(未発表)
ユーラシアマルハナバチ	B. pascuorum	○		Cumber(1949a)
ユーラシアマルハナバチ	ハイイロマルハナバチ	○		Sakagami & Katayama(1977), Katayama et al.(1993)
ユーラシアマルハナバチ	ミヤママルハナバチ	○		Ochiai & Katayama(1982)
Subterraneobombus	B. appositus	○		Hobbs(1964a, 1966b)
Subterraneobombus	B. borealis	○		Hobbs(1964a, 1966b)
ミナミマルハナバチ	B. atratus	○		Sakagami(1976)
ミナミマルハナバチ	B. atratus		○	Plowright(1977)
ミナミマルハナバチ	B. brasiliensis	○		Sakagami(1976)
ミナミマルハナバチ	B. californicus		○	Hobbs(1966a)
ミナミマルハナバチ	B. fervidus		○	Plath(1927a, 1934), Hobbs(1966a)
ミナミマルハナバチ	B. pennsylvanicus		○	Plath(1927a, 1934)
ミナミマルハナバチ	B. transversalis		○	Sakagami(1976)
ホッキョクマルハナバチ	B. balteatus		○	Hobbs(1964b)

ふつう簡単に取り壊されるが，ミナミマルハナバチ亜属の種では，花粉貯蔵容器につくりかえられることが知られている(Frison, 1930b；Hobbs, 1966a；Sakagami et al., 1967)。したがって働きバチ生産期の後半になると，ポケットから改造された貯蔵容器の数がしだいに増加し，生殖虫生産期にはそれが完全に花粉ポケットの代用をするのかも知れない。Sakagami (1976)によると B. atratus では，女王幼虫室の花粉ポケットが取り壊されたあとも，幼虫室壁に開けられた給餌孔を通じて，さらに3～5日間花粉蜜混合液が給餌されるという。このように比較的早期にポケットが取り去られて，その後長く吐きもどし給餌が行なわれるため，ポケットの存在を見落とす可能性があるかも知れない。また飼育観察の場合は，飼育条件によってポケットの作製と取り壊しの経過がかなり変異することも考えられる。いずれにしてもミナミマルハナバチ亜属の種については，働きバチ生産期から生殖虫生産期の終わりまで，すべての幼虫室でのポケットの作製とその消長を詳細に調べる必要がある。

表17のホッキョクマルハナバチ亜属については，別の問題がある。すなわち，7.1. ですでに述べたように，このグループは本来はコマルハナバチ亜属と同様ノンポケット・メーカーであるが，コロニー発達のごく初期の段階だけ花粉ポケットによる給餌を行なっているのではないかということである。残念ながら観察例数がきわめて少なくて詳細はわからない。今後コロニーの発達経過と各幼虫室における花粉ポケットの消長を詳しく観察する必要がある。

7.3. ノンポケット・メーカーの給餌法と育児習性

すでに7.1.で述べたように，ノンポケット・メーカーでは花粉蜜塊は幼虫室から離れている花粉壺に蓄えられるので，幼虫と花粉蜜塊が接触することはない。幼虫はふ化直後から営繭するまで，すべての食物を給餌バチによって巣室の外から与えられる。したがってここでは給餌バチの給餌行動と幼虫の摂食行動を中心に，ノンポケット・メーカーの幼虫がどのように養われるのかについて解説した。

7.3.1. 給餌バチの食物摂取と幼虫への給餌行動

マルハナバチ類の卵室は産卵後ワックスで完全に閉じられているので，内部の卵の状態が外からはわからない。このためカラー写真35～36のように，働きバチは卵室の壁に小孔を開けて触角を挿入し，内部の状態を点検する。触角は一瞬で引き抜かれ，小孔はただちに閉じられる。これは巣室内点検と呼ばれ，巣室内の卵や幼虫の状態をチェックするための重要な行動である。このようにして卵室内の卵がふ化しているのを確認すると，幼虫に対する吐きもどし給餌が開始される。

ノンポケット・メーカーの一般的な給餌法について，片山(1998)はつぎのように書いている。まず，給餌バチは花粉壺の花粉蜜塊を大顎で少しずつかき取り，蜜を少量吐きもどしながら，花粉と蜜の混合液にして飲み込む(カラー写真48～49)。つぎに給餌バチは幼虫室に行き，そのワックス壁に直径3mmぐらいの小孔を開ける。そしてこれに口部を密着させてギュッと腹部を1回収縮し，花粉蜜の混合液を1滴吐きもどす(カラー写真54～57)。給餌後すぐに小孔は完全に閉じられる。

このように給餌バチは幼虫に給餌する前に花粉壺から花粉を摂取して，嗉囊(蜜胃)に蓄えてある蜜を少しずつ吐きもどして混ぜ合わせ，花粉と蜜の混合液にして一時的に嗉囊に蓄える。幼虫に給餌する場合は体内に蓄えられた花粉蜜混合液を再び吐きもどして，1滴ずつ与える。オオマルハナバチ亜属のクロマルハナバチとオオマルハナバチにおける給餌バチの花粉摂食行動と幼虫に対する給餌行動の概要は，つぎのとおりである(Katayama, 1973, 1975)。

幼虫への給餌に先だって給餌バチは花粉壺から花粉を摂取するが，花粉摂取に要する時間は図32のように，クロマルハナバチでは3～7分で，オオマルハナバチでも一般に4～7分であった。幼虫に対する吐きもどし給餌は，クロマルハナバチではふつう花粉摂取後すぐに開始される(図32)。オオマルハナバチでも花粉摂取後1～2分で幼虫への給餌を始めた。これに対して Hannan et al.(1998)はクロマルハナバチで，花粉摂取後比較的長く経過してから(平均約12分)，幼虫への給餌が行なわれると述べている。幼虫に対する吐きもどし給餌は，短時間に連続して4～5回行なわれる場合や(図32A)，30分間以上にわたってゆっくり7～8回行なわれる場合な

第Ⅱ部　営巣習性の解説編

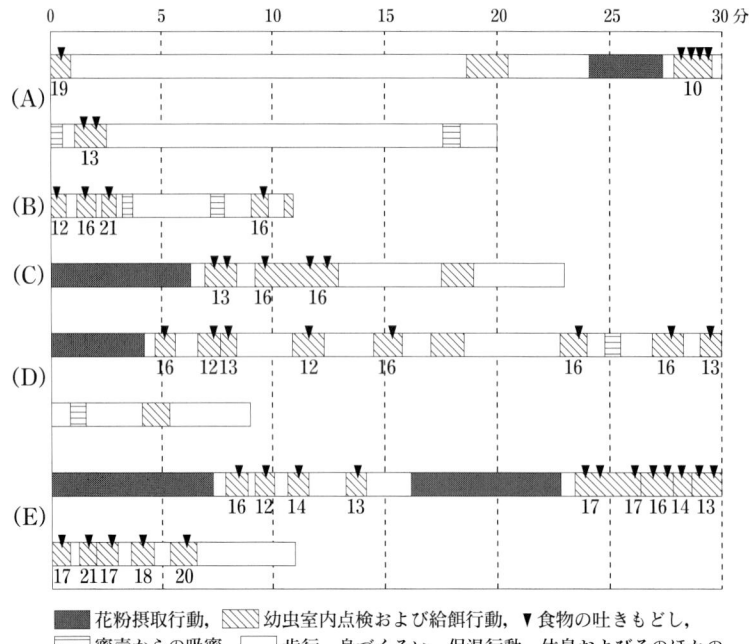

図32　クロマルハナバチの給餌バチによる食物摂取と幼虫への給餌行動（Katayama, 1973を改変）。各給餌バチの個体コードと羽化後の日齢および観察開始日時はつぎのとおり。A：W-3（22日齢），8月2日21時19分から。B：W-12（25日齢），8月5日17時22分から。C：W-12（26日齢），8月6日11時16分から。D：W-14（14日齢），8月7日17時45分から。E：W-3（27日齢），8月7日21時04分から

■ 花粉摂取行動，▨ 幼虫室内点検および給餌行動，▼ 食物の吐きもどし，▤ 蜜壺からの吸蜜，□ 歩行，身づくろい，保温行動，休息およびそのほかの行動。数字は給餌を受けた巣室のコード番号を示す。

ど（図32D），個々の例により変異が大きい。また，1回の花粉摂取で行なわれる給餌回数は，クロマルハナバチでは図32のように4〜13回（たいていは6〜8回）で，オオマルハナバチでも4〜15回（一般に4〜8回）で，ほぼ同様の傾向であった。Hannan et al.(1998)もクロマルハナバチで，働きバチは1回の花粉摂取後約6回幼虫に給餌すると書いている。しかし極端な例では，オオマルハナバチの給餌バチが1回の花粉摂取後，吸蜜せずに15回も吐きもどし給餌を行なった(Katayama, 1975)。一般に各給餌バチの給餌行動は特定の幼虫室に限定されず，図32のようにつぎつぎと異なる幼虫室に対して吐きもどし給餌を行なう。また一般的に給餌行動には特定の日周リズムは見られず，日中でも夜間でも随時吐きもどし給餌が行なわれる。Hannan et al.(1998)もクロマルハナバチで24時間継続観察の結果，働きバチの給餌行動には特定の日周リズムは見られなかったと述べている。給餌行動はコロニーの条件によって異なり，例えば中〜老齢幼虫が多数存在する場合は，積極的に給餌が行なわれる。

上記のように，給餌バチによる花粉摂取と幼虫への給餌行動とのあいだの経過時間は，一般に短いので（Katayama, 1973, 1975では1〜2分；Hannan et al., 1998でも12分），このあいだに消化作用が十分に行なわれる時間はないと思われる。したがって幼虫に吐きもどされる食物は，成虫体内での消化作用によって生産された物質ではなく，単なる花粉と蜜の混合物であると考えられる。もちろんこの食物には成虫の分泌腺からの分泌物も混ぜられているだろう。ごく最近の研究で，セイヨウオオマルハナバチでは給餌バチが給餌に先だって食物を摂取する際に，少量のタンパク質分泌物を添加することがわかった。この分泌物の機能は，たぶん消化を助けるための消化酵素であろうと考えられている（Pereboom, 2000）。

7.3.2. 吐きもどし給餌のしかたと幼虫の摂食行動

幼虫に給餌するとき給餌バチは幼虫室のワックス壁に小さい穴（直径2〜4 mm）を開ける。そして口部

をこの穴にピッタリと押し込み，腹部をギュッと1回(稀にすぐもう1回)収縮する。食物を吐きもどす時間はきわめて短く，Hannan et al.(1998)によるとクロマルハナバチでは3～4秒であるという。給餌バチは給餌後すぐに穴から口部を引き抜き，ただちにその穴を完全に閉じる。食物を吐きもどすときに給餌バチは口吻を折りたたんだままで，決して長く伸ばすことはない。これに対して，Wagner(1907)は働きバチが幼虫室のワックス壁に開けられた穴のなかへ，口吻を伸ばして挿入している状況を図示している。また，Hobbs(1966a)もポケット・メーカーの B. californicus で，給餌バチは幼虫室のワックス壁に小孔を開け，そこへ口吻を挿入して腹部を1～2回収縮するとしている。そして口吻を引き抜くとすぐに小孔を閉じると書いている。しかし筆者はポケット・メーカーのトラマルハナバチ，ウスリーマルハナバチ，ナガマルハナバチ，ミヤマルハナバチおよびホンシュウハイイロマルハナバチで，吐きもどし給餌のときに給餌バチが口吻を折りたたんだままで，幼虫室壁の穴に口部を挿入して給餌するのを確認している。Sakagami & Zucchi(1965)もブラジル産のポケット・メーカーである B. atratus で，吐きもどし給餌の際に給餌バチが口吻を伸ばすことは，決して観察できなかったと述べている。したがってポケット・メーカーでもノンポケット・メーカーと同様に，口吻を折りたたんだままで給餌するのが，一般的な吐きもどし給餌行動であると考えられる。

また，幼虫に給餌するときに給餌バチはカラー写真54～57のように，幼虫室壁につくられた小孔に口部をピッタリと挿入する。口部を穴に挿入するというのは，具体的には頭部の下部約1/4ぐらいまで，つまり左右の複眼下端を結ぶ線ぐらいまでの部分をカラー写真55～57のように，ワックス壁の小孔にピッタリと差し込む行動である。これに対して，Sakagami & Zucchi(1965)は B. atratus で，給餌バチは幼虫室壁に小孔をつくると，1滴の透明な液体を軽く開いた大顎のあいだにあふれさせるとしている。その液体はただちに幼虫室のなかへ流れてゆき，すぐに幼虫のところへ流れ落ちるという。食物を吐きもどしたあと小孔はただちに閉じられると書いている。この観察では，給餌バチは幼虫室壁の穴から口部を離したままで給餌しているが，筆者が観察した本州産9種のマルハナバチ類では，このような給餌行動は確認できなかった。

食物を吐きもどすときに給餌バチは幼虫に食物を直接口移しで与えることはない。吐きもどされた花粉蜜混合液は丸まって横たわっている幼虫の腹面に置かれ，幼虫が頭部をその液体のところに近づけて摂食する(Katayama, 1973, 1975)。Alford(1975)や片山(1998)も吐きもどし給餌の際，成虫から幼虫へ直接口移しで食物が与えられることはないという点を指摘している。Pendrel & Plowright(1981)もオオマルハナバチ亜属に属するセイヨウオオマルハナバチと B. terricola の給餌行動は，同亜属のクロマルハナバチやオオマルハナバチと同じであると述べている。

1回の給餌で吐きもどされる液体の量は，給餌バチの体のサイズや各給餌バチが保持している花粉蜜混合液の量などにより，かなり変異が大きい。Hannan et al.(1998)によればクロマルハナバチでは，給餌される食物の量は個別の幼虫の体サイズに合わせて調節され，最小の幼虫では約 $1\,\mu l$ であるという。またセイヨウオオマルハナバチの女王幼虫に，1回の給餌で与えられる食物量はかなり変異が大きく 0.6～40.2 mg (平均5.6 mg, n=82) であった(Ribeiro et al., 1999)。

ふ化直後の若い幼虫はひと塊になっているので，給餌バチはこのような若齢幼虫に対しては集団給餌を行なう。この場合吐きもどされた液体食の周囲にいる2～3個体の幼虫が同時にその食物を摂取する(Katayama, 1973, 1975；Alford, 1975；片山, 1998など)。これに対して，Hannan et al.(1998)はクロマルハナバチで，幼虫は決して集団で一括給餌されることはないと，集団給餌を否定している。しかし van den Toorn & Pereboom(1996)はオオマルハナバチ亜属のセイヨウオオマルハナバチで，染料を使って人工的に着色した蜜を与えた給餌バチによる実験の結果，1齢幼虫では数匹が同時に食物を受け取るが，2齢幼虫になるとほとんどいつでも個別的に食物を受け取ることを明らかにした。したがって一般に若齢幼虫は，少なくとも1齢幼虫では集団的に給餌されると考えられる。

一般に幼虫のふ化後3～4日経つと各幼虫は分離して，幼虫の位置が巣室のワックス壁の外側へ丸い膨らみとなって現れる。この時期の幼虫に給餌する

際，給餌バチは巣室表面の各膨らみのほぼ中央部に小孔を開け，個別に食物を吐きもどしてすぐに小孔を閉じる。その後幼虫が営繭するまでこのような個別給餌が行なわれ，吐きもどし給餌のあとワックス壁に開けられた小孔はすぐ閉じられる。しかしオオマルハナバチ亜属では，ふ化後6〜7日以降（または営繭完了の4〜5日前以降）の老齢幼虫になると，ワックス壁にカラー写真51のように直径2.5〜4 mmぐらいの給餌孔がいつも開いたままになっている(Katayama, 1973, 1975)。Hannan et al.(1998)もクロマルハナバチで，産卵後16日ぐらい経つと幼虫室壁に給餌孔がつくられ，その後営繭するまで閉じられずに存続すると述べている。

　常時開いたままの給餌孔をもつ老齢幼虫室での給餌行動はカラー写真62〜66のとおりである。このような露出した幼虫に対する給餌行動は，給餌孔の開閉行動が省略される分やや単純である。給餌バチは常時開いている給餌孔の縁を大顎でごく短時間こねてから，触角と大顎先端で幼虫の体表に短時間触れ，すぐに口部を給餌孔に挿入して食物を吐きもどす。その後給餌孔の縁を大顎でごく短時間こねるが，給餌バチは穴をそのままにして閉じずに立ち去る。営繭直前の老齢幼虫室では直径5 mm以上になる大きな給餌孔が開いているので，給餌バチは頭部全体を穴のなかに挿入して食物を吐きもどす（カラー写真64〜66）。

　つぎに幼虫の摂食行動であるが，これには巣室内での幼虫の姿勢が大きく関係している。マルハナバチ類の幼虫はふ化直後から営繭するまで，カラー写真87に示すように腹面を内側にして，頭部と腹端が接するぐらい完全に体を丸めている。この姿勢は数個体の幼虫がひと塊の集団になっている若齢〜中齢幼虫期（カラー写真83〜84）でも，各幼虫が完全に分離して個別の部屋にはいっている老齢幼虫期（カラー写真85）になっても，まったくかわらない。このように幼虫は完全に体を丸めて横になっているため，幼虫の腹面にはカラー写真87のように浅くて丸いくぼみが形成される。給餌バチによって吐きもどされる液体状の食物はこの丸くくぼんだ腹面に置かれる(Katayama, 1973, 1975；片山, 1998)。Frison(1928)もコマルハナバチ亜属の *B. bimaculatus* で，幼虫室の各幼虫は体を丸めた姿勢をとっているので，これと幼虫の円筒形の体形とが合わさって，液体状の食物を保持するのにちょうどよいカップ状の容器になっていると述べている。

　丸まった幼虫の腹面に液体状の食物が置かれるとすぐに，幼虫はカラー写真67〜68のように頭部を液体のところに近づけ，大顎を活発に開閉しながらそれを飲み込む(Frison, 1928；Katayama, 1973, 1975)。クロマルハナバチで幼虫が液体状の食物を完全に飲み込むのに要する時間は，Katayama(1973)によれば通常20秒以内で，最長でも25〜30秒であるが，Hannan et al.(1998)ではやや長くて平均38〜47秒である。Katayama(1973)によると幼虫の腹面にピンセットの先などで軽く触れると，幼虫はそこへ頭部を近づけて食物をさがすように，大顎を開閉しながら頭部を左右に動かす。数回そのような接触刺激を繰りかえすと，幼虫はしだいにその刺激に反応しなくなる。そのとき水や蜜などで湿らせたピンセットで接触すると，再び反応するようになる。したがって幼虫の摂食行動は，腹面の接触刺激と液体で濡れることによって引き起こされるのだろうという。

　さて，マルハナバチ類の幼虫は1日にどのくらいの頻度で給餌されているのだろうか。Brian(1952)はポケット・メーカーの *B. pascuorum* で，1時間に1個体の働きバチが幼虫3〜4個体を給餌するとしている。このように給餌頻度が低いのは，ポケット・メーカーのためだろうと述べている。たしかにこの給餌頻度は低すぎるように思われる。Röseler & Röseler(1974)は幼虫1個体当たりの1時間の給餌頻度として，最高でアカマルハナバチの働きバチ幼虫は5回，女王幼虫は約7.5回で，セイヨウオオマルハナバチでは働きバチ幼虫で4回，女王幼虫は約5.5回というデータを示している。したがって，1日にアカマルハナバチでは120〜180回，セイヨウオオマルハナバチでは96〜132回ということになる。また，Pendrel & Plowright(1981)はセイヨウオオマルハナバチの1つのコロニーで，個々の幼虫当たりの給餌頻度は1時間当たり1〜3回，したがって1日に24〜72回ぐらい給餌されることを示している。そして *B. terricola* の1つのコロニーでは，1時間で0〜8回（平均3.2回，n=10）という例を示しているので，1日で約77回給餌されることになる。さらにセイヨウオオマルハナバチの女王幼虫で，発育後期のもっとも給餌頻度が高い段階で，24時間に各幼虫が受ける給餌回数は61〜115（平均

82.3)回となっている(Ribeiro et al., 1999の図2から算出した)。これらの数値は筆者がクロマルハナバチやオオマルハナバチのコロニーで観察した経験から，ほぼ一般的な給餌頻度であると思われる。これに対して，Hannan et al.(1998)はクロマルハナバチで，給餌頻度がもっとも高くなる老齢幼虫の場合，1日に1個体の幼虫が260～540回も給餌されると書いている。幼虫が給餌される頻度はコロニーの各種条件や幼虫の齢期などによって，かなり大きく変異するものと思われる。

第8章
幼虫の発育

　1つの巣室内で数個体の幼虫を集団育児するという，マルハナバチ類独特の育児習性は，ある程度巣室作製の省力化をもたらしていると思われる。しかしその反面，集団内の幼虫間で，受け取る食物量に大きな差が生じるため，幼虫の発育はきわめて変異が大きくなる。ときには食物不足による発育不良のため，極端に矮小化した個体が生産されることもある。しかしマルハナバチ類の幼虫は，このように不安定な給餌条件下でも，それに柔軟に対応して発育できる能力をもっている。ここではマルハナバチ類幼虫の発育特性を中心にして，発育期の死亡率と育児数の調節機構などの問題について記述した。

8.1. 幼虫の発育の一般的な特徴

　マルハナバチ類ではカラー写真10のように，1つの巣室内に数個の卵がまとめて産下され，幼虫はふ化後も同一巣室内で数個体が集団で育てられる。このため同一個体について継続的に発育量を測定することはきわめて困難である。しかも巣室のワックス壁は完全に閉じられていて，人為的に穴を開けて内部を調べようとしても，働きバチが集まってすぐに穴を閉じてしまう。もしワックス壁を大きく開いて幼虫を露出させると，働きバチはその幼虫を巣室から取りだして放棄してしまう。このためマルハナバチ類の発育に関する従来の報告は，ときどき巣室に小孔を開けて内部を観察し，合わせて巣室の形態や色彩の変化を継続観察したものや，各発育ステージの期間などを取り扱ったものが主であった (Sladen, 1912；Brian, 1951；Free & Butler, 1959；Katayama, 1966；Alford, 1975など)。これらをまとめると一般的な発育経過はつぎのとおりである。マルハナバチ類の各発育ステージについてはカラー写真82〜89に示したので，それを参照しながら読んでほしい。

　マルハナバチ類の卵はカラー写真82のように，白色半透明でソーセージ型である。尾端が頭端よりわずかに太く，長さは小型種で約2.5 mmから大型の種で約4 mmで，幅は1 mm前後である。大型種ではやや細長くて長さは幅の約3倍であるが，ユーラシアマルハナバチ亜属の種では短くてやや幅が太く，長さは幅の2.5倍以下である(Sladen, 1912)。B. griseocollis では長さ3.2 mmで，幅は1.2 mmである(Stephen & Koontz, 1973)。筆者が測定した結果では，トラマルハナバチの卵が3.3×0.9 mm (49卵平均)で重量は1.7 mg (34卵平均)で，ミヤママルハナバチの卵は2.8×1.0 mm (6卵平均)であった(片山，未発表)。B. atratus でも卵の重量は平均1.7〜2.2 mgである(Sakagami et al., 1967)。産卵後2日で卵殻内にはいったまま，第1齢幼虫となる。1齢幼虫は24〜48時間そのまま卵内に留まり，ほとんど発育しない。そして卵の液体を吸収するほかは何も摂食しない(Stephen & Koontz, 1973)。

　卵は4〜5日でふ化し，幼虫は卵の頭端の卵殻を破って出現する。ふ化した第2齢幼虫はふ化直後はウジムシ状であるが，発育を始めるとカラー写真83のように頭部と尾端が接するぐらいに腹面を内側にして，丸く丸まった形になる。その後はカラー写真87のように，蛹化直前まで発育全期間を通じ，このような丸まった体位を維持する。幼虫は頭部と13体節(胸部3節，腹部10節)をもっている。体表は無毛でなめらかで，第2〜3胸節と第1〜8腹節に気門がある。幼虫の口器は大半柔らかい肉片状の小突起で，大顎は3齢幼虫まではややとがっていて，ほとんど歯は見られない。5齢幼虫では大顎は淡褐色で硬化して明瞭な2歯状になり，亜端歯もよく発達している(Stephen & Koontz, 1973)。幼虫の体色は幼虫が摂取した食物が消化管内に蓄積され，その色によって黄白色や橙黄色などに見える(カラー写真83〜85)。そして共通のワックス壁で包まれた1つ

の巣室内でカラー写真83～84のように集団で育てられる。幼虫は5齢になると絹糸を吐いて各自の周囲に薄くて粗い網を張りめぐらせ，各幼虫は分離する(カラー写真85)。幼虫は正確にいえば卵内の1齢幼虫を含めて，5齢を経過するが(Stephen & Koontz, 1973)，ふ化後は4齢を経過し(Cumber, 1949b；van den Toorn & Pereboom, 1996)，ふ化後約7～10日で営繭を完了する(カラー写真86)。

営繭の初期には繭の形はまだ上下に扁平な球形であるが，営繭活動が進むにつれて繭の形は徐々に縦長になり，やがて鶏卵を立てたような楕円体の繭が完成する(カラー写真86)。そして幼虫は繭のなかでほぼ垂直に立ち上がったような体位になる。Free & Butler(1959)によると営繭完了後に幼虫の後腸は外部に開口し，それまで消化管内に蓄積されていた糞が排出されるという。Alford(1975)も幼虫が脱糞を始めるのは，5齢幼虫期の終わり近くになってからだと述べている。しかし B. rufocinctus では幼虫の脱糞開始はもっと早くて，5齢になってから平均41.3時間後には排泄が始まった(Plowright & Jay, 1977)。筆者もクロマルハナバチやオオマルハナバチで，幼虫がまだ繭をつくらずにワックス壁に包まれて急速に発育している時期から，少しずつ脱糞しているのを観察している(片山，未発表)。

幼虫の発育にともなう巣室の形態や色彩の変化については，ポケット・メーカーでは Katayama(1966)や Sakagami et al.(1967)の報告があり，ノンポケット・メーカーでは Katayama(1973, 1975)が記録している。幼虫の発育にともなう巣室の変化を特定の巣室で毎日追跡した結果は，カラー写真69～81のとおりである。ふ化直後の幼虫室は卵室と同じ形であるが，通常ふ化後3～4日経つと内部の各幼虫の位置が，ワックス壁の外側へ丸い膨らみとなって見えるようになる(カラー写真71～72)。この時期から幼虫の急速な発育によって，ワックス壁が徐々に引き伸ばされて薄くなるため，巣室の色彩はしだいに淡色になる。この時期になってもポケット・メーカーのトラマルハナバチでは，1つの幼虫室内の幼虫はコンパクトにまとまっている。しかしオオマルハナバチ亜属のクロマルハナバチやオオマルハナバチでは，この時期に巣内温度が上昇してワックス壁が柔らかくなると，内部の幼虫の活発な運動によって，ワックス壁が破れてしまう場合がある(カラー写真74)。裂け目が大きくて働きバチによる修繕が間に合わず，巣室から幼虫がこぼれだす場合もある。いわゆる「幼虫のバースト」である(カラー写真58～59)。

こうしてふ化5，6日経つと幼虫室内の各幼虫の位置は確定し，幼虫室表面の丸い膨らみは急速に拡大して，クロマルハナバチやオオマルハナバチでは各幼虫がはいっている小部屋がしだいに分離する(カラー写真76～78)。そしてふ化後6～7日目から各小部屋のワックス壁には，直径2.5～4 mmぐらいの給餌孔がいつも開いているので，そこから幼虫の体の一部が白く見える(カラー写真76～79)。これに対して，同じノンポケット・メーカーでもコマルハナバチでは，幼虫が大きくなっても巣室はコンパクトな塊になっていて(カラー写真52)，ワックス壁表面の給餌孔はいつも閉じられている(カラー写真52～53)。またポケット・メーカーのトラマルハナバチでも，コマルハナバチと同様に幼虫が大きくなっても，各幼虫が完全に分離することはなく，最後までひと塊になっている(カラー写真134)。

このようにマルハナバチ類の巣室は，内部の幼虫の発育に従ってつねに拡大され，形も日々変化する。そのため多数の発達中の巣室を含む巣では，毎日巣室マップを作成しないと，わずか2日間ぐらいでもはや各巣室を正確に特定できなくなる場合がある。ポケット・メーカーでは巣室は花粉ポケットのついている方向へ拡大する傾向が見られる(Weyrauch, 1934；Sakagami et al., 1967)。ノンポケット・メーカーでも隣接した巣室間では互いに競合を避けるように，周辺部に向かって拡大する傾向が見られる。また，オオマルハナバチ亜属の種では巣室の結合が比較的ルーズなため，老熟幼虫期には周辺の幼虫が分離したり，隣接巣室と融合して境界が不明瞭になる場合がある。

マルハナバチ類のコロニーを初めて観察したとき誰でも驚かされることは，カラー写真111～112のように1つのコロニーのなかに，さまざまな大きさの働きバチがいることである(Sladen, 1912；Free & Butler, 1959；Alford, 1975など)。Sladen はイエバエよりも小さい働きバチがときどき見られ，特にユーラシアマルハナバチ亜属の巣でそのような矮小個体が見られると書いている。働きバチ間のサイズ差については，季節の進行，コロニーの発達段階，コロ

ニーの規模，巣内での幼虫の位置および，巣室内での幼虫の位置などさまざまな観点から考察されている(Sakagami, 1976)。しかしこのような働きバチ間のサイズ差が生じるのは，1つの巣室で数個体をまとめて育てるという，マルハナバチ類独特の育児習性に起因するものであろうという考えが一般に支持されている(Sladen, 1912；Cumber, 1949a；Free & Butler, 1959；Alford, 1975 など)。集団育児では各幼虫が受け取る食物の量は，巣室内でのそれぞれの幼虫の位置によって差が生じる。巣室中央付近の有利な位置を占めてより多くの食物を獲得できた個体は，順調に発育して大型になる。しかし巣室下側方の不利な位置に押し込められた個体は，少量の食物しか受け取ることができず，発育不良で小型になる。Cumber(1949a)はポケット・メーカーの *B. pascuorum* で，花粉ポケットから詰め込まれる花粉蜜塊の形とそれを摂食する幼虫の位置によって，食物獲得量に差が生じる点についてつぎのように書いている。

花粉蜜塊は上面が扁平な円錐体の形あるいはマッシュルーム型で，つねに中心部は周辺部よりも厚くなっている。各幼虫はこのマッシュルームの表面に位置して，下の花粉蜜塊を摂食する。幼虫は5齢になると隣接する幼虫とのあいだに薄い絹糸の隔壁を紡ぐことによって，各幼虫の位置が固定される。この時期は幼虫が最大発育をする前の時期であり，その後マッシュルームの中心部の幼虫は多くの食物を摂取し，急速に発育してまわりの幼虫を花粉蜜塊の周辺部へと押しのける。周辺部の幼虫は発育期の後半になると中心部よりも早く花粉蜜塊がなくなり，食物獲得を拒否される。

Cumber(1949a)はこのような給餌法のためにポケット・メーカーの方がノンポケット・メーカーよりも働きバチ間のサイズ差が顕著になると述べている。そしてこの考えは Free & Butler(1959)や Alford(1975)はじめほかの研究者にも一般に受け入れられてきた。これに対して，Sakagami et al.(1967)はポケット・メーカーの *B. atratus* で，幼虫のサイズ差はすでに中齢幼虫期に顕著になってしまうので，幼虫の営繭開始後の各幼虫の位置によって差が生じるのではないと述べている。また，Plowright & Jay(1968)はポケット・メーカーの *B. fervidus* と *B. borealis* のコロニーで，実験的に給餌バチに花粉ポケットによる給餌を不可能にし，吐きもどし給餌だけで育児をさせても，やはり相当なサイズ差のある成虫が生産されたと述べている。さらに Pomeroy (1979)は *B. ruderatus* の営繭中の幼虫を含んでいる巣室で，周囲の幼虫の下になっていて花粉蜜塊に直接接している個体が，同室他個体よりもきわめて小さかった例を報告している。これらの結果はポケット・メーカーで，単に花粉蜜塊に対する各幼虫の位置によって発育が左右されるのではなく，生理的な機構やほかの要因によって発育が調節されていることを示している。

Cumber(1949a)はさらにノンポケット・メーカーでも働きバチ間にサイズ差が見られることについて，つぎのように述べている。同一巣室内の全幼虫のふ化にはある程度時間的な差が生じ，そのため1つの巣室には通常2つの異なった齢期の幼虫が共存している。発育前半期の幼虫はきわめて活発で動きやすく，しかも各幼虫の位置がまだ固定されていないため，有利な給餌場所を求めて競争が生じる。この集団による競争的な食物摂取が最終的なサイズ差を容易にしていることは疑いない。Plowright & Jay (1977)によると，*B. rufocinctus* でも幼虫は食物不足の条件下ではきわめて活発に活動し，終齢より1つ前の齢期の幼虫で実験した結果，3時間でガラス管内を2cmも登ってしまうという。

マルハナバチ類における働きバチ間のサイズ差について Cumber(1949a)は，①内的な差，②集団による競争的な食物摂取，③異なった齢期の個体の共存という3つの要因が関連することによって生じるとまとめている。いずれにしても，マルハナバチ類では，活発な運動性をもった発育期前半の幼虫が集団的に給餌されるため，幼虫の食物摂取量が不均等になり，これがサイズ差の一因になっていることは，まちがいないと思われる。また，多数の幼虫を含む巣室では他個体の下になった幼虫は，給餌バチから受け取る食物量が必然的に少なくなり，これがサイズ差をさらに拡大させる原因になっていると考えられる。

8.2. 各ステージの発育期間

マルハナバチ類の発育に関する研究のうち比較的多いのは，各ステージの発育期間に関するものである。筆者の未発表のデータも含めて主なものを表18

～19に示した。まず，ポケット・メーカーの卵期間は表18のように，ミナミマルハナバチ亜属のB. atratus を除いて4～5日で，平均的には4.5日ぐらいである。ユーラシアマルハナバチ亜属の B. pascuorum とホンシュウハイイロマルハナバチでは平均5.1～5.4日で，やや長くなっている。これに対して B. atratus の卵期間は6日で，明らかに他種よりも長い (Sakagami et al., 1967)。一方短い例では，ナガマルハナバチの卵期間が4日になっているが，実際には4日かからずに幼虫がふ化しているようである。本種の産卵時刻とふ化時刻を正確に確認できた1例では，8月10日の21時26～32分に産下された卵が，8月14日の8時43分にはすでにふ化していた。したがって，正確な卵期間は3日と11時間あまりである。おそらく本種の正確な卵期間は，85～90時間なのであろう。

ノンポケット・メーカーの卵期間は表19のように，Melanobombus 亜属とコマルハナバチ亜属では4～5日で，平均して4.5日前後である。B. lapidarius やヒメマルハナバチではかなり短くて，ほぼ4日である。オオマルハナバチ亜属ではこれよりも長くて5～6日である。

マルハナバチ類の卵は幼虫室よりも厚くてしっかりしたワックス製の巣室壁で保護され，しかも幼虫のように食物獲得量の差による発育期間の変動も生じない。したがって，上記のような卵期間の差は，ある程度種間差によるものと考えられる。

つぎに幼虫期間をみると，ポケット・メーカーとノンポケット・メーカーのどちらも，卵期間に比べて変異の幅が大きい。例えば，B. pascuorum の1947年の幼虫期間は，平均値に対して±30％以上の変異が見られる(表18)。そしてこのような傾向は表18～19のようにほかの種でも共通に見られるので，幼虫期間の変異が大きいということは，マルハナバチ類に一般的な特徴であると思われる (Katayama, 1973, 1975; Alford, 1975; Sutcliffe & Plowright, 1990など)。Sutcliffe & Plowright (1990) によると，幼虫期間はもっとも変異しやすいので，全発育期間の変異は主に幼虫期間の相違によってもたらされるという。

性またはカストによる幼虫期間の差をみると，ホンシュウハイイロマルハナバチを除いて，働きバチ幼虫がもっとも短く，女王幼虫がもっとも長い。そしてオス幼虫は両者の中間になっている。ホンシュウハイイロマルハナバチで働きバチの幼虫期間が長くなった原因は，つぎのように推察される。このコ

表18 ポケット・メーカーマルハナバチ類の発育期間。数値は日数で( )内は平均値

種名 観察年など	性または カスト	卵期	幼虫期	蛹期	全発育期間	報告者
B. pennsylvanicus	W*	4.5	8～18	6～9	21～30	Frison(1930b)
	Q*2	4.5	13	10～14	29～35	
	♂	4.5	12	7～10	約25	
B. atratus	W	6	12～13	8～12	約28	Sakagami et al.(1967)
B. pascuorum 1947年	―	4～6(5.1)	10～19(14.4)	10～18(12.5)	32.0	Brian(1951)
1948年	―	4～7(5.3)	7～15(14.0)	10～20(14.8)	34.1	
ホンシュウハイイロマ	W	5～6(5.3)	12～15(13.4)	7～9(8.3)	26～28(27.0)	片山(未発表)
ルハナバチ(DM-10),	Q	5～6(5.2)	8～14(11.4)	8～11(10.2)	24～29(26.8)	
1995年	♂	5～6(5.4)	6～14(9.9)	7～11(8.7)	20～28(23.5)	
ミヤママルハナバチ(Ho-	W	4～5(4.6)	9～12(9.9)	9～11(9.5)	22～26(23.7)	片山(未発表)
6), 1980年	♂	4～5(4.6)	10～16(12.6)	10～11(10.6)	25～32(27.8)	
トラマルハナバチ B巣	―	4～5	7～9	10～12(主に10～11)	22～24	Katayama(1966)
C巣	―	4～8(主に4～6)	6～9(主に6～8)	10～12(主に10～11)	20～25(主に22～24)	
ウスリーマルハナバチ	W	4～5(4.1)	7～9(7.6)	9～12(9.9)	21～22(21.5)	片山(未発表)
(Us-1), 1979年	♂	4～5(4.4)	8～11(9.9)	9～12(10.3)	24～25(24.5)	
(Us-8), 1995年	W	4～5(4.0)	6～8(7.0)	9～11(9.9)	20～22(20.9)	
	♂	4～5(4.1)	8～13(10.2)	10～12(10.8)	22～28(25.0)	
ナガマルハナバチ	W	4	7～9(8.3)	9～11(10.1)	21～24(22.6)	片山(未発表)
(CW-3), 1981年	♂	4	7～9(8.5)	10～15(11.5)	22～28(24.0)	

* W：働きバチ， *2 Q：女王

第8章 幼虫の発育

表19 ノンポケット・メーカーマルハナバチ類の発育期間。数値は日数で( )内は平均値

種　名 観察年など	性または カスト	卵　期	幼虫期	蛹　期	全発育期間	発表者
B. lapidarius	—	4	7	11	22～23	Sladen(1912)
B. bimaculatus	W*	4日と少し	11～13	5～8	20～25	Frison(1928)
	Q*²	4日と少し	13～17	13～17	25～33	
	♂	4日と少し	10～13	10～12	21～26	
B. vagans	W	4.5	14～19	6～8	19～22	Frison(1930a)
コマルハナバチ	W	5.0	8～10(9.6)	8～9(8.4)	22～24(23.0)	片山(未発表)
(AA～17), 1980年	Q	4～5(4.9)	7～13(9.9)	9～13(11.5)	24～30(26.3)	
	♂	4～5(4.8)	7～10(8.1)	8～10(9.4)	21～24(22.2)	
ヒメマルハナバチ (BB～2), 1979年	♂	4～5(4.1)	6～10(7.0)	9～10(9.2)	19～24(20.2)	片山(未発表)
クロマルハナバチ	W	5～6 (5.3)	主に11～16 (12.2)	10～15 (主に10～12)	28～36 (主に28～31)	Katayama(1973)
(Ig～14), 1979年	W	5～6(5.2)	9～12(7.6)	10～13(11.6)	25～30(27.3)	片山(未発表)
	Q	4～5(4.9)	8～12(10.1)	12～15(14.4)	27～31(29.4)	
	♂	4～5(4.8)	7～10(8.5)	11～13(12.0)	23～27(25.3)	
オオマルハナバチ	W	5	主に9～11(9.7)	主に9～10(9.6)	主に23～25(24.3)	Katayama(1975)
	Q	5	(13.3)	13～14(13.1)	30～32(31.4)	
	♂	5	(12.1)	11～12(11.2)	28～30(28.3)	

* W：働きバチ, *² Q：女王

　ロニーはすでに成熟期に達していて，働きバチは女王やオスとの混合バッチとして生産された個体であった。混合バッチのメス幼虫では，給餌条件に恵まれて発育が順調な個体は，大型化して女王になり，発育の遅れた個体が小型の働きバチになる傾向がある。このため働きバチの幼虫期間が長くなったと考えられる。働きバチの幼虫期間が女王幼虫よりも短いという傾向は，Frison(1928)，Plowright & Jay (1968)，Katayama(1975)，Plowright & Pendrel (1977)，Sutcliffe & Plowright(1990)なども認めている。

　働きバチとオスの幼虫期間の差については，働きバチと女王の幼虫期間の差ほど明確な傾向は見られない。表18～19で，働きバチの方がオスよりも幼虫期間が短い例は，ポケット・メーカーではミヤマルハナバチ，ウスリーマルハナバチ，ナガマルハナバチで，ノンポケット・メーカーではクロマルハナバチ，オオマルハナバチなどである。反対に，働きバチの方がオスよりも幼虫期間の長い例は，ポケット・メーカーではホンシュウハイイロマルハナバチで，ノンポケット・メーカーではコマルハナバチである。ノンポケット・メーカーの *B. bimaculatus* では，働きバチとオスの幼虫期間はほぼ同じになっている。全般にオスの方が働きバチよりも幼虫期間がやや長い傾向が見られるが，これはマルハナバチ類のコロニーにおけるオスの生産時期と関係があるのかも知れない。オスはコロニー発達の後期に生産されるため，しだいに給餌条件が悪くなり，幼虫の発育が遅くなる。このため全体として，オスの幼虫期間が長くなるのではないかと考えられる。

　幼虫期間は上記のように変異の幅が大きいため，種間差はあまり明瞭ではない。しかしポケット・メーカーでは，ミナミマルハナバチ亜属の *B. pennsylvanicus* と *B. atratus* およびユーラシアマルハナバチ亜属の *B. pascuorum*，ホンシュウハイイロマルハナバチ，ミヤマルハナバチの幼虫期間が，トラマルハナバチ亜属のトラマルハナバチとウスリーマルハナバチおよびナガマルハナバチ亜属のナガマルハナバチの幼虫期間よりも全般に長い傾向が見られる(表18)。一方ノンポケット・メーカーでは，*B. lapidarius* とヒメマルハナバチの幼虫期間は他種に比べてかなり短いようである(表19)。

　蛹期間はポケット・メーカーの *B. pascuorum* を除けば，幼虫期間よりも変異の幅は小さいが，卵期間と比較するとかなり変異の幅が大きい。*B. pascuorum* の蛹期間は幼虫期間以上に変異の幅が大きいが，このような傾向は他種では見られない。なぜ本種の蛹期間は変異が大きいのかについて，Brian

(1951)は特に言及していない。マルハナバチ類の蛹は繭で保護され，巣温が下がるとカラー写真93〜94のように働きバチによってすぐに保温されるので，幼虫よりも温・湿度などの外的条件の影響は少ないと思われる。また，給餌条件による発育の差という，幼虫期間の変異を大きくしている要因も，蛹の時期にはみられない。したがって，蛹期間は幼虫期間よりも一般に変異が小さく，安定している傾向がある(Katayama, 1973)。

性またはカストによる蛹期間の差は，幼虫期間のそれよりも明瞭である。表18〜19のようにポケット・メーカー，ノンポケット・メーカーともすべての種で，働きバチの蛹期間がもっとも短く，女王のそれがもっとも長くて，オスの蛹期間は両者の中間である。Katayama(1975)はオオマルハナバチで，Sutcliffe & Plowright(1990)は *B. terricola* で同様の傾向を記録している。一般に蛹期間は体サイズ(成虫になったときのサイズ)と関連している。Röseler & Röseler(1974)はアカマルハナバチで蛹期間とその蛹から羽化した働きバチ成虫のサイズとのあいだに，正の相関があることを報告している。しかし，Brian(1951)は *B. pascuorum* で，蛹期間と成虫サイズとのあいだには相関関係は見られなかったと述べている。蛹期間はポケット・メーカーとノンポケット・メーカーのどちらでも，あまり種間差は見られず，働きバチの蛹で全般に10日前後である。

最後に全発育期間は幼虫期間と蛹期間の両方の変異の影響により，どの種でもかなり変異の幅が大きくなっている。また，カスト間差も明瞭である。変異の幅が大きいため，種間差は一般にあまり明瞭ではない。発育期間が短い種は，ポケット・メーカーではトラマルハナバチ，ウスリーマルハナバチ，ナガマルハナバチなどで，ノンポケット・メーカーでは *B. lapidarius* およびコマルハナバチ亜属の種である(表18〜19)。

マルハナバチ類の発育期間の一般的な特徴を最後にまとめると，つぎのとおりである。

(1)発育期間はきわめて変異が大きく，この変異は一部は種間差によるが，同一種内でもしばしば大きな変異が見られる。変異の幅は平均値の±30%以上に達することも稀ではない。

(2)発育期間はカストや性によっても異なり，女王は働きバチよりも発育期間が長く，オスのそれは一般に両者の中間である。

発育期間の変異が生じる原因として，一般に不順天候，コロニーの飼育温度の差，働きバチによる保温活動の差などが，各ステージの期間に影響を及ぼしている。また，幼虫に対する食物供給量の差は幼虫期間に大きく影響している(Sladen, 1912；Free & Butler, 1959；Alford, 1975；Plowright & Pendrel, 1977；Sutcliffe & Plowright, 1990など)。

8.3. 幼虫に対する給餌量と発育

幼虫の日齢と体重増加の一般的な傾向を示すため，*B. atratus* の働きバチ幼虫の成長曲線を図33に示した。図では営繭のための絹糸生産開始や脱糞終了，蛹化など幼虫の発育にともなう主な変化もわかるようにした。卵期間(産卵後6日まで)には重量の増加はなく，2.0 mg前後で経過する。幼虫のふ化1日目にはほとんど体重増加は見られないが，2日目(産卵後8日目)には平均で6.5 mgになる。ふ化3日目には前日よりも2倍以上増加して，14.4 mgになり，4日目にも28.1 mgと体重はほぼ2倍増加する。このようにふ化3日目から6日目までは毎日2倍前後体重が増加し，ふ化6日目(産卵後12日目)にはほぼ120 mgに達する。ふ化7日目には絹糸生産が開始されるので，幼虫はすでに終齢になっている。Plowright & Jay(1977)によると，幼虫は脱皮して

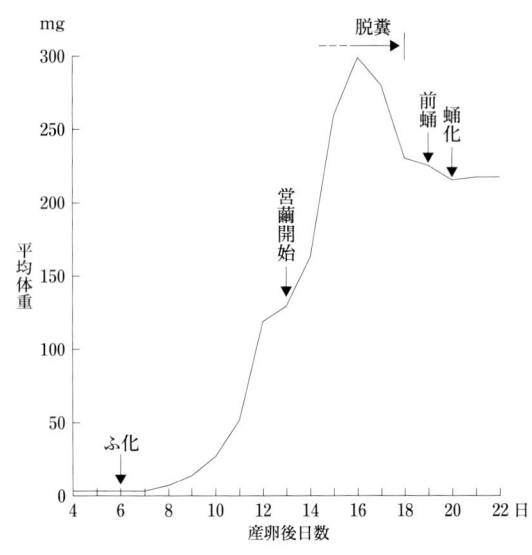

図33 *B. atratus* の働きバチ幼虫の成長曲線(Sakagami et al., 1967の第4表から作図)

終齢になるとすぐに絹糸生産が可能になるが、十分な生産能力をもつようになるのは、ある程度体重が増加してからだという。おそらく図33の場合、幼虫は産卵後12日目には終齢になったと考えられる。したがって、幼虫はふ化後6日間で3回の脱皮をしたことになる。

図のように終齢になってから幼虫の体重は2.5倍も増加して、ふ化10日目(産卵後16日目)に最高体重に達し、その後急に減少する。これは幼虫の消化管に蓄積されていた多量の糞が、図のようにこの時点で排出されるためである。体重は約80 mg(最高体重の約27%)ぐらい減少して幼虫は蛹になり、その後体重はほぼ安定する。

Sakagami et al.(1967)によると、B. atratus で同一巣室内の幼虫間のサイズ差は、若齢幼虫(産卵後10日以前の幼虫)では少ないが、中齢幼虫(産卵後10〜15日の幼虫)では顕著になるという。上記のように、本種の幼虫は産卵後12日目には終齢になると考えられるので、産卵後10〜12日の幼虫はたぶん終齢より1つ手前の4齢幼虫であると推測される。おそらくふ化直後の2齢幼虫とつぎの3齢幼虫の時期には、巣室内での各幼虫の位置はまだ決まらず、集団給餌が行なわれるのだろう。そして4齢幼虫になると各幼虫の位置が確定し、個別給餌になるため、幼虫間のサイズ差が顕著になるのだろうと考えられる。

幼虫の発育経過と営繭活動や脱糞などの関係は、ワックス壁に包まれた幼虫の観察ではよくわからない。このため Plowright & Jay(1977)は、B. rufocinctus の幼虫を巣室外で人工飼育して観察した。その結果脱糞行動は幼虫のサイズにあまり関係なく、幼虫が終齢に脱皮して平均約41時間後から始まるという。その後脱糞は前蛹状態になるまで継続される。幼虫の糞は乾燥した小粒状で、幼虫はこれを巣室壁の側面や底面に付着させるようにして排出する。

営繭活動は脱糞よりも早く、終齢幼虫への脱皮後数時間で始められる。その後絹糸生産率は、幼虫の体重が約165 mgの時点で、最大になるまで上昇し、その後吐糸率はほぼ横ばいになる。幼虫は摂食と発育を続けながら、ワックス壁の内面に絹糸を吐いて営繭活動を行なう。営繭初期の繭の形は上下に扁平な球形で、内部の幼虫は頭部を水平方向に向けている。営繭中、幼虫は頭部の方向に回転しながら吐糸活動をするので、絹糸層は幼虫がはいっている小部屋の赤道面周辺にもっとも厚く堆積される。その結果水平に丸まっている幼虫の背面周囲に徐々に絹糸のベルトが形成される。しかし扁平な球体の上面では絹糸層が薄いので、給餌バチはその部分の絹糸を押し分けて給餌孔を開き、幼虫に給餌する。絹糸のベルトが徐々に厚くなると、やがて幼虫の背面を圧迫するようになり、そのままの体位では幼虫の発育は不可能になる。このため幼虫は体位を90°転換し、頭部を上にして立ち上がったような状態になる。その結果自分の背面で給餌孔を塞いでしまい、給餌も行なわれなくなる。幼虫は上面の頭部周辺に絹糸を堆積し、やがて垂直に立ったような形の繭が完成する。

つぎに幼虫に対する給餌頻度と幼虫の発育に関する Plowright & Jay(1977)の興味深い解析試験を紹介したい。彼らは幼虫室から取りだした B. rufocinctus の幼虫を花粉、蜜および水の混合液を人工給餌することで、成虫まで完全に飼育するのに成功した。随時給餌から4時間に1回まで、給餌頻度をかえて飼育した結果、随時給餌されたメス幼虫は急速に発育して、最高体重が650 mg前後に達し、自然巣の女王幼虫と同じサイズになった。これに対して、1時間に1回以下の低頻度で給餌されたメス幼虫は、ゆっくりと発育した。しかし低頻度で給餌された幼虫は、発育はきわめて遅かったが、最終的には随時給餌された幼虫とほぼ同じ体重になった。終齢幼虫は十分な絹糸生産能力をもつようになると、給餌とつぎの給餌のあいだの時間をほとんどすべて営繭活動に消費する。そのため、給餌頻度が低い幼虫ほど絹糸生産量が多くなり、繭が早く完成される。つまり、給餌頻度と絹糸生産とのあいだには、逆の関係が見られる。したがって低頻度で給餌されている幼虫の営繭活動を妨害せずに、比較的狭い空間で飼育すると、空間の容量いっぱいに発育した幼虫は体位を90°転換し、立ち上がった形の繭を完成させる。

この結果から、Plowright & Jay(1977)はマルハナバチ類におけるサイズ決定と給餌頻度との関係について、つぎのような仮説を示している。

メス幼虫は頻繁に給餌されると、営繭するのに十分な時間がなく、しかも生産された絹糸は幼虫の急速な発育によって、周辺部へ押しのけられる。そのため幼虫の発育は、最大サイズに達するまで制限されず、女王となる。一方、給餌頻度が低い幼虫は、

営繭するための時間がより多くなり，その結果多量の絹糸のベルトが幼虫の背面の周囲に堆積される。幼虫の発育は絹糸のベルトに圧迫されて不可能になるので，幼虫は体位を90°転換し，立ち上がった姿勢になる。その際幼虫の背面で給餌孔をブロックしてしまうので，その後の給餌は受けられず，幼虫はサイズが小さいまま蛹になり，働きバチとなる。

マルハナバチ類の幼虫発育と給餌量との関係で，もう1つ重要な特徴がある。マルハナバチ類の自然巣では，台風来襲など不良天候のために，コロニーがある期間食糧不足になる事態がしばしば起こる。このような場合，発育中の幼虫はどうなるのだろうか。Plowright & Pendrel(1977)は B. terricola のコロニーを3日間飢餓状態にして，その後の幼虫発育を調査した。その結果幼虫の発育は一時的に中断したが，その後もとの食物供給量が確保されると，再びもとの発育率を回復した。この結果から，彼らはマルハナバチ類の幼虫は，一定期間の食物欠乏によって，発育率を生理的な最大値より低く抑えられても，食物供給量が再び豊富になれば，最大発育率を回復する能力を有していると考えた。

このようにマルハナバチ類の幼虫は，きわめて不安定な給餌条件にもかかわらず，それに柔軟に対応して発育することができる。このような能力が，1つの巣室で数個体の幼虫を集団育児するという，マルハナバチ類に独特の育児習性を可能にしたのであろう。

食物摂取と幼虫の発育に関する項目の最後に，花粉摂取と幼虫の発育との関係が幼虫の性やカストによって，どのように異なるかという点をとりあげたい。Ribeiro et al.(1993)とRibeiro(1994)はセイヨウオオマルハナバチで，働きバチ，オスおよび女王の各幼虫の発育と花粉摂取量との関係について解析した。働きバチの幼虫は体重と花粉摂取量がオス幼虫と女王幼虫に比べて，明らかに早く増加した。しかし，働きバチ幼虫の最終最大体重と総花粉摂取量は，どちらもオス幼虫と女王幼虫より少なかった。体重で比較すると，働きバチ幼虫に比べてオス幼虫は2倍，女王幼虫は6倍も重かったが，花粉量ではオス幼虫は1.5倍，女王幼虫は2.5倍であった。したがって，女王幼虫は花粉の相対量で，働きバチ幼虫より少ない量ではるかに大きなサイズに発育することができる。また，体重に対する花粉重量の比率は，働きバチ幼虫(平均26%)とオス幼虫(25%)に比べて，女王幼虫(10%)の方がきわめて低かった。すなわち，女王幼虫は働きバチ幼虫やオス幼虫よりも体重当たり少ししか花粉を摂取していない。女王幼虫の体重は主として脂肪の量に依存しているので，女王幼虫のサイズが巨大化するためには，多量の脂肪を生産しなければならない。

これらの点から，Ribeiro(1994)はつぎの2つの仮説を立てている。①女王幼虫の代謝作用は，働きバチ幼虫やオス幼虫と異なっていて，より効率的に脂肪を生産できる。②女王幼虫は，働きバチ幼虫やオス幼虫とは異なった食物を受け取っている。Katayama(1975)はオオマルハナバチで，女王幼虫は働きバチ幼虫やオス幼虫と同じ食物を受け取っているだろうと述べている。また，筆者がクロマルハナバチで観察した結果でも，女王幼虫とほかの幼虫を区別して給餌することは見られなかった(片山，未発表)。したがって，食物の質的な差よりも女王幼虫の生理的機構の差の方が重要なのではないかと考えられる。

8.4. 発育期の死亡率と育児数の調節

マルハナバチ類のコロニーでは，女王によって産下された卵から，どれくらいの成虫が養育されるのだろうか。逆にいえば，発育期間中の死亡率は，どの程度なのだろうか。この問題については，Brian(1951)の古いデータ以外に，あまり具体的な記録は見られない。Brian(1951)によると，B. pascuorum の1947年と1948年の2つのコロニーにおける各発育ステージ別の死亡率は表20のとおりである。A，B 2つのコロニーとも，女王の産んだ卵のほぼ2/3が死亡したことになる。Brianによると2つのコロニーで，働きバチによる食卵行動は見られなかったという。表20のように卵期と幼虫期の死亡率が高くなっているが，この死亡は主として卵の末期〜若齢幼虫期(幼虫ふ化期)に発生したという。この結果から彼女は，このような高い死亡率は同一巣室内の若齢幼虫によって，未ふ化卵やほかの幼虫が共食いされたためだろうとしている。しかし，Alford(1975)は実験室でセイヨウオオマルハナバチ，B. lucorum，B. pratorum および B. pascuorum の卵群や幼虫群を飢餓状態そのほかの条件で飼育して調

表20 B. pascuorum の2つのコロニーにおける各発育ステージ別の死亡率(Brian, 1951 より)

観察年と コロニー	各ステージ別死亡率(%) 卵期	幼虫期	蛹期	全死亡率(%)
1947年(A)	35	26	8	69
1948年(B)	23	28	13	64

べたが，共食いを起こさせることはできなかった。したがって，Brianの共食いによる死亡説は，今後さらに詳しく検討する必要があるとしている。Sakagami et al.(1967)は B. atratus のコロニーで詳しく調査したが，Brianのような高い死亡率は決して見られなかったと述べている。

筆者らは，本州産マルハナバチ類5種の自然巣を採集して，巣の構造や繭数などを調査してきた(Ochiai & Katayama, 1982；Katayama et al., 1990, 1993, 1996；片山・高見澤, 2004)。そのなかから総繭数に対する死亡繭率のデータを抽出して，表21に示した。5種のマルハナバチ類における平均死亡率は0.6～8.8%で，これはBrianのB. pascuorumでの蛹期の死亡率より，全般に低くなっている。しかし個別のコロニーについては，トラマルハナバチ，ホンシュウハイイロマルハナバチおよびオオマルハナバチで，Brianの蛹期死亡率の結果より高い例が見られた。種別の死亡率を比較すると，トラマルハナバチとオオマルハナバチでは，他種よりも高かったが，両種とも死亡率はコロニー間で差が大きかった。トラマルハナバチの死亡率が高かった原因は，ミカドアリバチ *Mutilla mikado* Cameron の寄生を受けたためで，ミカドアリバチによる死亡率が35.4%に達したコロニーもあった(Katayama et al., 1996)。マルハナバチ類の病原体や各種天敵についての報告はあるが(Alford, 1975；Macfarlane et al., 1995 など)，自然巣でのそれら天敵による死亡率がどの程度なのか，具体的な記録はあまり見られない。

幼虫が順調に発育するためには，食物採集と幼虫への給餌や巣室の拡大と修繕など，幼虫の養育に必要な働きバチの数が，コロニーのなかでつねに確保されていなければならない。マルハナバチ類のコロニーでは，働きバチが適正に養育できる育児数を，どのようにして調節しているのだろうか。働きバチ数に対して女王の産卵率が高すぎれば，幼虫は食物不足のため発育不良や餓死する結果となる。それでは，女王はどのように産卵数を調節しているのだろうか。Brian(1951)は B. pascuorum で，各繭塊の上につくられる卵室内の卵数は，その繭塊に含まれる繭数(蛹数)に比例していることを見出した。Brian(1965)は，この結果からマルハナバチ類の産卵数は，巣のなかに存在する蛹数によって調節されていると考えた。この関係はマルハナバチ類における産卵数の調節機構を都合よく説明しているように思われる。というのは，下の繭から羽化する働きバチの数が，卵からふ化する幼虫を養育するのに適した数になることを保証しているからである。Free & Butler (1959)，Michener(1974)やAlford(1975)なども，Brian(1951)の結果を引用して，上記の考え方を支持している。これに対して，Pomeroy(1979)は B. pascuorum と B. ruderatus で，女王は土台の巣室における蛹数との関係で産卵数を調節しているのではなく，単に大きな繭塊上には，より多くの卵室をつくれるスペースがあるということにすぎないと書いている。

Cumber(1949a)は育児数の調節に関する別の仮説を発表した。彼はマルハナバチ類のコロニーにおける女王生産開始の機構を解明するため，コロニー内の幼虫数とそれを養育する働きバチ数との関係(幼虫/働きバチ比)を調べてみた。その結果，女王が生産される前に，幼虫/働きバチ比は減少して1.0に

表21 本州産マルハナバチ類5種の自然巣における総繭数に対する死亡繭率(%)

種 名	調査巣数	調査総繭数	死亡繭数	平均死亡率	コロニー別の最小～最大死亡率
ミヤママルハナバチ	6	1077	12	1.1	0.0～2.1
ホンシュウハイイロマルハナバチ	8	1370	24	1.8	0.0～14.7
ウスリーマルハナバチ	6	2746	17	0.6	0.0～1.3
トラマルハナバチ	15	6726	594	8.8	0.0～54.0
オオマルハナバチ	7	2029	97	4.8	0.0～14.7

接近するか，それ以下になった。そこでこの幼虫/働きバチ比の減少が，女王による産卵率の調節によってもたらされるのかについて調査した。女王の産卵数調査の結果，女王は成虫にまで養育される数より2倍も多い卵を産んでいた。したがって幼虫/働きバチ比の減少は，女王の産卵数の調節によるのではないことがわかった。これらの結果からCumberは，マルハナバチ類の女王は生涯の大部分に，かなり余分の卵を産下するが，それらは働きバチによって破壊され，コロニー内の幼虫/働きバチ比が調節されているのだろうと考えた。そして彼は働きバチによる卵の破壊（食卵行動）が，日中の観察ではあまり見られなかったので，巣内のハチ数が最高になる夜間に，主として食卵行動が起こるのだろうと書いている。

Katayama(1989)はトラマルハナバチの越冬後女王で，繭，幼虫および働きバチなどを完全に排除して，産卵を継続させることに成功した。その結果，図34のように，産卵数は繭数や働きバチ数に関係なく，時期が経つにつれて，しだいに増加し，最盛期には1日当たり12個以上産卵した。この傾向は繭塊，幼虫室および働きバチなどを含む，正常なコロニーにおける女王の産卵消長（図25B）に類似していた。また1卵室当たりの産卵数も，季節が進むにつれてしだいに増加し，その後は9〜12卵でほぼ横ばい状態になった。このように，1室当たり卵数は季節の進行にともなって増加するので，当然1つの繭塊に含まれる繭数も，しだいに増加することになる。これらの結果から，巣内の繭数による産卵数の調節というBrian(1965)の仮説は，あまり妥当性がないように思われる。上記の結果は女王の産卵率が，巣内の繭，幼虫および働きバチの数などに関係なく，女王の体内における卵細胞の発達リズムに大きく影響されていることを示している。もちろん，これは食物供給や巣内温度などが，良好に保たれている場合に限られる。

育児数の調節が女王による産卵数の調節でもなく，働きバチによる食卵の結果でもないとすれば，何によって行なわれているのであろうか。Katayama(1989)は育児数調節の1つの重要な機構として，働きバチによる幼虫の除去をあげている。彼は具体的なデータは示していないが，巣室内の幼虫数が適正養育数を上まわる場合，働きバチがふ化後2〜3日目の若い幼虫を巣室から除去して，育児数を調節していると書いている。

筆者が巣室からの幼虫除去について観察した，本州産マルハナバチ類のうち，ポケット・メーカーのウスリーマルハナバチと，ノンポケット・メーカーのコマルハナバチの例を表22〜23に示した。ウスリーマルハナバチでは，ふ化後2〜4日目の若い幼虫が，1つの巣室から4〜9個体除去された（表22）。発育が進んで，巣室内での各幼虫の位置が確定した終齢幼虫は，除去されることはなかった。また表22のように，幼虫の性と幼虫除去とは，あまり関

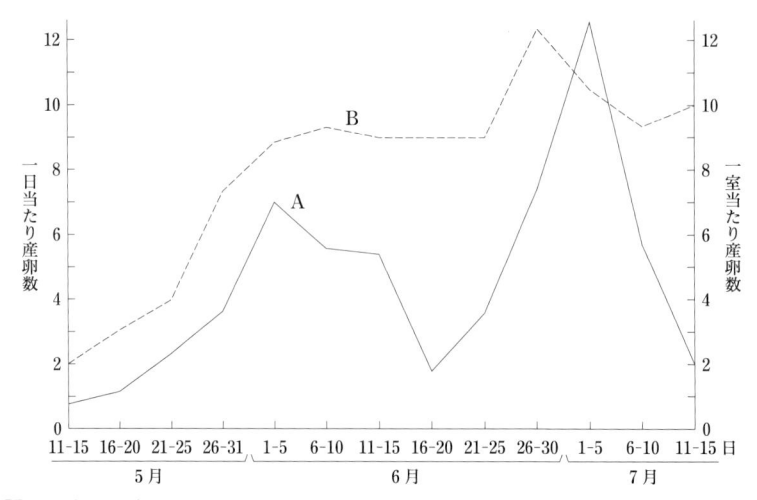

図34 繭，幼虫および働きバチを完全に排除して飼育したトラマルハナバチ女王の産卵消長（Katayama, 1989から作図）。A：1日当たり産卵数，B：1卵室当たり産卵数

表22 ウスリーマルハナバチのコロニー(Us-1巣)での働きバチによる幼虫の除去数

巣室コード	産卵数	営繭数	性または*カスト	幼虫除去数	幼虫除去の経過
37	16	11	♀(W)	5	ふ化後2日目に5幼虫除去
38	16	7	♀(W)	9	ふ化後2〜4日目に9幼虫除去
41	17	12	♀(W)	5	ふ化後2日目に4幼虫，さらに4日目に1幼虫除去
47	14	10	♂	4	ふ化後2日目に3幼虫，さらに4日目に1幼虫除去

* W：働きバチ

表23 コマルハナバチのコロニー(AA-17巣)での働きバチによる幼虫除去数

巣室コード	産卵数	営繭数	性または*カスト	幼虫除去数	幼虫除去の経過
8	8	6	♀(Q)	2	ふ化後4日目までに2幼虫除去
9, 10	8, 6	14	♀(Q)	0	
11, 12	8, 7	9	♂	6	ふ化後3〜4日目に6幼虫除去
13, 14	8, 3	4	♂	7	ふ化後4日目までに7幼虫除去
15	10	3	♂	7	ふ化後2〜3日目に7幼虫除去
16, 17, 18	9, 8, 7	8	♂	16	ふ化後2〜3日目に16幼虫除去
19, 20, 21	12, 8, 5	11	♀(Q), ♂	14	ふ化後2〜4日目に14幼虫除去

* Q：女王

係がないようである。コマルハナバチでも表23のように，ふ化後2〜4日目の若い幼虫が除去されたが，発育の進んだ終齢幼虫の除去は見られなかった。本種の女王はカラー写真11〜15のように，1か所に複数の卵室を結合してつくるため，幼虫のふ化後各巣室は融合して，1つの大きな幼虫室になる。このため1つの幼虫室から，多数の幼虫が除去される結果となった。本種でも幼虫の性と幼虫除去とのあいだに，あまり関係はないようである。表22〜23で，産卵数と営繭数から死亡率を求めると，ウスリーマルハナバチでは36.5%，コマルハナバチでは48.6%となる。これはBrian(1951)の全死亡率の結果(表20)よりは低いが，成虫にまで養育される数の2倍も多い産卵が行なわれているという，Cumber(1949a)の結果に近い数値である。

このように飼育条件下のコロニーでは，働きバチによるふ化直後幼虫の除去がしばしば観察された。除去される幼虫は外見上健全な生きた個体で，特に寄生虫や病気におかされた個体だけが選ばれるということは見られない。巣室から取りだされた幼虫は飼育条件下では，巣口部にセットした金網のところに放棄されている場合が多かったが，稀には巣箱の隅に押しつけられている個体もあった。Pomeroy(1979)も B. ruderatus で，働きバチが規則的に幼虫を巣から排除するのを観察し，排除された幼虫の割合はコロニーの総幼虫数の16〜36%に達したことを認めている。また，Miyamoto(1957a, b, 1960)はコマルハナバチとトラマルハナバチの自然巣で，働きバチによる幼虫の巣外放棄を記録している。したがって，過剰な幼虫を若齢期のうちに除去することで，育児数を調節するという行動は，たぶんマルハナバチ類に一般的なものであると思われる。ただし，このように頻繁な幼虫の除去が，自然のコロニーでもつねに見られるというわけではない。例えば，ウスリーマルハナバチとコマルハナバチの，自然巣における各巣室当たりの繭数(バッチサイズ)をみると(片山，1964；Katayama et al., 1990)，表22〜23の産卵数とほぼ同じになっている。したがって，環境条件

に恵まれて順調に発達している野外のコロニーでは，　大部分が順調に養育されるのであろう。
幼虫の除去はあまり行なわれず，女王の産んだ卵の

第9章
働きバチのサイズ差と分業

　社会性のハナバチ類で，1つのコロニーにおける働きバチ間に，10倍ものサイズ差が見られるのはマルハナバチ類だけである。しかもこのサイズ差は種によって，または亜属などのグループ間で差が見られるし，1つのコロニーでも季節の進行にともなって，平均サイズが変化することが知られている。このように同一コロニーできわめて異なるサイズの働きバチをもつことは，マルハナバチ類のコロニーにとって，どのような利益をもたらしているのだろうか。おそらく働きバチのサイズに基づく分業において，それぞれのサイズに適した行動を示すことで，コロニー全体として多様な環境条件に適応しているのであろう。ここでは働きバチのサイズ差の特徴とサイズ差による分業について解説し，働きバチのサイズに基づいた分業の生態的意味について記述した。

9.1. 働きバチのサイズ差の種間差およびグループ間差

　働きバチのサイズ差とマルハナバチ類の育児習性との関係については，8.1.で解説した。ここでは働きバチのサイズ差が種によってどのように異なるのか，さらに亜属間およびポケット・メーカーとノンポケット・メーカー間のような，より大きなグループ間でどう違うのかについてとりあげる。

　多くの社会性ハチ類では，女王と働きバチ間のサイズ差は明瞭だが，働きバチ間ではあまりサイズ差が見られず，比較的斉一である。これに対して，マルハナバチ類では働きバチのサイズ差がきわめて大きく，同一コロニーの働きバチ間で，極端な矮小個体から女王と区別がつかないくらいの大型個体まで，連続的に変異する例が知られている。例えばGoulson (2003)によると，セイヨウオオマルハナバチの働きバチの体重は，0.05～0.40 gまで，8倍も変異したという。さらに，筆者がウスリーマルハナバチで，働きバチ数の多い1つのコロニー(Us-3巣，Katayama et al., 1990)の303個体の働きバチを乾燥標本にして体重を測定した結果，最小個体は8 mg，最大個体は96 mgで，12倍もの差があった(片山，未発表)。

　このような働きバチのサイズ差には，種間差やグループ間差があるという多くの報告があるので，一覧表に整理して示した(表24)。この表では働きバチ間のサイズ差が顕著で，女王のサイズとほぼ連続している場合をサイズ差大とし，ある程度サイズ差は見られるが，働きバチサイズに上限があり，女王のサイズよりも明瞭に小さい場合をサイズ差小とした。なお，このほかにも種名を明記せずに，ポケット・メーカーでは働きバチのサイズ差が大きいとか，ユーラシアマルハナバチ亜属ではサイズ差が顕著であるという報告がいくつかあるが，それらは省略した。

　表24からポケット・メーカーでは，一般に働きバチのサイズ差が大きい種が多く，ノンポケット・メーカーでは働きバチ間のサイズ変異が大きい種は，比較的少ないという傾向が見られる。この傾向は今までにも多くの研究者によって報告されてきた(Cumber, 1949a；Free & Butler, 1959；Michener, 1974；Alford, 1975；Sakagami, 1976 など)。しかし働きバチのサイズ変異の傾向は，ポケット・メーカーでも亜属間あるいは種間で差が見られる。例えば，トラマルハナバチはポケット・メーカーであるが，表のように働きバチのサイズには上限があり，女王のサイズとは不連続の傾向がある(Sakagami & Katayama, 1977)。さらに，同じトラマルハナバチ亜属のウスリーマルハナバチでも，図35のように働きバチと女王のサイズ分布は，顕著な二山型になっている。このデータは働きバチ数の多い1つのコロニー(Us-3巣)の働きバチのうち，頭部が変形していない全個体と，もう1つのコロニー(Us-5巣，Katayama et

第II部 営巣習性の解説編

表24 マルハナバチ類の働きバチにおけるサイズ変異の種間差およびグループ間差

育児様式 による区分	亜属名	働きバチ間サイズ差大で、 女王サイズとほぼ連続	働きバチ間サイズ差比較的小で、 女王サイズと不連続
ポケット・メーカー	トラマルハナバチ亜属		トラマルハナバチ[1]
	ミナミマルハナバチ亜属	*B. californicus*[2], *B. fervidus*[2,4], *B. morio*[5], *B. pennsylvanicus*[6]	*B. medius*[3]
	ナガマルハナバチ亜属	*B. consobrinus*[7], *B. hortorum*[7]	
	Subterraneobombus	*B. borealis*[4]	*B. appositus*[8], *B. borealis*[8], *B. distinguendus*[7], *B. subterraneus*[7]
	ユーラシアマルハナバチ亜属	シュレンクマルハナバチ[1], ハイイロマルハナバチ[1], ニセハイイロマルハナバチ[1], *B. humilis*[7,9], *B. muscorum*[7], *B. pascuorum*[7,9], *B. ruderarius*[7], *B. sylvarum*[7,9], *B. veteranus*[7]	
ノンポケット・メーカー	*Alpigenobombus*		*B. wurflenii*[7]
	ホッキョクマルハナバチ亜属		*B. alpinus*[7], *B. arcticus*[7], *B. balteatus*[7], *B. hyperboreus*[7]
	Bombias	*B. nevadensis*[4,10]	
	オオマルハナバチ亜属		オオマルハナバチ[1], *B. affinis*[11], *B. lucorum*[7,12], *B. magnus*[7,12], *B. sporadicus*[7], セイヨウオオマルハナバチ[7,12,13,14], *B. terricola*[4,11]
	Cullumanobombus		*B. rufocinctus*[4,15]
	Kallobombus		*B. soroeensis*[7]
	Melanobombus		*B. lapidarius*[7,12]
	コマルハナバチ亜属	*B. bimaculatus*[11,16], アカマルハナバチ[13,14], *B. perplexus*[4]	アカマルハナバチ[7], *B. cingulatus*[7], *B. impatiens*[11], *B. jonellus*[7], *B. laponicus*[7], *B. pratorum*[7], *B. ternarius*[4]

肩つき番号はつぎの文献番号を示す：[1]Sakagami & Katayama (1977), [2]Hobbs (1966a), [3]Michener & LaBerge (1954), [4]Plowright & Jay (1968), [5]Sakagami (1976), [6]Frison (1930b), [7]Loken (1973), [8]Hobbs (1966b), [9]Cumber (1949a), [10]Hobbs (1965a), [11]Plath (1934), [12]Alford (1975), [13]Röseler (1970), [14]Röseler & Röseler (1974), [15]Hobbs (1965a), [16]Frison (1928)

al., 1990)の新女王の乾燥標本を測定した結果である（片山，未発表）。働きバチの頭部の幅は最大でも4.2 mmであるが，女王では4.9 mm以上である。ポケット・メーカーでトラマルハナバチ亜属と同様に，働きバチと女王のサイズが不連続の種を多く含むのは，*Subterraneobombus*亜属である。この亜属は旧北区と新北区の両方に分布する種を含んでいるが，どちらの種でも働きバチと女王のサイズは不連続である(Hobbs, 1966b；Loken, 1973)。Hobbs (1966b)は*B. appositus*と*B. borealis*の両種とも，働きバチのサイズ差は小さくて，最大級の働きバチでも平均的サイズの女王より顕著に小型であると述べている。しかしこの亜属の*B. borealis*では，働きバチのサイズ差が大きく，女王のサイズとほぼ連続するという報告もある(Plowright & Jay, 1968)。

働きバチ間のサイズ差が大きいことがよく知られている典型的なグループは，ユーラシアマルハナバチ亜属である。この亜属では，大型の働きバチと女王をサイズだけではほとんど区別できない例が知られている。筆者がホンシュウハイイロマルハナバチ

第9章 働きバチのサイズ差と分業

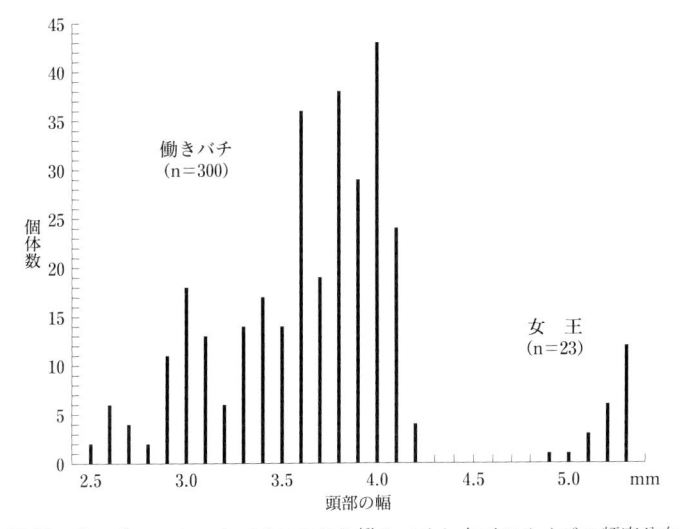

図35 ウスリーマルハナバチにおける働きバチと女王のサイズの頻度分布

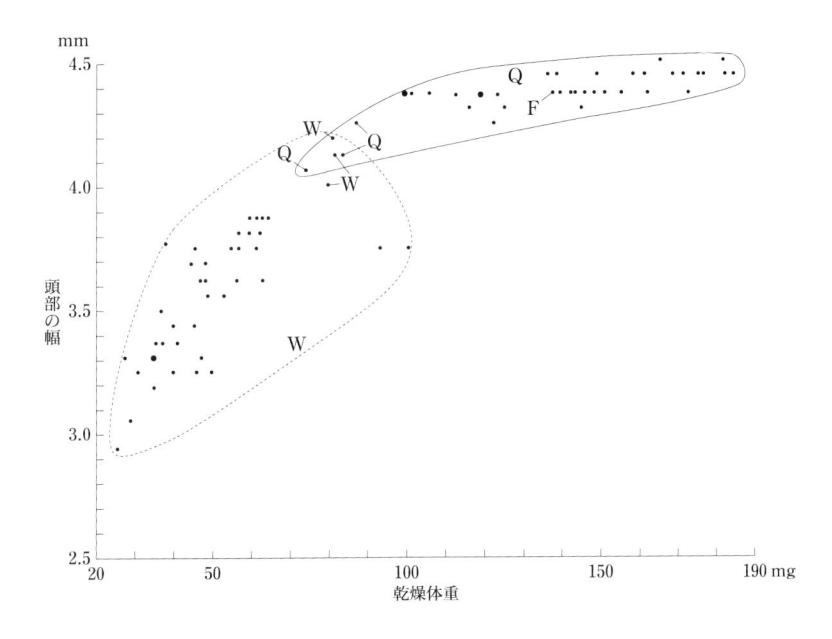

図36 ホンシュウハイイロマルハナバチの1つのコロニーにおける全個体(オスを除く)のサイズ分布。
W：働きバチ，Q：新女王，F：母女王

の1つのコロニー(DM-4巣, Katayama et al., 1993)で，オスを除くすべての個体のサイズ測定をした結果を，図36に示した。このように，大型の働きバチと小型の女王のサイズは重複しているため，サイズだけでは両者の区別はきわめて困難である。ナガマルハナバチ亜属でも，ユーラシアマルハナバチ亜属と同様に，働きバチと女王のサイズがほぼ連続している。

ミナミマルハナバチ亜属の多くの種では，働きバチと女王のサイズがほぼ連続しているが，一部の種では働きバチのサイズに上限があり，女王のサイズと不連続であるという(Michener & LaBerge, 1954)。この亜属は多数の，しかも生態的に多様な種を含む大きなグループなので，働きバチのサイズ差にも種間差があると考えられる。

つぎにノンポケット・メーカーでは，一般に働き

バチのサイズに上限があり，女王のサイズと不連続であるといわれているが，Bombias 亜属では働きバチのサイズ差が大きく，女王のサイズとほぼ連続しているという (Hobbs, 1965a；Plowright & Jay, 1968)。本亜属の B. nevadensis では，幼虫は1室1個体ずつ完全に個別的に養育されるので (Hobbs, 1965a)，ほかのマルハナバチ類のような共存者との食物獲得競争は起こらないはずである。それにもかかわらず，働きバチのサイズ変異が大きいということは注目すべき点である。

コマルハナバチ亜属でも，表24のようにアカマルハナバチ，B. bimaculatus，および B. perplexus の3種では，働きバチのサイズ差が大きく，女王のサイズとほぼ連続しているという。これに対して本亜属の B. impatiens では，オオマルハナバチ亜属の B. affinis や B. terricola と同様に，働きバチのサイズは比較的斉一で，女王と明白に区別できるという (Plath, 1934)。また B. ternarius でも，働きバチと女王のサイズ差が顕著で，メス成虫のサイズ分布は明瞭な二山型を示すという (Plowright & Jay, 1968)。このようにコマルハナバチ亜属では，働きバチのサイズ変異に種間差が知られている。

一方，オオマルハナバチ亜属はグループ全体として，働きバチのサイズ差が比較的小さく，働きバチと女王のサイズが明白に区別される点で特にめだっている。Sakagami (1976) もこの点を強調し，Sakagami & Katayama (1977) は働きバチと女王のサイズ差が大きい点を本亜属の特徴の1つにあげている。

最後にまとめとして，つぎの点があげられる。一般に，働きバチのサイズ差が大きいグループの典型として，ポケット・メーカーのユーラシアマルハナバチ亜属が，その対極としてノンポケット・メーカーのオオマルハナバチ亜属があげられる。たしかにこの組み合わせは誤りではないが，このことからただちにポケット・メーカーでは働きバチのサイズ差が大きく，ノンポケット・メーカーでは働きバチのサイズ変異が比較的小さい，と結論づけることは危険である。「ポケット・メーカー」対「ノンポケット・メーカー」という比較ではなく，それぞれのグループに含まれている亜属や種ごとに比較する必要がある。特にミナミマルハナバチ亜属やコマルハナバチ亜属のように，多数のしかも分類学的にも多様な種を含む大きなグループについては，亜属内での種間差について十分検討する必要がある。

9.2. 季節の進行やコロニーの発達にともなう働きバチのサイズ変化

マルハナバチ類のコロニーでは初期の働きバチは一般に小型であるが，時期が経つにつれてしだいに大型の働きバチが生産される。そのため従来から多くの研究者によって，1つのコロニーにおける働きバチのサイズは，季節の進行やコロニーの発達にともなって漸増傾向が見られる，と報告されてきた (Sladen, 1912；Frison, 1927a, 1928, 1930b；Plath, 1934；Hobbs, 1965a, 1966a など)。これを具体的データによって最初に明らかにしたのが Richards (1946) である。彼は B. pascuorum のコロニーのすべての働きバチを体毛の状態によって，老齢個体，中間の個体および若齢個体に区分し，サイズを測定した。その結果若い個体ほど大型であるという傾向が見られたので，コロニーの発達にともない，働きバチのサイズは漸増傾向を示すと考えた。

一方，Cumber (1949a) は Richards と同じ B. pascuorum で，5月から9月まで多くの自然巣を採集して，メス成虫および蛹のサイズ測定をした。その結果メス個体の平均サイズは，5月中旬の最初の働きバチの出現期から8月中旬までは，わずかに減少し，その後突然増加して女王生産の開始となった。この結果から彼は，季節の進行にともなう働きバチサイズの漸増傾向は見られないと結論づけた。さらに彼はノンポケット・メーカーの B. lucorum でも，同様の調査を行なったが，働きバチサイズの季節的増加傾向は認められなかった。

このように同一種での調査でも，研究者によって相反する結果が示されたので，その後もこの問題について，いくつかの研究が行なわれてきた。しかし研究者により，また調査された種によって，それぞれ異なった結果が報告されているので，一覧表にまとめて表25に示した。表のようにポケット・メーカーとノンポケット・メーカーのあいだで，あまり明白な差は見られない。またそれぞれのグループ内でも，一定の傾向は見られないようである。9.1.で述べたように，ポケット・メーカーではノンポケット・メーカーよりも，一般に働きバチのサイズ変異が大きいので，働きバチサイズの季節的増加傾

表25 マルハナバチ類における働きバチのサイズと季節の進行またはコロニーの発達段階との関係

育児様式による区分	亜属名	漸進的増加傾向の見られる種	漸増傾向が特に見られない種
ポケット・メーカー	ミナミマルハナバチ亜属	B. californicus[1], B. fervidus[1,3], B. pennsylvanicus[4]	B. fervidus[2]
	Subterraneobombus	B. borealis[5]	
	ユーラシアマルハナバチ亜属	B. pascuorum[6]	B. pascuorum[7,8]
ノンポケット・メーカー	Bombias	B. nevadensis[3,5,9]	
	オオマルハナバチ亜属		B. lucorum[7], B. terricola[5]
	Cullumanobombus		B. rufocinctus[10]
	コマルハナバチ亜属	B. bimaculatus[11], B. perplexus[5]	B. ternarius[5]
	Separatobombus	B. griseocollis[3]	

肩つき番号はつぎの文献番号を示す：[1]Hobbs (1966a), [2]Medler (1965), [3]Knee & Medler (1965), [4]Frison (1930b), [5]Plowright & Jay (1968), [6]Richards (1946), [7]Cumber (1949a), [8]Brian (1951), [9]Hobbs (1965a), [10]Hobbs (1965b), [11]Frison (1928).

向は，より明白になると予想される。また，ノンポケット・メーカーでは，働きバチのサイズ差が比較的小さく，ある程度サイズの上限があるので，働きバチサイズの季節的増加傾向は，初期を除いて不明瞭になるだろう。たしかに表25で，ノンポケット・メーカーのオオマルハナバチ亜属やCullumanobombus亜属では，これがあてはまるが，ポケット・メーカーのユーラシアマルハナバチ亜属では，漸増傾向が特に見られないという報告があるので(Cumber, 1949a；Brian, 1951)，上記の予想に反している。しかし表25で漸増傾向が見られるグループに含まれている種は，すべて働きバチのサイズ差が大きい種であり(表24)，漸増傾向が見られないグループにあげられている種は，B. fervidusとB. pascuorumを除けば，表24のようにすべて働きバチのサイズ差が小さい種である。したがって，この点では上記の予想のとおりになっている。

Cumber(1949a)は異なった時期に，いくつかの自然巣を調査して比較しているので，調査時期による差だけでなく，コロニー間差が大きく影響していると考えられる。というのは，マルハナバチ類では同一種でもコロニーによって，働きバチ数，幼虫/働きバチ比，食物貯蔵量などの各種コロニー条件が，きわめて大きく変異するからである。これらのコロニー条件は，そのコロニーで生産される働きバチのサイズに，大きく影響していると考えられる。したがって，同一のコロニーで営巣初期から継続して働きバチのサイズ測定を行なえば，コロニーの発達にともなう働きバチのサイズ変化の傾向を，より明瞭に把握できると思われる。

自然巣の調査の場合，巣の下底部の古い巣室から順次巣室の配置に従って，すべての繭のサイズを測定すれば，コロニー発達にともなう成虫サイズの変化を推定することができる。筆者らがこのようにして調査したデータから，オオマルハナバチとミヤママルハナバチの例を図37に示した。オオマルハナバチの1つのコロニーでは(HH-8巣，片山・高見澤, 2004)，第1～18番までの巣室は繭の平均サイズが7.1 mmから10.5 mmまで徐々に増大し，その後突然急増して13～14 mmになった。これは女王の繭が生産されたためである。ミヤママルハナバチの1つのコロニーでも(Ho-3巣，Ochiai & Katayama, 1982)，第1～19番巣室まで繭の平均サイズは，5.5 mmから8.7 mmまで徐々に増加し，その後急増して11.5 mm前後の女王繭が生産された。このような自然巣での全繭のサイズ測定によって，B. perplexusでもコロニーの発達にともなう漸増傾向が見られたという(Plowright & Jay, 1968)。また，Sakagami & Katayama(1977)も自然巣での繭のサイズ測定のデータを示している。一部のコロニー(ハイイロマルハナバチおよびエゾトラマルハナバチ)では，繭の平均サイズはコロニーの発達にともなって増大する傾向が見られたが，ほかのコロニー(シュレンクマルハナバチとエゾオオマルハナバチ)では，そのような

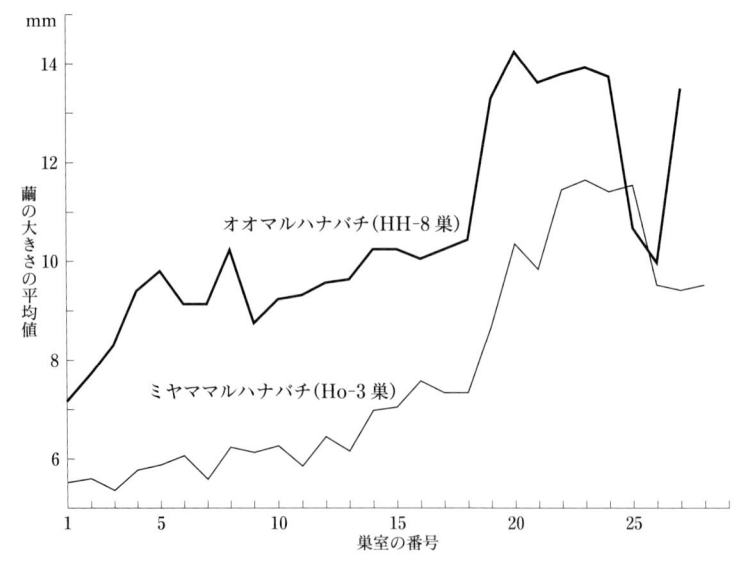

図37 オオマルハナバチとミヤマルハナバチの自然巣における繭の大きさ(最大幅)のコロニー発達にともなう変化(Ochiai & Katayama, 1982 および片山・高見澤, 2004 から作図)。巣室番号は巣の下底部のもっとも古い巣室から順につけてある。

傾向は不明瞭であった。

このように結果が異なる原因として，Sakagami & Katayama (1977) は各種の環境条件およびコロニー条件，特に食物貯蔵量，幼虫/働きバチ比，働きバチ数などが重要なのではないかと考えている。これに対して，Medler (1965) は *B. fervidus* でコロニーの働きバチの平均サイズとそのコロニーで生産された総働きバチ数とのあいだには何ら関係がなかったと報告している。一方，Cumber (1949a) は季節の進行にともなう漸増傾向が見られないのは，季節が進むにつれて小型個体の数が多くなるためだろうと述べている。Knee & Medler (1965) も，小型の巣内バチの方が長生きであるという Brian (1952) の結果に基づいて，成熟期のコロニーでは長生きしている小型の巣内バチの数が多くなるため，働きバチサイズの漸増傾向をある程度マスクしてしまうのだろうと考えている。

9.3. コロニーにおける分業

社会性のハナバチ類ではミツバチやハリナシバチのように，働きバチの日齢に基づいた分業がよく知られている。これに対してマルハナバチ類では，一般に小型の働きバチは巣に留まって育児や巣の建築など各種の巣内活動を行ない，大型個体は野外で花粉や蜜などの食物を採集する外役活動を行なうという，働きバチのサイズに基づいた分業が以前から報告されてきた。

ここではマルハナバチ類のコロニーにおける分業とはどのようなものなのか，また働きバチのサイズ差による分業はどのような生態的意味をもつのかなどについてとりあげる。

9.3.1. 分業の一般的特徴

ミツバチやハリナシバチでは女王は産卵だけで，育児，巣づくり，食物採集などすべての仕事は働きバチが行ない，オスはコロニーのための仕事をまったく行なわない。一方マルハナバチ類では，女王は単独営巣期には当然巣づくり，産卵，食物採集，育児などすべての仕事を行なうが，働きバチの出現後も第6章で述べたように，産卵だけでなく卵室づくりをつねに自分で行なう。さらに女王は幼虫に対する給餌，幼虫室壁の修繕，保温行動などを行なう (Brian, 1952)。特に若齢幼虫に対する給餌行動は，コロニーが発達してからも継続して行なわれる。

母女王だけでなく，新女王もコロニーのために花粉や蜜などの食物採集を行なうことが，しばしば観察されている。コマルハナバチ亜属の *B. vosnesenskii* では，新女王が食物採集以外にもコロニーのために，つぎのような活動を行なうことが観察されて

第9章 働きバチのサイズ差と分業

いる。すなわち，幼虫室と卵室の修繕，保温行動，花粉壺の花粉押し固め，旋風行動，防御行動，ワックスの覆いの作製，営巣材料を巣のまわりに引き寄せる行動などである(Allen et al., 1978)。筆者も同じコマルハナバチ亜属のコマルハナバチで，1つのコロニーのすべての新女王に個体標識をして，彼らの行動を追跡調査した。その結果，生産された新女王のうち一部の個体(14%)は，羽化後長期間もとのコロニーに留まり，働きバチとまったく同じようにすべてのコロニー維持活動を行なった。しかし残りの大部分の新女王は，羽化後数日間もとのコロニーに留まって，十分食物を摂取するとすぐに巣から飛び去った。彼らは巣に留まっているあいだも，コロニー維持活動にはまったく従事することがなかった(Katayama, 1988)。マルハナバチ類では新女王が各種コロニー維持活動を行なうということが，多くの研究者によって報告されてきた(Frison, 1928；Plath, 1934；Free & Butler, 1959；Cumber, 1963；Alford, 1975；Sakagami, 1976；Allen et al., 1978 など)。しかしすべての新女王が，そのようなコロニー維持活動に従事するのかどうかは，その当時まだ明らかではなかった。このように一部の特定個体が，本質的には働きバチと同様のコロニー維持活動を行なうので，Katayama(1988)はこれらの個体を「workerlike queen」と呼んでいる。このworkerlike queenと春に野外で採集された越冬後女王は，図38のようにサイズや外部形態では，まったく差が見られない。どのようなコロニー条件によって，この「働きバチ的女王」が生じるのかは明らかではない。Cumber (1963)はセイヨウオオマルハナバチで，新女王は羽化直後につぎのような条件が満たされない場合に，働きバチ的な行動を起こすのだろうと示唆している：①巣内に蜜が十分に貯蔵されていること，②オスが豊富に発生している時期に羽化すること。一方 Röseler(1976)によると，アカマルハナバチとセイヨウオオマルハナバチで，若い女王に幼若ホルモン(JH)処理をすると，母巣に留まって働きバチと同様に，各種コロニー維持活動に従事するようになるという。

マルハナバチ類のオスは一般にコロニー維持活動は行なわず，羽化後十分食物を摂取するとすぐに巣を飛び去ると考えられている。Allen et al.(1978)も *B. vosnesenskii* で，オスが各種コロニー維持活動に参加することは見られなかったと述べている。しかし *B. griseocollis* のオスは，通常羽化後2〜3日間繭を抱いて，蛹を保温する行動が見られる。保温中のオスの姿勢はメスの保温行動時の姿勢とまったく同じで，オスに保温された蛹の体温は，無保温の蛹よりも4〜6°C高くなる。したがってこの行動は蛹を保温する上で，ある程度重要な意味をもってい

図38 コマルハナバチのworkerlike queen(上段)と春に野外で採集された越冬後女王(下段)。サイズや外部形態だけではまったく両者を区別できない。

るという(Cameron, 1985)。

　ミツバチにおける分業では、巣内活動から外役活動への転換が一般に明瞭である。しかしマルハナバチ類の働きバチにおける分業では、最初は巣内で、後に巣外労働という転換傾向は見られるが、ミツバチのように顕著ではない。羽化後4〜5日からすでに巣外活動を開始する個体もあるし、かなり長く巣内活動をしたあとで巣外活動をする個体や、一生涯ほとんど外役活動をしない個体も見られる(Brian, 1952；Free, 1955a；Sakagami & Zucchi, 1965；Garófalo, 1978b など)。

　これに対して、マルハナバチ類では働きバチの体サイズに基づいた分業がよく知られている。多くの研究者によって、マルハナバチ類では一般に小型の働きバチは巣内活動をし、大型個体は外役活動に従事する傾向があると報告されてきた(Meidell, 1934；Richards, 1946；Cumber, 1949a；Brian, 1952；Michener & LaBerge, 1954；Free, 1955a；Sakagami & Zucchi, 1965；Garófalo, 1978b；Goulson et al., 2002 など)。しかしこの体サイズに基づいた分業は、個体別につねに固定化しているわけではない。1つのコロニーを短期間観察した場合、外役バチは大型個体で、巣内バチは一般に小型であるという傾向が見られるが、各個体の全生涯を通じて見れば、外役活動を決して行なわない働きバチは、*B. pascuorum* では稀であるという(Brian, 1952)。Free(1955a)によると、*B. pascuorum*, *B. sylvarum*, *B. pratorum* およびセイヨウオオマルハナバチのコロニーで、長期間継続観察すると、大半の働きバチは継続して外役を行なう恒常的な外役バチか、まったく外役が見られない恒常的な巣内バチかのどちらかであった。しかし残りの約1/3の働きバチは、どちらの仕事にも固定化されず、継続性がなかったという。Foster et al. (2004) も *B. bifarius* の働きバチは、巣内活動と外役活動のあいだで、はっきりと分離することはなく、いくつかの仕事のあいだで転換すると述べている。また *B. atratus* でも、一度外役活動を開始したあと、引き続き外役活動を熱心に継続する個体や、外役を止めて巣内の仕事に復帰する個体、さらにどちらの仕事にも何ら集中しない放浪的な個体など、さまざまなタイプに分けられるという(Sakagami & Zucchi, 1965)。さらに Garófalo(1978b)によれば *B. morio* で、1つのコロニーの全働きバチ459個体に標識をして、全生涯を追跡調査した結果、外役開始後消失するまで毎日外役活動を行なった外役バチが71.7%で、まったく外役活動をしなかった巣内バチは14.8%、初め外役活動をしたがその後巣に留まり、きわめて稀にしか出巣しなかった外役—巣内バチが13.5%であったという。

　このように個体別にみると、外役活動または巣内活動のどちらかに固定されない個体がかなり多く見られるのに、時間的な一断面でみると、上記のように体サイズに基づく分業があるのはなぜなのだろうか。Brian(1952)によると、大型個体は羽化後約5日で、すでに外役活動を開始するのに、小型個体は羽化後10〜15日以上経たないと外役活動を始めない。このため体サイズに基づく分業が存在するように見えるのだという。また、Free(1955a)は小型個体に比べて、大型の働きバチの方が有意に多い日数外役活動を行なうので、働きバチのサイズ差による分業が生じるのだと述べている。1つのコロニーでの分業における巣内バチと外役バチの割合は、*B. pascuorum* ではつねにほぼ一定している。外役バチはコロニー総個体数の34〜40%を占め、総個体数のほぼ2/3弱は巣に留まっている(Brian, 1952)。

　巣内バチの主要な活動は保温行動、蜜壺づくり、幼虫室壁の修繕、幼虫への給餌、営巣材料の引き寄せ行動などであるが(Brian, 1952；Free & Butler, 1959)、Cameron(1989)は *B. griseocollis* で、働きバチの行動についてさらに細かく分類している。Meidell(1934)によると *B. pascuorum* の働きバチは、羽化第1日目でも、空繭のそうじや保温行動などのコロニー維持活動にある程度従事するという。しかし *B. atratus* では、羽化当日にはたいていの働きバチはまだ巣内労働に参加せず、大半の時間巣内で静止している。羽化2日目には幼虫への給餌を除いて、ほぼすべての巣内活動を実行することができ、3日目からは完全にすべての仕事を実施するようになる(Sakagami & Zucchi, 1965)。その後の巣内バチの活動は Brian(1952)によると、働きバチの日齢の進行とそれにともなう従事労働の変化との関係には、一定の傾向は見られないという。すなわち、ある日齢の個体が特定の活動を行なうという、日齢による特殊化の傾向はあまり見られず、異なった日齢の個体が同一の労働に従事するという。*B. griseocollis* でも、ある特定の労働は特定の日齢の働きバチグルー

プに限定されず，すべての仕事がすべての日齢の働きバチによって実行される(Cameron, 1989)。

外役バチも巣内にいるときは，ある程度巣内活動に従事する(Meidell, 1934)。Brian(1952)は *B. pascuorum* で，外役バチも巣内バチによって通常行なわれるほとんどすべての仕事を実行すると書いている。しかし Sakagami & Zucchi(1965) によると，外役バチの巣内活動における継続性やその頻度などは個体間差が大きく，一般に老齢の外役バチはあまり巣内活動に従事しないという。一方 *B. griseocollis* では外役活動は外役バチの加齢にともない若い個体によって交代され，外役を止めた個体はその後巣内活動に従事する(Cameron, 1989)。働きバチが外役を開始する日齢は，個体によってきわめて変異が大きい。Meidell(1934)によると，*B. pascuorum* では羽化後3～4日目になると，一部の働きバチが外役活動を始めるという。*B. morio* ではさらに早くて，外役活動は日齢1～5日の間で開始される(Garófalo, 1978b)。筆者がコマルハナバチとトラマルハナバチで調べた結果，もっとも早かった個体はコマルハナバチではすでに羽化2日目，トラマルハナバチでは羽化3日目に外役活動を開始した(Katayama, 1996)。外役活動の開始時期は働きバチのサイズと関係があり，大型の働きバチの方が小型個体よりも早く外役を始める(Brian, 1952；Free, 1955a)。*B. atratus* では，外役開始の日齢は羽化後8～27日で，きわめて個体間差が大きいが，たいていは羽化後10～15日目で開始される(Sakagami & Zucchi, 1965)。外役開始後しだいに継続して，集中的に外役活動が行なわれるようになるが，*B. morio* では外役開始後ほぼ10日ぐらい経って，日齢11～15日で外役活動は最大になる(Garófalo, 1978b)。*B. griseocollis* でも外役活動は羽化後2週目ごろに最大になり，その後低下する(Cameron, 1989)。これに対して，トラマルハナバチでは羽化4～16日ごろに，外役活動が多くなる(Katayama, 1996)。

分業に関してもう1つ重要な点はコロニーの必要条件に対応して，働きバチは行動を調整できるかどうかということである。例えばコロニー内で急に食物が不足した場合，巣内活動に従事していた個体が，外役活動に転換するかどうかである。Brian(1952)は外役活動の開始はコロニーの必要条件とは無関係で，個体によって異なる体質的で，融通性のない性質に関係していると，否定的な見解を示している。Sakagami & Zucchi(1965)は *B. atratus* のコロニーからすべての卵，幼虫および蛹を除去しても，外役活動は特に減少しなかったし，大半の巣内活動も継続して行なわれていたと，否定的な結果を報告している。これに対して Free(1955a) と Free & Butler(1959)は，コロニーへの食物の追加または除去，コロニーから巣内バチまたは外役バチの一部を除去することおよびコロニーから幼虫を除去するなどの実験の結果，働きバチはコロニー条件の変化に対応して，ある程度調節的な行動を示したとして，肯定的な報告を行なっている。

最後にマルハナバチ類の分業の一般的な特徴をまとめるとつぎのとおりである。マルハナバチ類の分業では働きバチの羽化後の日齢によって，最初は巣内活動で，その後外役活動を行なうという労働の交代の傾向は見られるが，この傾向はミツバチやハリナシバチのように顕著ではない。また巣内労働についても，日齢の進行と従事労働の変化との関係には明白な傾向がなく，日齢による特定の労働への特殊化の傾向はあまり見られない。これに対して，マルハナバチ類では小型個体は巣内活動をし，大型個体は外役活動を行なうという働きバチの体サイズに基づいた分業が見られる。これはほかの社会性ハチ類には見られない，マルハナバチ類の分業の特徴である。しかしこれらの分業では働きバチの個体間差が大きく，それがマルハナバチ類のコロニーにおける分業をより複雑なものにしている。

9.3.2. 働きバチのサイズに基づいた分業とその生態学的意味

マルハナバチ類のコロニーでは，上記のように働きバチの体サイズに基づいた分業が，多くの種で知られている。働きバチは羽化後数日間巣内に留まり，各種巣内活動を行なうが，その後大型個体はすぐに外役活動を開始する。外役を始めた個体は一般に，その後も毎日消失するまで外役活動を継続する。しかし一部の外役バチ(特にコロニーの初期に生産された，より小型の個体)は，その後若い大型の働きバチが外役活動をするようになると，外役を止めて再び巣内活動に従事する(Garófalo, 1978b；Cameron, 1989)。小型の働きバチは大型個体がすでに外役を始めたあとも巣に留まり，引き続き巣内活動に従事するが，

その後一部の個体は外役を始める。小型個体の外役開始時期は大型個体より遅く，また個体間差が大きい。しかも小型個体の外役活動は，大型個体に比べて一貫性がなく，外役頻度も低い(Free, 1955a；Sakagami & Zucchi, 1965)。また，小型の働きバチの一部はまったく外役活動をせず，一生涯巣内活動に従事する。このように，小型個体は巣内活動に継続して従事する傾向が特に顕著である(Sakagami & Zucchi, 1965)。

それでは大型と小型の働きバチは，具体的にどのような基準で区別されているのだろうか。この大小の区別には絶対的な基準はなく，それぞれの種またはコロニー内で相対的に区別されている。例えば，Brian(1952)によると B. pascuorum で，1947年のコロニーでは体重140 mg前後，1948年のコロニーでは100 mg付近で，外役バチと巣内バチに分かれていた。しかしほぼ同じサイズでも一方は外役活動に，他方は巣内活動に従事するというように，個体によって異なった行動を示す場合があり，体サイズだけが決定的な要因ではない(Sakagami & Zucchi, 1965；Garófalo, 1978b)。

マルハナバチ類では外役活動の際に，一般に蜜と花粉の両方を採集する場合が多い。B. pascuorum では大型の個体は小型個体に比べて，蜜と同時に花粉荷の採集回数がきわめて多く，小型の外役バチは蜜だけを集める傾向が強い(Brian, 1952)。この傾向は B. pascuorum のほかに，B. sylvarum，B. pratorum，B. lucorum およびセイヨウオオマルハナバチでも確認されている(Free, 1955a)。このような傾向が生じる原因として，Brian(1952)は小型個体は大型の個体と同じ種類の花を訪れても，花粉をうまく採集できないか，または大型個体とは違った種類の植物を訪花するためだろうと考えている。Free & Butler(1959)は同じ種類の花を訪れても，小型の働きバチは大型個体より少ししか花粉を集められないのだろうと述べている。

一般に，大型の働きバチはより多くの蜜と花粉を集めることができるといわれている(Free & Butler, 1959)。Goulson et al.(2002)はセイヨウオオマルハナバチで，外役バチの花粉と蜜の両方の荷物を測定した結果，大型の個体はより重い荷物を運んでくることを確認した。さらに彼らは外役の所要時間について，蜜の採集の場合は時間と外役バチのサイズのあいだに逆相関が見られ，大型個体では時間が短く，小型の個体ではより長い時間がかかることを見出した。しかし花粉採集については，そのような関係は見られなかった。このことから彼らは大型の外役バチは，一定時間内に小型個体よりも多くの蜜をもち帰るが，花粉採集の割合は働きバチのサイズに関係がないと述べている。このほかに外役活動での大型個体と小型の個体の差について，Cumber(1949a)は大型個体は深い蜜腺をもった花を訪れ，小型個体は浅い花を訪れる傾向が見られると書いている。

つぎに働きバチのサイズ差による分業は，どのような生態学的意味をもっているのだろうか。Free & Butler(1959)は小型個体が巣内活動に従事することで，大型個体よりも巣内の複雑な通路をよりすばやく移動できるとしている。一方，大型の働きバチが外役活動をすれば，小型個体よりも多くの蜜と花粉を集めることができるし，気象条件がよくないときでも外役活動ができるためだろうと考えている。Cameron(1989)も大型の外役バチは，小型個体より効率的に外役活動をすることができるので，大型の働きバチを外役に送り出すことは，そのコロニーにとってより大きな利益になるのだろうと述べている。Goulson et al.(2002)も上記のように1回の外役活動で，大型の外役バチは小型個体よりも重い荷物(蜜と花粉)を運んでくることを確認している。さらに彼らはきわめて小型の外役バチは，ごく少量の蜜しか運んでこなくて，その量はほぼゼロに近いと述べている。

外役バチのサイズと食物採集量についてセイヨウオオマルハナバチでは，外役バチの体重に対する食物重量の割合は，平均して体重の23.1%で，この割合はハチの体重によってかわることはなかった(Goulson, 2003)。このことから大型の外役バチの方がより多くの食物を運ぶことができるといえるが，Goulson(2003)はさらに働きバチのサイズと，その働きバチの生産に要するコストとの関係も合わせて検討しなければ，これだけでなぜ外役バチは大型なのかということの説明にはならないといっている。

それでは外役活動には大型個体の方が適しているという点について，ほかにどのような説明が考えられるだろうか。Free(1955a)やGoulson et al.(2002)は大型個体の方が，より広い範囲の外役場所をカバーできるという点をあげている。しかしマルハナ

バチ類の外役範囲に関しては，まだあまり詳しいデータは示されていない。つぎに大型の働きバチは外役中に捕食性の天敵，特にクモ類による攻撃を受けにくいという点があげられる(Goulson et al., 2002；Goulson, 2003)。さらに，大型の外役バチは小型個体よりも不良天候，特に低温条件のときでも外役できるだろう(Goulson, 2003)。Goulsonはこの体温調節と外役バチのサイズとの関係がもっとも妥当性があるのではないかと考えている。

いずれにしても，マルハナバチ類のコロニーでは，異なったサイズの外役バチをもつことによって，それぞれの形態に適した多くのタイプの花から食物を採集することができるだろう。異なったサイズの外役バチが異なる花種を訪れる傾向は，Cumber(1949a)も認めている。それによってコロニー全体として外役効率がよくなり，同時にコロニー内の外役バチ間の競合もたぶん少なくなるのだろう。

第10章
働きバチの産卵

　マルハナバチ類の働きバチによる産卵は，社会性昆虫の生態に関する重要な研究テーマとして，古くから注目されてきた。最近特に働きバチの産卵をめぐる女王と働きバチ間の相互関係は，女王と働きバチ間の生殖闘争として，多くの議論が行なわれるようになった。したがってここではその議論の概要を紹介し，合わせてマルハナバチ類での働きバチ産卵の特徴，働きバチの卵室づくりおよび産卵行動と女王のそれとの比較，働きバチの攻撃行動と順位制の問題，および働きバチの卵巣発達と幼若ホルモンの関係などについて解説した。

10.1. 働きバチの産卵の特徴

　ミツバチでは女王が健在なコロニーでは，一般に働きバチは産卵せず，コロニーから女王が消失し，巣内に卵や若齢幼虫が存在しない場合に，一部の働きバチが産卵を開始する。しかも働きバチと女王間のカスト分化が明白で，卵巣の形態にも明らかな差が見られ，卵巣小管の数は働きバチでは2～12本しかないのに，女王では150～180本もある(Michener, 1974)。これに対して，マルハナバチ類では女王と働きバチ間で，卵巣小管数に差がなく，どちらも8本である。そして女王の存在下でも，マルハナバチ類のコロニーでは比較的頻繁に働きバチが産卵することが古くから知られている(Sladen, 1912；Plath, 1934；Cumber, 1949a；Free & Butler, 1959；Alford, 1975など)。

　マルハナバチ類の働きバチが，羽化後何日ぐらいで産卵するかに関しては，多くの報告がある。もっとも若い例では羽化直後の働きバチだけを，女王なしで数個体いっしょに閉じこめると(以下「無女王群」という)，羽化5日後で最初の卵を産むことができる(Röseler, 1974a)。クロマルハナバチでは，小型の働きバチが羽化7日後で産卵した(Katayama, 1971)。セイヨウオオマルハナバチでも無女王群では，一部の働きバチが羽化後7日に産卵した(Duchateau & Velthuis, 1989；Bloch et al., 1996)。しかし女王が存在するコロニーでは，産卵をする働きバチ(以下「産卵性働きバチ」という。英語でもegg-laying workerまたは単にlaying workerと呼ばれている)は一般にもっと老齢の個体である。B. pascuorumでは，そのコロニーでもっとも老齢の個体が産卵した(Brian, 1951)。セイヨウオオマルハナバチでも産卵性働きバチの日齢は，少なくとも羽化後29日(van Honk et al., 1981)または31日(Duchateau & Velthuis, 1989)になっている。Röseler & van Honk(1990)も女王共存のコロニーでは，そのコロニーでもっとも老齢の働きバチが最初に産卵し，そのときの日齢は羽化後約40日であると述べている。これに対して，Bloch & Hefetz(1999)はセイヨウオオマルハナバチの女王共存コロニーで詳しく調査した結果，産卵性働きバチの日齢は非常に変異が大きく，6～81日齢で，たいていは14～60日齢であったとしている。このように羽化後81日にもなる，きわめて老齢の働きバチが産卵するということが確認された。ミツバチでは一般に比較的若い働きバチが産卵するいわれているが，マルハナバチ類では産卵性働きバチの日齢はきわめて変異が大きいという点で，明らかに異なっている。

　産卵性働きバチの形態的な特徴は，腹部背面の毛が大半消失し，極端な個体ではほとんど無毛状体で光沢があるので，一見してほかの働きバチと区別が容易である(Sladen, 1912；Plath, 1934)。また産卵性働きバチでは，腹部が膨張している(Plath, 1934)。図39にトラマルハナバチの無女王コロニーにおける産卵性働きバチの標本を示した。下方の正常な外役バチと比較すると，腹部背面の毛がほとんどなくなり光沢を帯びている。また，胸部後半の毛も大半消失している。この個体は100個体以上の働きバチ

図39 トラマルハナバチの産卵性働きバチ(上)と正常な外役バチ(下)。産卵性働きバチでは腹部と胸部背面の毛が大半消失している。

が存在する大きなコロニーで，女王が死亡したあと激しい攻撃行動と産卵を1週間以上にわたって続けた。当初は体毛も完全であったが，闘争と産卵を開始して約1週間で，図のように体毛がすり減ってしまった(片山，未発表)。なお，内部形態でも産卵性働きバチは，完全な機能を有する卵巣をもち，卵巣の形態も女王と同じで，生殖的に完全な価値のあるメス性の個体である(Röseler, 1974b)。

産卵性働きバチのサイズは，中型または小型個体が多い。これは第9章で述べたように，働きバチの分業で小型個体は一般に巣内バチとして長生きする傾向があるので，卵巣が発達しやすいためだという(Cumber, 1949a)。コマルハナバチでも産卵性働きバチは，たいてい小型から中型の巣内バチであった(Katayama, 1997)。またセイヨウオオマルハナバチでも，最初に産卵した働きバチはつねにもっとも老齢の個体で，さらにそれらのうちで最大サイズの個体だった(van Honk et al., 1980)。これに対して，本種の産卵性働きバチになる要因として，体のサイズは第1巣室から羽化した働きバチ間では重要であるが，その後の働きバチでは羽化の順序が産卵性働きバチになるかどうかを決定する。したがって働きバチのサイズよりも羽化の順序の方が，産卵性働きバ

チになる要因として重要であると考えられている(van Honk et al., 1981；Röseler & van Honk, 1990)。また，本種では働きバチの体のサイズと卵巣発達とのあいだに有意な相関は見られなかった(Duchateau & Velthuis, 1989)。

産卵性働きバチの行動的な特徴として Plath (1934) は，典型的な産卵性働きバチは女王と類似した行動を示し，もし侵入者があっても，ほかの働きバチのように激しく侵入者を攻撃することはなく，巣上に留まって興奮状態で翅を激しく震動して，ブンブンと羽音を立てるという。一般的な産卵性働きバチの行動は，巣内を頻繁に歩きまわり，産卵中の働きバチに出会えば，攻撃して産卵を妨害し食卵する。そしてカラー写真136〜137のように特定の働きバチと激しく闘争し，産卵を独占しようとする。産卵性働きバチの攻撃行動と順位制については，10.3.で詳しく説明する。

それでは将来産卵性働きバチになる個体には，どのような行動的特徴があるのだろうか。van Honk et al.(1981)によると，セイヨウオオマルハナバチで産卵性働きバチは，ほかの個体より外役活動の時間が短いか，まったく外役活動をしないとしている。将来産卵性働きバチになる個体は，巣内に留まって

いる傾向がきわめて強いという。さらに，本種の将来産卵性働きバチになる個体は，羽化後しだいに女王のそばに接近しようとする。そして一度女王のそばに位置を占めたあとは，つねに女王に密着し続ける。女王が移動すればあとに従って移動する。このような女王の随行員のような個体は，つねに他個体と頻繁な相互関係を示し，高い優位性行動を示す(van Honk & Hogeweg, 1981)。同じような行動について，Röseler & van Honk(1990)はさらに具体的に記述している。セイヨウオオマルハナバチの将来産卵性働きバチになる個体は，つねに女王に接近し続け，女王の頭部や胸部に自分の頭部を密着させている。そしてしばしば翅を短時間震動させ，触角で女王に接触する。クロマルハナバチでも特定の2，3個体が女王を取り囲み，触角で女王に接触しながら，翅をリズミカルに振動する行動が見られるが(Katayama, 1971)，これらの個体が産卵性働きバチになったかどうかまでは観察されていない。

マルハナバチ類のコロニーで，産卵性働きバチが出現する時期は，コロニー発達段階とどのような関係にあるのだろうか。Plath(1934)は女王の勢力が弱い場合，またはコロニーから女王が消失したときに，産卵性働きバチ出現すると述べている。このような例が一般的に見られることは，ほかの研究者も認めている。さらに具体的な時期として，Cumber(1949a)はコロニー発達の前期には女王が死んだ場合を除いて，一般に働きバチの卵巣発達は起こらないという。しかしコロニー発達の後期には女王が健在でも，働きバチがしばしば産卵すると書いている。B. ruderatus でも働きバチの産卵は，コロニーの後期に見られるようになる(Pomeroy, 1979)。クロマルハナバチとオオマルハナバチでも，8月になってコロニーが発達し，働きバチ数がピークに達したころ，最初の働きバチ産卵が見られる。この時期には女王はまだ健在で，活発に産卵している(Katayama, 1971, 1974)。B. melanopygus でも，働きバチによる産卵は女王がまだ優勢を保っている時期に起こった。したがって働きバチによる産卵は女王の老齢化によって生じるのではないという(Owen & Plowright, 1982)。このようにコロニー発達の後期になると産卵性働きバチが出現するが，その時期はコロニーが成熟期に達して，最初のオスと新女王が羽化し始める時期であるという(Free & Butler, 1959)。

これに対して，産卵性働きバチの出現とコロニー発達段階について，近年より具体的な観察が行なわれるようになってきた。セイヨウオオマルハナバチで働きバチによる産卵は，女王が2倍体(メスを生じる)卵の産下から半数体(オスを生じる)卵の産下へ転換する時期(スイッチ点，以下「SP」という)より前には見られず，すべてのコロニーでSP後に始まった(van der Blom, 1986)。コマルハナバチでも，Katayama(1997)によると働きバチ産卵は女王のSP後約20日経って始まったという。しかしセイヨウオオマルハナバチの多数のコロニーを用いた詳細な観察の結果，働きバチの産卵開始は女王のSPと何の関係もなく，各コロニーで最初の働きバチの羽化後平均して30.8日に起こった。さらに従来関係があるとみられていた，コロニーの働きバチ数，働きバチの齢構成，および女王の老化などの要因も，働きバチの産卵開始と関係がなかった(Duchateau & Velthuis, 1988)。また，本種の働きバチの産卵開始は，そのコロニーで最初の働きバチの羽化後51日で起こった(van Honk et al., 1981)。本種ではコロニーの初期に女王がフェロモンを生産し，それによって働きバチの卵巣が発達するのを抑制する(van Honk et al., 1980)。さらに働きバチの卵巣が発達したあとも，女王は働きバチの産卵を約3週間抑制する。しかし働きバチ数が多くなり，女王が老化して女王の抑制力が低下すると，働きバチは産卵を開始する(van Honk & Hogeweg, 1981；van Honk et al., 1981；Röseler & van Honk, 1990)。このように働きバチの産卵開始時期は，女王の抑制力によってコントロールされていると考えられてきた。

一方，Bloch(1999)によると，セイヨウオオマルハナバチの無処理のコロニーで，女王のSPは働きバチの産卵開始とあまり関係がなく，むしろ新女王の生産への転換が働きバチの産卵開始とより強く関連していたという。また，若いコロニーで女王が産んだ卵をオス卵で置換するか，働きバチ数を2倍にすると，働きバチの産卵開始が有意に早くなったという。これらの結果から彼は働きバチの産卵開始は，女王のSPまたは女王による抑制力の低下というような単一の要因によるのではなく，いくつかのきっかけが関連していると考えている。B. bifarius でも働きバチの攻撃と産卵は，コロニーが女王の生産を開始したあとで始まった(Foster et al., 2004)。働きバ

チの産卵開始時期について，さらに別の仮説が示されている。すなわち，セイヨウオオマルハナバチの働きバチは産卵することが，彼らの利益に適合するかどうかを示す情報が得られるまで，産卵を遅らせているのだという。女王のSPが早く起こるコロニーでは，働きバチは女王由来のオス幼虫の存在を察知したときに産卵を開始する。一方SPの遅いコロニーでは，メスの幼虫から女王生産が開始されるという女王からの信号を働きバチが察知したとき，働きバチは産卵を開始するのだという(Bourke & Ratnieks, 2001)。Goulson(2003)も働きバチは女王のSPより前には産卵しないが，それは女王のSP前に産卵することがコロニーの働きバチ数を減らし，生殖虫生産能力を低下させてしまうためだと考えている。セイヨウオオマルハナバチにおける，働きバチ産卵に対する女王と働きバチの相互関係を整理してp.159の表26に示した。

働きバチの産卵能力は一般に女王よりかなり低いようである。小型の働きバチは1回に1～2個しか産卵できない(Sladen, 1912；Plath, 1934)。*B. pascuorum* でも，働きバチの産卵数はごく少なかった(Brian, 1951)。*B. ruderatus* では1回に1～4個産卵した(Pomeroy, 1979)。セイヨウオオマルハナバチでも，1回に1個か2～3個(平均1.8個，n=27)産卵し，1日で2～3回以上は産卵できない(van der Blom, 1986)。また，本種の女王は1回に平均して9.5個産卵したが，働きバチは1～2個の例が52.7％，3～4個の場合が23％，4個以上産卵した例は14.8％であった(Bloch & Hefetz, 1999)。1つのコロニーで働きバチによって産下される総卵数については，あまり詳しい調査は行なわれていない。クロマルハナバチの1例では，働きバチによって833個産卵された(Katayama, 1971)。これに対して，コマルハナバチでは働きバチによるコロニー当たりの総産卵数は27～102(平均55.8)個で，クロマルハナバチに比較して少なかった。働きバチによるコロニー当たり総産卵数は，各コロニーにおける働きバチ数によって大きく異なるものと思われる。働きバチによって1つのコロニーで多数の卵が産下されても，頻繁な食卵と働きバチ間の攻撃行動による育児能力の低下のため，それらの卵から成虫が生産される割合は，たぶんかなり低くなるであろう。

働きバチが産んだ卵の形態は，Sladen(1912)によれば女王の卵とほぼ同大同形で，小型の働きバチでも完全な大きさの卵を産むことができるという。しかし働きバチの卵は，通常女王の卵よりもやや小さく，未受精(半数体)卵であるためオスしか生じない(Free & Butler, 1959)。セイヨウオオマルハナバチでは働きバチの卵の長さは，働きバチのサイズによって異なり，2.5～3.5 mmである(Röseler, 1974b)。筆者がトラマルハナバチで働きバチの17個の卵のサイズを測定した結果，平均で長さは3.05 mmで幅は0.88 mmであった。そして1個の重量は，1.44 mgであった(片山，未発表)。これらの数値を第8章で示したトラマルハナバチの女王の卵(長さ3.3 mm，幅0.9 mm，重量1.7 mg)と比較すると，本種でも働きバチの卵は，女王の卵よりもやや小さいようである。

それでは1つのコロニーで，働きバチの卵からどれくらいのオスが生産されるのだろうか。この問題は調査が困難なため，あまり詳しい調査が行なわれていない。しかし一般的には働きバチの卵からは，少ししかオスが生産されないと考えられている。例えば，多くのコロニーでは働きバチの卵からきわめてわずかなオスしか生産されないか，またはまったく生産されないという(Sladen, 1912)。さらに女王の勢力が弱いか，早期に女王が消失したコロニー以外では，働きバチの卵からはごく少しのオスしか生産されないか，またはまったく生産されないというAlford(1975)などの報告がある。Richards(1977)も働きバチの卵巣調査に基づいて，働きバチの卵がオスの生産にほとんど貢献していないことは明白だと述べている。

これに対して，van Honk et al.(1981)の観察では，セイヨウオオマルハナバチの1つのコロニーで多くのオスが働きバチの卵から生産され，オスの総生産数の82％に達した。*B. melanopygus* でも，オスの総生産数に対して働きバチの卵に由来するオスの割合は，女王生存中で19％で，女王の死後も働きバチの産卵が続き，全体では39％のオスが働きバチ卵に由来していた(Owen & Plowright, 1982)。コマルハナバチでは働きバチ卵由来のオスの割合はこれらよりも低く，4つのコロニーの調査でオス総生産数に対する割合は，0～20.4％であった(Katayama, 1997)。しかし最近の研究では働きバチの卵から生産されるオス成虫の数は，通常比較的少ないだろう

と考えられている(Bourke & Ratnieks, 2001)。

最後に産卵性働きバチの出現頻度の種間差に関して，Sladen(1912)は *B. lapidarius* とセイヨウオオマルハナバチでは，産卵性働きバチがほかの種よりも出現しやすいと書いている。Cumber(1949a)も同様の傾向を認め，セイヨウオオマルハナバチや *B. lucorum* などのノンポケット・メーカーでは産卵性働きバチが出現しやすいが，*B. hortorum*，*B. pascuorum* などのポケット・メーカーでは，産卵性働きバチは少ないと述べている。また，*B. ruderatus* でも産卵性働きバチは少なかった(Pomeroy, 1979)。筆者は本州産8種のマルハナバチ類(トラマルハナバチ，ウスリーマルハナバチ，ナガマルハナバチ，ミヤママルハナバチ，コマルハナバチ，ヒメマルハナバチ，オオマルハナバチ，およびクロマルハナバチ)で産卵習性を観察し，これらすべての種で働きバチの産卵を確認した。しかしこれらの種について，産卵性働きバチの出現頻度に種間差があるかどうかは，詳細に観察していない(Katayama, 1989)。産卵性働きバチの出現頻度は種によって異なるだけでなく，同一種でもコロニーの条件によって異なると考えられる。特に女王の社会的な優位性，働きバチの密度，コロニーの発達段階などは産卵性働きバチの出現頻度に大きな影響を及ぼすものと思われる。

10.2. 働きバチの卵室づくりと産卵行動

働きバチによってつくられた卵室の形は，基本的に女王がつくった卵室と同じであるが，大きさは一般に女王の卵室よりも小さく，1室当たりの卵数も女王の卵室より少ない(Plath, 1934)。クロマルハナバチでも働きバチの卵室は幅が5〜6.6 mm(平均5.6 mm)で，女王の卵室(平均6.6 mm)よりも小型である(Katayama, 1971)。オオマルハナバチでは働きバチの卵室はサイズ変異が大きく，幅4.5〜10.5 mm(平均6.9 mm)であった。これは同一卵室への働きバチの頻繁な追加産卵により，卵室が徐々に拡大されるためである(Katayama, 1974)。

働きバチの卵室がつくられる場所は，女王の卵室の設置場所よりもきわめて多様である。例えば空繭の上側部，ほかの卵室の上，花粉壺の上側部，巣箱の壁面などである(Katayama, 1971, 1974)。また，働きバチでは1か所に多数の卵室が結合してつくられたり(Katayama, 1971)，同一卵室への追加産卵の結果異常に大きな卵室がつくられたりすることである(Katayama, 1974)。特に産卵と食卵の繰りかえしの結果，いくつかの空室のまま開いている卵室や，わずかに1〜2個の卵しかなくて，不完全に閉じられたままの卵室が存在することは，そのコロニーに産卵性働きバチが出現していることを示している。セイヨウオオマルハナバチでも，産卵性働きバチが出現したコロニーでは，2個またはそれ以上の空室のまま開いている卵室が，少なくとも連続2日間以上見られる。通常女王は1回に1つの卵室しかつくらないので，2個以上の開いたままの卵室が存在することは，産卵性働きバチによる卵室づくり，または食卵により開口された卵室の発生を示している(Bloch & Hefetz, 1999)。図40〜41にクロマルハナバチの働きバチがつくった典型的な卵室を示した。図40のように，1か所に数個の卵室が接続してつくられ，それらの多くは産卵と食卵の繰りかえしによって，空室のまま開いている。また，食卵の結果1〜2個の卵しか含まずに，不完全に閉じられている卵室も見られる(図41の矢印)。

働きバチの卵室づくりと産卵行動については，日本産のいくつかの種で詳しい調査が行なわれている。クロマルハナバチとオオマルハナバチでの働きバチの卵室づくりと産卵行動は，第6章で述べた女王のそれと質的な差は見られないが，卵室づくりでは働きバチの方が女王よりも断続的で散発的に行なわれた。また産卵行動での連続する2卵の排出間隔は，働きバチの方が女王よりも不規則で，より長かった(Katayama, 1971, 1974)。その後Katayama(1989)は本州産8種のマルハナバチ類で，働きバチの産卵行動を比較観察した。その結果を要約するとつぎのとおりである。

(1)すべての種で働きバチの卵室づくり活動は，女王のそれと質的な差がなかった。しかし働きバチの建築活動は女王よりも断片的，散発的で，通常同一個体の連続的活動ではなく，数個体が交互に建築活動を行なうことによって，1つの卵室がつくられる。

(2)そのような断続的な建築活動の集積によって卵室がほぼ完成すると，1個体が熱心に卵室の内面こねと仕上げ作業を行ない，ただちに産卵を開始する。

(3)このようにして働きバチによって産まれた卵は，しばしば他個体によって食卵され，その後空室はほ

第II部　営巣習性の解説編

図40　花粉壺の周辺に多数結合してつくられたクロマルハナバチの働きバチの卵室。多くは食卵によって空室のまま開いているが，一部の卵室は産卵されて閉じられている(矢印)。

図41　花粉壺の縁につくられた働きバチの卵室。食卵後1卵だけ残して不完全に閉じられている卵室が見える(矢印)。

かの働きバチによってまた産卵される。

(4)既存の空室への産卵の場合，建築活動は実質的に省略されるが，産卵個体は産卵に先だって必ず卵室の内面こねや修繕作業を熱心に行なう。

(5)このことは既存の卵室を利用することで，実質的な建築活動が省略される場合でも，卵室づくり活動と産卵とが緊密に結合していることを示している。

(6)働きバチの産卵と卵室閉じ行動は，すべての種で女王のそれと質的な差が認められない。しかし産卵過程での連続する2卵の排出間隔は，一般に働きバチの方が女王よりも不規則である。

(7)1回の産卵過程で排出される卵数は，働きバチの方が女王よりも少なく，変異が大きい。また，卵室閉じ後の吸蜜行動は働きバチではあまり見られない。

このように働きバチの産卵姿勢や産卵行動は女王とまったく同じである。産卵する働きバチは図42のように，後ろ向きになって卵室に尾端を挿入し，後脚で卵室基部を握り，頭部を低くして触角を顔面に密着させる。そして腹部を激しく伸縮させながら卵を排出する。

働きバチ産卵の特徴は，産卵と食卵が繰りかえされ，複数の個体が同一卵室に追加産卵することである(Sladen, 1912；Plath, 1934)。Cumber(1949a)によると，数個体が同一卵室に追加産卵し，その結果40個以上の多数の卵を含むきわめて大きな卵室が出現するという。クロマルハナバチの働きバチでは，同一卵室への追加産卵は見られないが，オオマルハナバチでは数個体の働きバチによる繰りかえし産卵によって大型卵室が出現し，最大の卵室は62個の卵を含んでいた(Katayama, 1971, 1974)。Alford(1975)も数個体の働きバチが同一の卵室に産卵し，産卵行動中に働きバチ間で頻繁な闘争が見られると述べている。B. pascuorum では働きバチが女王の卵室を開いて，そのなかへ追加産卵を行なった(Brian, 1951)。しかし一般には女王による激しい攻撃のため，女王の卵室への追加産卵はあまり成功しないようである。

働きバチの卵室では，上記のように追加産卵と産卵行動中の他個体による妨害とによって，卵室内の卵の向きが図17Bのようにきわめて不規則になっている。ときには卵室内壁に寄りかかって斜め立ちになっている卵も見られる(Katayama, 1971, 1974)。他個体の妨害を受けずに産卵が完了し，追加産卵が行なわれなかった卵室では，すべての卵が通常ほぼ水平に並行してきちんと並んで産下されている。し

図42 産卵中のクロマルハナバチの小型働きバチ(中央の小型の個体)

たがって卵の向きが不規則になった卵室が存在するコロニーでは，複数の産卵性働きバチによる追加産卵や産卵妨害が行なわれていることを示している．

10.3. 産卵性働きバチの攻撃的行動と順位制

産卵性働きバチが存在するコロニーでは，カラー写真136～137のように働きバチ間の激しい攻撃行動が見られ(Sladen, 1912)，この行動はふつうコロニーでオスと女王になる卵が産下される時期にだけ見られる(Plath, 1934)．また Free & Butler (1959)によると，働きバチの攻撃行動と闘争はコロニーで最初の働きバチによる産卵が行なわれるころに最大になるという．その後減少して約1週間後には激しい闘争はなくなるが，その後も働きバチの産卵が行なわれるときには攻撃行動が見られるという．クロマルハナバチでは働きバチが女王を激しく攻撃し，女王が巣から追いだされたあとで，働きバチ間の激しい攻撃行動と闘争が発生した(Katayama, 1971)．オオマルハナバチでは最初の働きバチ産卵が行なわれた直後に働きバチ間の激しい攻撃行動が起こったが，攻撃的な働きバチも女王を攻撃することはなかった(Katayama, 1974)．またセイヨウオオマルハナバチでも新しく産卵された卵室の周辺で，働きバチの攻撃行動が頻繁に見られ，産卵個体が攻撃をしたり，逆に他個体によって攻撃されたりした．そして女王もしばしばこの相互関係に巻き込まれた(van der Blom, 1986)．このようにコロニーがある発達段階に達すると，働きバチ間の攻撃行動と闘争および働きバチ産卵が発生するが，Duchateau & Velthuis (1988)によればセイヨウオオマルハナバチではすべてのコロニーでほぼ同じ時期に(最初の働きバチの羽化後平均30.8日で)，働きバチ間の攻撃行動と闘争および産卵が起こる．彼らはこの時期を闘争点 competition point と呼び，従来考えられていた女王によるオス卵の産下開始時期(SP)と働きバチの闘争開始との関連を否定した．本種では現在この考え方が一般的に受け入れられている．

働きバチ間の攻撃行動と闘争が行なわれているコロニーでは，働きバチ間に社会的な順位制が生じることが広く知られている．通常もっとも優勢な個体では卵巣がもっとも発達し，つぎに優勢な個体は二番目に発達した卵巣をもっている．したがって優勢個体による攻撃行動は，卵巣の発達程度と関連している(Free & Butler, 1959)．*B. pascuorum*, *B. ruderarius* および *B. pratorum* では，そのコロニーでもっとも卵巣が発達した個体が優勢になり，ほかの個体を攻撃する．卵巣が二番目に発達した個体が特に激しく攻撃される．しかし数日後に順位制が確立されると攻撃行動は弱くなり，ついに完全に消失する(Röseler, 1974a)．このように攻撃行動は順位制が確立される時期に限られ，1つのコロニーにおける攻撃的な働きバチの数はふつうごく少ない．したがって順位制はほかの個体が産卵するのを減らし，コロニーの安定性を維持するのに貢献しているという(Alford, 1975)．

セイヨウオオマルハナバチの無女王群では，飼育開始2日目に働きバチ間の攻撃行動が発生し，3日目に攻撃はピークになった．その後攻撃行動はしだいに減少し，どの群でももっとも老齢の働きバチがつねに優勢になった(Röseler & Röseler, 1977)．また，本種における働きバチの闘争の頻度は，卵巣の発達条件やそのほかの特徴とは関係がなく，働きバチの羽化順序と関連している．そして第1巣室から羽化した働きバチは，その後の巣室から羽化した個体よりもつねに闘争の程度が高かった(Duchateau, 1989)．さらに無女王群での働きバチの順位制確立について，Röseler & van Honk (1990)は具体的な種名をあげずに(たぶんセイヨウオオマルハナバチと考えられる)，つぎのように述べている．

羽化後の若い働きバチ4個体からなる無女王群では，飼育開始後20～40時間で攻撃行動が起こり，2日後には順位制が確立される．その後は攻撃性の程度が徐々に減少し，優勢な個体は5日後から卵室をつくり，産卵を始める．優勢な働きバチは主に攻撃行動によって他個体の産卵を抑制する．無女王群における働きバチの優位性獲得の要因として，同一日齢の群では働きバチの体のサイズがもっとも重要である．さらにアラタ体と卵巣の活性程度および5時間以上の日齢の差も順位制確立に関連している．したがって，これらの要因が共同して作用していると考えられる．

さらにセイヨウオオマルハナバチの無女王群では，飼育開始後最初の1週間にもっとも高い攻撃行動が見られ，ほとんどの攻撃行動(88～100%)は優勢な1

個体によって行なわれた。そして優位性の順位と卵巣発達の順位は相関していた(Bloch et al., 1996)。このように優位性の順位は卵巣の発達程度と関連しているが、Röseler & van Honk(1990)によれば、働きバチの優位性行動は必ずしも卵巣の存在と関係がないという。卵巣切除処理をした4個体の働きバチのグループでも、優位性の順位が無処理区と同じ時期に確立され、無処理区の働きバチと同様の攻撃行動が観察された。卵巣を切除した働きバチの優位性は、アラタ体の活性程度と強く関連していたという。

闘争期になったコロニーでは働きバチが女王の卵室やほかの働きバチの卵室を開いて、一部の卵を破壊する「食卵」がしばしば観察される(Sladen, 1912；Plath, 1934；Free & Butler, 1959；Röseler & Röseler, 1977；Röseler & van Honk, 1990；Katayama, 1997など)。その際産卵個体と食卵しようとする個体とのあいだで激しい闘争が見られる(Sladen, 1912；Plath, 1923)。一般に食卵は産卵直後の新しい卵に対して行なわれ、産卵後24時間以上経過した卵は食べられない(Free & Butler, 1959)。また Alford(1975)も働きバチは一般に産卵後1日以内の新鮮な卵を破壊するが、これより古い卵は食べないと述べている。コマルハナバチでは食卵の行なわれた全体の卵室のうち、産卵後1時間以内の卵室が69％、産卵後1〜6時間経った卵室が23％で、産卵後6時間以上経過した卵室は8％であった(Katayama, 1997)。セイヨウオオマルハナバチの女王は、その卵が2日以上経過していなければ、自分が産んだ卵とほかの卵を区別できる。したがって、食卵は2日以内の卵に対して行なわれる可能性が高い(Röseler & Röseler, 1977)。これに対して Goulson(2003)は、食卵は一般に産卵後24時間以内の卵に対して行なわれるが、それはこの時期を過ぎると産卵個体が自他の卵を区別できなくなるためだろうと書いている。

食卵はコロニーの幼虫/働きバチ比を低下させ、それによって女王生産を開始するための1つの要因として作用していると考えられてきた(Cumber, 1949a；Free & Butler, 1959)。食卵の意味について近年具体的な見解は発表されていないが、いくつかの文献から推察すると、自己の遺伝子をもった子孫を生産するための、生殖闘争の1つの表れと考えられているようである。食卵の発生頻度の種間差について、Free & Butler(1959)は B. lapidarius ではもっとも頻繁で、B. lucorum とセイヨウオオマルハナバチでもしばしば見られるが、ポケット・メーカーでは B. fervidus 以外では知られていないと述べている。しかしポケット・メーカーの B. ruderatus でも、あまり頻繁ではないが食卵が見られ、食卵者は主に女王であった(Pomeroy, 1979)。クロマルハナバチとオオマルハナバチでは働きバチによる食卵が頻繁に見られる(Katayama, 1971, 1974)。コマルハナバチでも働きバチおよび女王による食卵が見られるが、クロマルハナバチやオオマルハナバチに比べると稀である(Katayama, 1997)。

10.4. 働きバチの卵巣発達と幼若ホルモン(JH)

マルハナバチ類の卵巣の解剖学的および組織学的な詳細な観察は、Palm(1948)によって行なわれている。彼は合わせて、卵巣の発達と関連している内分泌器官のアラタ体についても、組織学的な調査結果を報告している。働きバチが産卵をするためには、それに先だって卵巣が発達し始め、卵巣小管内で卵形成が進行して完全な卵殻をもった成熟卵が形成されなければならない。実際セイヨウオオマルハナバチでは、女王が優勢でまだ活発に産卵しているコロニーでも、働きバチが成熟卵をもつようになる(Sladen, 1912)。また、女王が健在な本種のごく初期のコロニーでも、発達した卵巣をもった働きバチが見られるが、これらの個体は実際には産卵しない(Röseler, 1974a)。このように女王がまだ健在なコロニーでも働きバチの卵巣が発達し、成熟卵をもった個体が存在するが、働きバチの卵巣発達はすべての個体で起こるのだろうか。B. pascuorum の働きバチでは、卵巣は巣内バチで発達していたが、外役バチでは未発達であった(Richards, 1946)。また、働きバチの卵巣は一般に外役バチよりも巣内バチで発達するが、これは巣内バチの方が長生きで、卵巣発達に必要な時間が十分あるためだという(Cumber, 1949a；Free & Butler, 1959)。セイヨウオオマルハナバチの働きバチでは、外役活動と低い卵巣活性とのあいだに相関が見られた(Duchateau & Velthuis, 1989)。また Röseler & van Honk(1990)によると、外役バチの卵巣はコロニーの発達段階にかかわらずつねに未発達で、外役バチはふつう産卵性働きバチ

にはならないという。B. bifarius でも外役活動と卵巣発達程度とのあいだに，負の相関が認められている(Foster et al., 2004)。

卵巣発達の条件のうちまず温度については，卵巣の発達は低い温度で遅れるので，卵巣発達にとって比較的高い温度が必要である(Free, 1957；Free & Butler, 1959)。つぎに共存個体数に関しては，働きバチを1個体だけで飼育すると卵巣の発達が遅れ，共存個体数が多くなるほど卵巣がより発達した(Free, 1957)。また，働きバチの卵巣が発達するためには，コロニーが発達して多くの働きバチが存在することが必要であるという(Free & Butler, 1959)。セイヨウオオマルハナバチでは働きバチを1個体だけで飼育すると卵巣はほとんど発達しないが，3個体または10個体の群では5日後に成熟卵をもった個体が見られ，7日以後には産卵も見られた(Duchateau & Velthuis, 1989)。

さらに卵巣発達とコロニーの条件との関係では，働きバチ数が増加してコロニーに十分な食物が貯蔵され，厳しい労働が少なくなることで，働きバチの卵巣が発達するという(Free & Butler, 1959)。これに対して B. melanopygus では，働きバチによるオスの生産(働きバチの産卵)とコロニーサイズとのあいだに有意な関係はなかった(Owen & Plowright, 1982)。またコマルハナバチの女王共存のコロニーでは，働きバチの産卵は勢力の弱いコロニーの方が強勢のコロニーよりも頻繁に見られた(Katayama, 1997)。しかし前記のように女王共存のコロニーでは，卵巣が発達して成熟卵をもった働きバチがすぐに産卵することはないので，働きバチにおける卵巣発達と産卵とは区別して考えなければならない。コロニーの条件のうち幼虫や蛹の存否とその量は，働きバチによる幼虫への給餌および幼虫や蛹に対する保温行動などによって，働きバチが摂取した栄養の多くを消費する原因となる。このため Röseler(1974a)は幼虫への給餌は働きバチの卵巣発達を抑制するだろうと述べている。しかしその後彼はコロニーにおける幼虫や蛹の存否とその量は，働きバチの卵形成に影響を与えないといっている(Röseler & van Honk, 1990)。

そのほかの条件と卵巣発達との関係では，セイヨウオオマルハナバチで各個体の羽化から成虫までの発育期間，幼虫に対する給餌頻度および下咽頭腺の活性程度などは，働きバチの卵巣発達と関係がな

かった。しかし羽化後に花粉を与えられなかった働きバチでは，卵巣は発達しなかった。したがって，幼虫期に蓄積したタンパク質や，成虫になってから幼虫の給餌のために消費するタンパク質は，働きバチの卵巣発達に影響しないようにみえる(Duchateau & Velthuis, 1989)。

働きバチの卵巣における卵形成がどのように進行するかという点は，働きバチの産卵に関する重要な問題点である。この点については，主に Röseler らによるつぎのような報告がある。それによるとセイヨウオオマルハナバチの無女王群では，働きバチのアラタ体の活性が羽化初日から刺激されて JH が合成される。その結果血液中の JH 濃度が増加し，卵巣小管内で卵形成が急速に進行して，最短の場合羽化後5〜7日で，最初の成熟卵が形成される。これに対して女王共存群では，働きバチにおけるアラタ体の活性が抑制され，その結果血液中の JH は低濃度で維持されて卵形成が抑制される。女王共存群でも働きバチに合成 JH (JHI)を注射すると，卵形成を起こすことができる。したがって働きバチにおける卵形成の開始とその継続は，JH に依存していると考えられる。そして女王は働きバチのアラタ体における JH 生産を抑制することによって JH 濃度を低下させ，働きバチの卵巣における卵形成を抑制していると考えられる(Röseler, 1977；Röseler & Röseler, 1978；Röseler & van Honk, 1990)。

女王共存群の働きバチでこのように卵形成が抑制されるのは，女王がたぶんフェロモンによって働きバチのアラタ体活性を抑制しているためだろうと考えられた(Röseler & Röseler, 1978)。そして van Honk et al. (1980)は実際にセイヨウオオマルハナバチで，女王フェロモンの分泌腺と考えられる大顎腺を切除した女王を用いたコロニーで，働きバチの卵巣発達を観察し，フェロモンの作用を確認した。すなわち，大顎腺を切除した女王のコロニーでは，正常な女王のコロニーよりも働きバチの卵巣発達が明らかに早くなった。したがって女王の大顎腺のフェロモンは働きバチの卵巣発達をある程度抑制することが明白になった。Bloch et al. (1996)も本種の無女王群の働きバチでは，女王共存コロニーの働きバチよりも卵巣発達程度が有意に高く，これら個体の JH 分泌量も有意に多かったという。そして両者のあいだに正の相関が認められたので，働きバチの卵

巣発達は JH によってコントロールされていると述べている。

このようにセイヨウオオマルハナバチの女王共存コロニーでは，働きバチの卵巣発達は女王によって抑制されているが，働きバチの卵巣における卵形成の過程は，女王によって完全に阻止されるのではなく，低いレベルで継続している。そのため女王共存コロニーでも，老齢の働きバチは成熟卵をもつようになる(Röseler, 1974b；Duchateau & Velthuis, 1989；Röseler & van Honk, 1990)。さらに卵巣が発達した産卵性働きバチも，女王と同様にほかの働きバチの卵巣発達をある程度抑制することができる(Röseler, 1974a)。無女王群では優勢な働きバチによって若い働きバチの卵形成が，女王共存コロニーの場合と同程度に抑制されている(Röseler & van Honk, 1990)。これは老齢の産卵性働きバチが若い働きバチのアラタ体活性を抑制し，JH 分泌量を抑制しているためと考えられる(Bloch et al., 1996)。これらの点を総合して，Bloch & Hefetz(1999)はセイヨウオオマルハナバチでの働きバチの産卵抑制について，2 つの段階を区別している。1 つは闘争期より前の期間で，この時期には女王が働きバチの卵巣発達を遅らせて産卵を防いでいる。つぎは闘争期で，この時期には優勢な老齢の働きバチが，ほかの働きバチの卵巣発達を抑制しているという。セイヨウオオマルハナバチの女王による働きバチの卵形成および産卵の抑制については，表 26 に整理して示した。

表 26 セイヨウオオマルハナバチの働きバチ産卵をめぐる女王と働きバチ間の相互関係

項　目	内　容	報告者
女王による働きバチの卵形成および産卵の抑制	女王は働きバチのアラタ体活性を抑制することで JH 分泌量を低下させ，働きバチの卵形成を抑制する	Röseler(1977), Röseler & Röseler(1978), Bloch et al. (1996)
	この抑制作用は女王の大顎腺から分泌される女王フェロモンによる	van Honk et al.(1980, 1981), Röseler & van Honk(1990)
	しかしこの抑制作用は完全ではなく，卵形成は低レベルで進行し続ける。その結果老齢の働きバチでは成熟卵をもつようになる	Röseler(1974b), Duchateau & Velthuis(1989), Röseler & van Honk(1990)
	働きバチの卵巣が発達したあとも，女王は卵巣発達した働きバチや産卵中の働きバチを激しく攻撃し，働きバチの産卵を防止する	van Honk & Hogeweg(1981), Duchateau & Velthuis(1989), Röseler & van Honk(1990)
	女王が働きバチの卵形成や産卵を抑制するのではない。働きバチは産卵することが自分の利益に適合するという情報を察知するまで，自ら産卵を遅らせている	Bourke & Ratnieks(2001)
女王の抑制力低下と働きバチの産卵および攻撃行動の開始との関係	女王の老化，働きバチ数の増加，および働きバチの老化による女王フェロモン感受性の低下などにより，女王が働きバチに対する優位性を失うため働きバチの産卵や攻撃行動を抑制できなくなる	van Honk et al.(1981), van Honk & Hogeweg(1981), Röseler & van Honk(1990)
	働きバチの産卵や攻撃行動の発生は働きバチ数，働きバチの日齢，および女王の老化などとは関係なく，コロニーがある発育段階に達すると，必然的に出現するように女王体内に前もってプログラムされている	Duchateau & Velthuis(1988)
	女王が働きバチの卵形成を抑制することは認めるが，働きバチの産卵開始は女王の抑制力の低下によって起こるのではない	Bloch et al.(1996)
	働きバチの産卵開始は女王の SP または女王の抑制力低下など単一の要因によるのではなく，多数の要因が関連している。なかでも卵巣発達した老齢の働きバチによるほかの働きバチの卵巣発達の抑制が重要である。	Bloch(1999), Bloch & Hefetz (1999)
	働きバチがコロニーの最初のオス幼虫の存在を察知したとき，または新女王生産開始を察知したとき働きバチの産卵が起こる。	Bourke & Ratnieks(2001)

10.5. 働きバチの産卵をめぐる女王と働きバチ間の相互関係

女王は産卵中の働きバチに出会うとその働きバチを攻撃し，産卵を妨害する(Brian, 1951)。セイヨウオオマルハナバチの女王は産卵中の働きバチに出会うと，その働きバチを押しのけて内部の卵を食べる。働きバチによる産卵が終わった卵室を見つけるとそれを開いて食卵し，食卵後の卵室を破壊する(Röseler & Röseler, 1977)。また，女王は卵巣が発達した働きバチや産卵中の働きバチを激しく攻撃し，働きバチの卵を食べてその後の卵室を破壊するという(Röseler & van Honk, 1990)。しかしオオマルハナバチやコマルハナバチの女王は，産卵中の働きバチに出会ってもあまり激しく攻撃せず，頭部で働きバチを押しのけるだけである。また食卵後の空室を破壊することもない(Katayama, 1974, 1997)。

闘争期のコロニーでは，反対に産卵中の女王に対する働きバチの攻撃と食卵がしばしば見られる(Sladen, 1912；Plath, 1934；Cumber, 1949a；Free & Butler, 1959；Alford, 1975；Katayama, 1974；Röseler & Röseler, 1977など)。働きバチによる産卵中の女王への攻撃と食卵および女王による反撃と卵室の防衛行動についての詳しい記述も見られる(Sladen, 1912；Plath, 1923；Katayama, 1974)。このような働きバチの攻撃行動について，Cumber(1949a)は女王による半数体卵の産下が，働きバチの行動を変化させるためだと考えている。オオマルハナバチでは女王が産卵を始め，彼女の針が卵室壁の外側へ突きだされると，必ず数個体の働きバチが集合して女王の産卵を激しく妨害した。働きバチは女王の尾端をかじり，卵室と女王の尾端の隙間に頭部をこじいれようとした。このように産卵中の女王が働きバチを引きつけて彼らを興奮させるのは，産卵の際女王の尾端が開き，そこから放出される臭いのためであろうという(Katayama, 1974)。

このように産卵中の女王や働きバチに対する相互の攻撃行動は広く知られているが，闘争期のコロニーでは産卵のとき以外にも，働きバチによる女王への攻撃行動がしばしば見られる。クロマルハナバチの1つのコロニーでは，働きバチが産卵のとき以外でも女王を激しく攻撃し，ついに女王を巣から追いだしてしまった(Katayama, 1971)。セイヨウオオマルハナバチのコロニーでも闘争期になると，働きバチと女王間で相互に食卵と攻撃行動が起こり，やがて女王が働きバチによって巣から追放されるか，または女王は働きバチの産卵を妨害するのを止めてしまう(van Honk et al., 1980；van Honk & Hogeweg, 1981)。ときには働きバチが女王を殺してしまうこともある(van Honk et al., 1980；Bloch & Hefetz, 1999)。反対に B. affinis では，女王が産卵性働きバチを殺すという例も知られている(Plath, 1934)。

一方，B. melanopygus ではオスの生産が行なわれているコロニーでも，女王と働きバチ間で攻撃行動は見られなかった(Owen & Plowright, 1982)。またコマルハナバチの産卵性働きバチが存在するコロニーでも，働きバチが女王を攻撃することはなかった(Katayama, 1997)。このように働きバチによる女王への攻撃行動は，ある程度種間差があるように思われる。Röseler & Röseler(1977)によると，アカマルハナバチの女王はSP期になると，働きバチに対する攻撃を開始したという。攻撃回数はその後数日以内に急増し，1時間当たり60回にも達したが，その後見られなくなった。女王は接近してくるすべての働きバチを無差別に攻撃したという。コマルハナバチでも働きバチによる食卵が頻繁なコロニーで，女王は新しい卵室の周辺で働きバチを攻撃した。しかし女王の攻撃行動は一時的で，3～5日経つと稀にしか見られなくなった(Katayama, 1997)。

働きバチ産卵をめぐる女王と働きバチ間の相互関係は，近年生殖に関する女王と働きバチ間の闘争として，種々の議論が行なわれるようになった(Owen & Plowright, 1982；Duchateau & Velthuis, 1989；Röseler & van Honk, 1990；Bloch et al., 1996；Bloch, 1999；Bloch & Hefetz, 1999；Bourke & Ratnieks, 2001など)。これらの研究のほとんどすべてが，セイヨウオオマルハナバチを用いて行なわれている。しかし上記のように女王と働きバチ間の相互関係には種間差があるようなので，本種とはカスト決定機構の異なるアカマルハナバチなどを用いて，詳しく比較研究する必要があると考えられる。

第11章
生殖虫の生産

マルハナバチ類ではコロニーがある程度発達すると，カラー写真138〜142のように生殖虫の生産が行なわれる。どのようなタイミングで働きバチの生産から生殖虫の生産へ転換するのだろうか。そして同じ受精卵から働きバチが生産されたり，女王が育てられたりするときの，カスト決定のメカニズムはどのようになっているのだろうか。最近筆者はこれらの点について，簡単に報告したが(片山，2002)，ここではさらにその後得られた知見を加えて解説した。また，最近話題になっている生殖戦略についても触れることにした。

11.1. コロニーの発達段階と生殖虫生産のタイミング

社会性昆虫におけるコロニー存続の意味は，多数の働きバチを生産して強大なコロニーをつくることではなく，いかに効率よく多数の生殖虫(オスと女王)を生産するかということである。そのためにはコロニーの発達過程で，働きバチの生産から生殖虫生産へいつ転換するかというタイミングが重要である。マルハナバチなどのハチ目昆虫は，半・倍数性の性決定機構をもち，倍数体(受精した)卵はメスに，半数体(未受精の)卵はオスになる。女王は産卵するとき，受精嚢から精子の放出を調節し，メス卵とオス卵を産み分けることができる。したがって生殖虫の生産は，一般に女王が働きバチを生ずるメス卵からオス卵の産下へ転換することで開始される場合が多い。

マルハナバチのコロニーでの生殖虫生産時期に関してSladen(1912)は，マルハナバチの女王は全体で200〜400個の働きバチになる卵を産下したあと，オスと女王になる卵を産み始めるとしている。この数値は種により，また女王の産卵力によって異なると書いている。また，*B. bimaculatus*のように生殖能力が低く，繁殖期間の短い種ではオス卵は5月下旬か6月に産下されるが，*B. pennsylvanicus*や*B. impatiens*のように生殖能力が高くて発生期間の長い種では，オス卵は7月中旬までは産下されず，大部分は8月にはいってから産下される(Frison, 1927a)。そしてAlford(1975)によると，マルハナバチの典型的なコロニーでは，初め働きバチだけが連続して生産されたあとオスと働きバチがいっしょに養育され，その後，純粋なオスだけのバッチが生産されるという。このようにマルハナバチ類のコロニーの発達過程は，生殖虫になる卵の産下開始前の時期(成長相)とそれ以降の時期(生殖相)とに区分できる。

女王のオス卵生産への転換は，巣内の働きバチ密度がある臨界レベルに達することで引き起こされるのだろうという「社会的ストレス説」がある(Röseler, 1967)。これを検証するためPomeroy & Plowright (1982)は*B. perplexus*で，コロニー内の働きバチ数を操作して調べたが，オス生産開始のタイミングは働きバチ数と関係がなかった。さらに*B. terricola*で，第1巣室の働きバチ数あるいは第2巣室の働きバチ数は，いずれもオス卵の産下開始時期に関係がなかった(Plowright & Plowright, 1990)。そして働きバチの日齢，産卵性働きバチの有無およびコロニー内の花粉貯蔵量のいずれも，オス卵の生産開始時期に関係がなかった。しかしオス卵の産下開始は働きバチ/幼虫比がある臨界点(0.683)に達する時期と関連していたので，彼らはこれらの結果をもとに「女王は自分の産卵経過をモニタリングし，自分の産んだメス卵が女王として養育されると予測できる時点で，オス卵の産下を開始する」という"女王によるモニタリング説"を提案した(Plowright & Plowright, 1990)。

女王のオス卵産下開始のタイミングについて，van der Blom(1986)はセイヨウオオマルハナバチの

女王が，メス卵からオス卵の産下へ突然に転換することを明らかにした。しかしこの転換が生じる要因は不明であった。その後 Duchateau & Velthuis (1988) も本種の女王が，短期間にメス卵からオス卵の産下へ転換することを確認し，この転換の起こる時点をスイッチ点（以下 SP という）と呼んだ。そして SP の時期はコロニーによって早晩があり，早期 SP のコロニーでは最初の働きバチ羽化後平均 9.8 日，晩期 SP のコロニーでは平均 23.6 日で SP が起こった。SP の早晩が第一にコロニーの働きバチ数を決定し，二次的にオスの生産数および新女王生産の機会を決定することがわかった。また SP の早晩はコロニー内の働きバチ数，産卵性働きバチの有無やコロニー内の食物量などの各種条件とは関係がなかったので，彼らは SP のタイミングは女王の体内に前もってプログラムされているのだろうと考えた。クロマルハナバチでも SP の時期に早晩があることが観察されている（Hannan et al., 1997）。その後セイヨウオオマルハナバチでは女王の単独期に作用する要因，例えば越冬期の環境条件や女王の単独営巣期間の長さなどが，SP のタイミングに影響することが明らかになった（Duchateau, 1991）。

社会性昆虫における生殖虫の生産開始のタイミングに関する Macevicz & Oster (1976) の説によれば，最適の生殖戦略はコロニーの寿命が終わる 1 世代前までコロニーの成長に投資し，その後すべての投資は可能な限り多くの生殖虫へ配分されるべきであるという。このように生殖虫の生産は，一般にコロニーの寿命の比較的後期に起こると考えられている。しかしマルハナバチ類では資源がまだ豊富な，コロニーの寿命の比較的早い時期に生殖虫の生産を開始する場合がある。B. terricola ではすでに第 2 巣室でオス卵が産下され，その時点でまだ働きバチが 1 個体も羽化していないコロニーもあった（Plowright & Plowright, 1990）。またセイヨウオオマルハナバチ，B. terricola および B. lucorum の 3 種すべてで，生殖への決定（オス卵の産下開始または女王生産の開始）は，コロニー発達のきわめて早い時期に行なわれた。この時点では働きバチはごく少しか，またはまったく羽化していなかった（Müller et al., 1992）。この結果から彼らは，マルハナバチ類でコロニー発達のきわめて早い段階で生殖を開始することは，生殖に関する働きバチと女王間の闘争の機会を女王が制限する

ためだろうと考えている。Beekman et al. (1998) も女王は一定の率で産卵を続けるという Duchateau & Velthuis (1988) の結果に基づいて，コロニーの寿命が一定であるとすれば，生殖相への転換は最大数の生殖虫を生産するのに必要な資源を集めるのに十分な働きバチ数が達成されたら，可能な限り早いほど最適であるという説を発表している。女王による生殖開始時期の決定という Müller et al. (1992) の説に反して，Shykoff & Müller (1995) はセイヨウオオマルハナバチで，生殖決定のタイミングは働きバチによる卵または幼虫の選択的な間引きによって行なわれるとしている。女王はオス卵とメス卵を多少無差別に産下するが，働きバチが選択的な間引きによって羽化する成虫の性とカストを決定するという説を発表している。

つぎに生殖虫生産のプロセスについて，Sladen (1912) は生殖虫生産の初期には主としてオスだけが生産され，後期には主に女王だけが生産されると述べている。B. pascuorum の生殖虫生産過程を詳しく調査して，Cumber (1949a) はつぎのようなプロセスを示している。①最初にオス卵とメス卵がいっしょに産下される時期がしばらく継続する。②この過程で初めオスと働きバチが養育されるが，その後オスと女王が生産されるようになる。③最後に純粋な女王バッチへと転換する。その後多くの研究者が彼の結果を引用し（Free & Butler, 1959；Michener, 1974；Alford, 1975 など），マルハナバチ類のコロニーでは一般にオスが女王よりも先に生産されると考えられてきた。一方，Katayama (1974) はオオマルハナバチのコロニーで，（働きバチだけ）→（働きバチ＋女王）→（女王＋オス）→（オスだけ）というプロセスを示している。またエゾトラマルハナバチ，オオマルハナバチ，エゾオオマルハナバチ，クロマルハナバチ，コマルハナバチの各 1 巣で，オスは女王より後で生産された（Sakagami & Katayama, 1977）。B. pascuorum (Reuter et al., 1994) や B. pratorum (Küpper & Schwammberger, 1994) でも同様の例が記録されている。これに対して B. perplexus では，女王の生産開始はオスの幼虫や蛹の存在と働きバチの密度との両方に関連しているので（Pomeroy & Plowright, 1982），女王の生産はオスの生産開始よりもあとに行なわれる。

セイヨウオオマルハナバチの生殖虫生産過程では，

女王が半数体卵の産下へ転換するSPのあとに，コロニー発達の後期になって働きバチの産卵と働きバチによる攻撃行動が起こるので，Duchateau & Velthuis(1988)はこの時点を闘争点(以下CPという)と呼んだ。CPが起こるタイミングはコロニーの最初の働きバチ羽化後平均30.8日で，コロニー間差は比較的少なかった。SPとCP間の期間は女王由来のオスの数を決定し，新女王生産の機会と新女王の生産数に影響を及ぼした。彼らはCPのタイミングは，働きバチの密度や働きバチの齢構成などコロニーにおける社会的要因と関係がないと考えた。しかし本種の若いコロニーで，女王の産んだ卵をオス卵で置換すること，または働きバチ数を2倍にすることは，CPの開始と女王生産への転換を早くすることがわかった。したがって幼虫の性と働きバチ数との両方が，CPと女王生産への転換を決定する社会的要因であると考えられる(Bloch, 1999)。CPのタイミングはコロニーの社会的要因と関係がないというDuchateau & Velthuis(1988)の推論は妥当性を欠いているように思われる。

生殖虫生産過程の初期には，オスと女王が同一卵室から生じる「混合バッチ」が生産される(Sladen, 1912；Frison, 1927a；Alford, 1975)。混合バッチの生産についてCumber(1949a)は，女王生産期の初期には女王，働きバチ，オスを生ずる卵が1つの卵室にいっしょに産下される。混合バッチでは巣室中央の好適した場所を占めるメス幼虫が女王になり，働きバチとオスは周辺に位置していると書いている。女王と働きバチを含む混合バッチの生産が，B. terricolaとB. ternariusのコロニーで記録されている(Plowright & Jay, 1968)。またミヤマルハナバチでは，大半の女王は混合バッチから生産された(Ochiai & Katayama, 1982)。

一般にマルハナバチのコロニーでは，生殖虫の生産が行なわれたあとはもはや働きバチの生産にもどることはない(Cumber, 1949a；Free & Butler, 1959；Michener, 1974)。Alford(1975)も初め女王と同一のバッチから若干の働きバチが生産されるが，女王生産の盛期になると働きバチは決して養育されることはないと述べている。これに対して，B. pratorumでは多くの自然のコロニーで，女王の羽化時期およびその後もなお働きバチが生産される(Küpper & Schwammberger, 1994)。発生型と生殖虫生産期に関して，Goodwin(1995)はB. pratorumやB. hortorumのような短期営巣種では，働きバチ生産期と生殖虫生産期の分離が中・長期営巣種のように明確ではないことを認めている。またセイヨウオオマルハナバチ，B. terricola，B. lucorumの3種で，成長相と生殖相が明確に分離せずに重複していて，働きバチ数の約半分はそれらのコロニーで生殖決定が行なわれたあとに生産された(Müller et al., 1992)。クロマルハナバチでも働きバチは最初のオス羽化後長期間羽化し続け，1例では74日間に及んだ(Hannan et al., 1997)。このように生殖虫生産後の働きバチの生産に関しては，種間差があるだけでなく，コロニー間差があるように思われる。コロニー間差は働きバチの密度，幼虫/働きバチ比，コロニーの食物貯蔵量などの各種コロニー条件が関連しているものと思われる。

女王を生ずる卵の産下時期について，Sladen(1912)はメス幼虫が女王に発育するためには豊富な食物だけでは不十分で，その幼虫が母女王の生涯の後期に産下された卵から発育することが必要であると述べている。しかしCumber(1949a)によると，B. pascuorumで1つの卵が女王または働きバチのどちらに発育するかは，その卵の産下時期によって決まるのではないという。また，Free(1955b)やFree & Butler(1959)も，マルハナバチ類の女王生産は幼虫1個体当たりの働きバチ数によって制御され，十分な食物と働きバチ数が確保されれば，第1巣室の卵からでも女王が生産されると書いている。これに対して，Röseler(1970)はマルハナバチ類のカスト決定は後述するように(11.3.参照)，種によって異なることを明らかにした。Asada & Ono(2000)はオオマルハナバチとクロマルハナバチで，女王生産の開始時期に基づいて，3つのコロニー型を区別している。すなわち，1型では第2巣室の卵から女王が生産され，この時点では働きバチは未羽化である。2型ではSP直前の卵から女王が生産される。3型ではSP後またはCP後の卵から女王が生産される。オオマルハナバチでは1〜3型のすべてのコロニー型があったが，クロマルハナバチでは1型はなく，2型もごくわずかで，大半は3型であった。彼らはこの結果から，オオマルハナバチの女王生産はクロマルハナバチのそれよりも柔軟性があり，そのためオオマルハナバチの方が北方への分布に適応

11.2. 幼虫に対する給餌様式と女王幼虫の発育

 幼虫のカストや性による給餌法の差について，従来から多くの議論が行なわれてきたのは，ポケット・メーカーに属する種で生殖虫になる幼虫を含んでいる幼虫室に，花粉ポケットがつくられるかどうかという点である。これに関してはすでに7.2.3.で詳しく述べたので，ここでは若干問題点をまとめるだけにした。この問題について最初に記述したのはPlath(1927a, 1934)で，彼はミナミマルハナバチ亜属の B. fervidus と B. pennsylvanicus で，働きバチの幼虫は花粉ポケットで養われるが，女王とオスの幼虫は働きバチによって吐きもどされる液体で養われると書いている。この報告を引用して，Free & Butler(1959)，Michener(1974)，Alford(1975)などはミナミマルハナバチ亜属だけでなくポケット・メーカー全般について，生殖虫の幼虫室には花粉ポケットがつくられず，幼虫は給餌バチによって吐きもどされた食物で養われると述べている。しかしこの点に関する研究結果を整理すると，すでに表17に示したとおり，ミナミマルハナバチ亜属以外のポケット・メーカーでは，生殖虫の幼虫室にも花粉ポケットがつくられることがわかる。したがって，ミナミマルハナバチ亜属についてのPlathの報告を，ポケット・メーカー全般に拡大解釈したところに問題があったのだろうと思われる。

 つぎにミナミマルハナバチ亜属では，一部の種で生殖虫の幼虫室にもポケットがつくられるが(Sakagami, 1976)，ほかの種ではそれがつくられないというように(Plath, 1927a, 1934；Hobbs, 1966a；Plowright, 1977)，同一亜属内で異なった給餌様式が報告されている。Sakagami(1976)によると B. atratus では，女王幼虫室のポケットが取り去られたあとも，幼虫は巣室壁に開けられた給餌孔を通じて，3〜5日間花粉蜜混合液を給餌されるという。このように比較的早期にポケットが取り壊されて，その後長く吐きもどし給餌が行なわれるので，観察時期によってポケットの存在を見落とす可能性がある。また，ミナミマルハナバチ亜属の一部の種では，不要になった花粉ポケットを花粉貯蔵容器につくりかえるという習性をもっている(Frison, 1930b；Hobbs, 1966a；Sakagami et al., 1967)。花粉ポケットの機能はすでに7.2.3.で述べたように，コロニー全員のための花粉貯蔵容器であると考えられるので，生殖虫生産期にポケットがつくられない種では，それにかわる貯蔵容器が必要である。たぶんこれらの種ではポケットから改造された貯蔵容器が花粉ポケットの代用をしているのであろうと考えられる。いずれにしてもミナミマルハナバチ亜属では，生殖虫の幼虫室について幼虫のふ化から営繭完了まで継続して，ポケットの作製とその消長を詳しく調査する必要がある。

 ノンポケット・メーカーのオオマルハナバチでは，女王幼虫は終齢になって営繭開始し，各幼虫が完全に分離したあとも4〜5日間頻繁に給餌される。この期間に女王幼虫は図43のように，巣室のワックス壁に開いた巨大な給餌孔(直径6〜7mm)を通じて豊富な食物を受け取ることによって，急速な成長をとげる。これに対して，働きバチ幼虫は営繭開始して各幼虫が分離したあと，わずか2〜3日で営繭を完了してしまう。また，働きバチ幼虫やオス幼虫の給餌孔は直径2〜3mmで，女王幼虫のそれよりも明らかに小さい。このように女王幼虫は，働きバチ幼虫やオス幼虫よりも2〜3日長く豊富に給餌されるので，幼虫期間の延長が女王の形態分化の主要な役割を果たしていると考えられる(Katayama, 1975；片山, 2002)。クロマルハナバチでも女王幼虫は巣室壁の給餌孔を通じて，働きバチ幼虫よりも平均2日長く給餌されるので，給餌孔の存続期間が長いことが，カスト分化の1つの役割を果たしているという(Hannan et al., 1998)。

 幼虫のカストと給餌バチによる給餌頻度との関係について，アカマルハナバチでは働きバチ幼虫よりも女王幼虫の方が給餌される回数が多かったが，統計的な差はなかった。これに対して，セイヨウオオマルハナバチでは給餌のピーク時期に，女王幼虫の方が働きバチ幼虫よりも頻繁に給餌された(Röseler & Röseler, 1974)。さらに本種の女王幼虫と働きバチ幼虫は，発育の初め(産卵後5〜9日)には同じ頻度で給餌されるが，発育の後期には女王幼虫は働きバチ幼虫よりもはるかに頻繁に給餌される。しかし，オス幼虫は特に発育の最終段階で，給餌頻度が顕著に

図 43 オオマルハナバチの女王幼虫室側面に開いた巨大な給餌孔。この孔から食物が豊富に与えられる。孔から幼虫の体の一部が白く見えている。

低下したので，オス幼虫の給餌過程はメス幼虫と異なった方法で行なわれているように思われる (Ribeiro et al., 1999)。

　幼虫のカストによって与えられる食物の質に差があるかどうか，すなわち幼虫に与えられる食物の質的な差がカスト決定の要因になるかどうかについても，従来から種々論議が行なわれてきた。Sladen (1912)は女王への発育は幼虫に与えられる食物のわずかな差による可能性もあるという。女王幼虫と働きバチ幼虫はともに蜜と花粉の混合食を与えられるが，この食物の組成はコロニーがある発達段階に達したときにわずかにかえられるという。例えば給餌バチの唾液腺の活性上昇による分泌物の増加などがあるだろうと述べている。しかしFrison(1927a)は女王幼虫は働きバチ幼虫よりも長い幼虫期間をもっているので，女王幼虫と働きバチ幼虫の発育の差は，幼虫に与えられる食物の質の差ではなく，量の差によるのだろうと否定的な見解を述べている。Free (1955b)やFree & Butler(1959)も同様の見解を示している。Alford(1975)もマルハナバチ類では，カストは質的に異なった給餌によるのではなく，量的に差のある給餌によって決定されると述べている。

　オオマルハナバチで給餌バチの給餌行動を観察した結果，女王幼虫の食物は働きバチ幼虫やオス幼虫のそれと質的に異なっていないと考えられた。給餌バチは幼虫に給餌するため食物を1回摂取したあと，連続して女王幼虫と働きバチ幼虫またはオス幼虫に給餌した(Katayama, 1975)。アカマルハナバチでも給餌バチの日齢と女王幼虫，働きバチ幼虫に対する給餌頻度の関係には，何ら差が見られない(Röseler & Röseler, 1974)。また，どの給餌バチも女王幼虫または働きバチ幼虫のどちらか一方にだけ給餌することはないし，同一給餌過程で一方のカストの幼虫から他方へとしばしば変化するので(Röseler, 1976)，幼虫のカストによる食物の質的な差があるとは考えられない。クロマルハナバチでも女王幼虫，働きバチ幼虫およびオス幼虫間で，給餌のしかたに質的な差は見られず，給餌バチは花粉を1回摂取した後連続して，働きバチ幼虫と女王幼虫に食物を与える (Hannan et al., 1998)。

　このように幼虫のカストによる食物の質的な差はないという見解が多いが，Ribeiro(1999)はセイヨウオオマルハナバチで食物の質的な差がカストの発達と分化に関連があるだろうと示唆している。本種

の幼虫では発育の最終段階になると，1回に受ける給餌の継続時間が長くなる。給餌の継続時間は，与えられる食物量や食物中の花粉量などには関係がなく，給餌の際幼虫食物に添加される分泌腺からの物質（タンパク質と酵素）の存在と関係しているのだろうという。女王幼虫は発育最終段階の期間が働きバチ幼虫やオス幼虫より長く，この時期に高頻度で給餌されるので，分泌腺からの物質をより多く受け取る。これが比較的少ない花粉量で，女王幼虫が効率よく成長できること(Ribeiro, 1994)の原因だろうという。そのため彼は分泌腺からのタンパク質が，カストの発達と分化に重要な役割を果たしていると考えている(Ribeiro, 1999)。

これに対して，Pereboom(2000)はセイヨウオオマルハナバチで幼虫に与えられる食物の成分を詳しく調査して，幼虫のカストまたは日齢による食物の質的な差はないと述べている。彼の研究によれば，働きバチは食物を摂取する際に，少量のタンパク質分泌物を添加するが，幼虫に食物を吐きもどすときは新たに添加することはないという。そして女王幼虫，働きバチ幼虫およびオス幼虫に与えられた食物の平均的組成は，花粉，タンパク質および糖分の量に関して，まったく同じであり，これらのごく若い幼虫も同じ組成の食物を受け取っていた。このように幼虫のカストまたは日齢による食物の質的な差は見られない。さらに給餌バチの日齢によって幼虫に与えられる食物の組成に差はなかったし，コロニーの発達段階によって食物組成が変化することもなかった。これらの結果はすべての幼虫が発育全期間を通じて，質的に同じ食物を受け取っていることを示している。また，女王幼虫と働きバチ幼虫間の発育の差は，食物の質的な差によるものではないことを示している。Pereboom(2000)は分泌物に含まれているタンパク質はカスト特異的な幼虫の発育に関連する物質ではなく，消化酵素であろうと述べている。

種別の性またはカストによる発育期間の差については，すでに8.2.で記述した。また，今までに報告されたデータをまとめて，表18～19に示してある。幼虫期間はカストによって差があり，一般に女王の幼虫期間は働きバチのそれよりも明らかに長いという報告が多い(Sladen, 1912；Frison, 1928；Plowright & Jay, 1968；Katayama, 1975；Plowright & Pendrel, 1977；Sutcliffe & Plowright, 1990；Ribeiro, 1994；Cnaani et al., 1997など)。しかし *B. pratorum* では女王幼虫と働きバチ幼虫の発育期間に差がなく，発育期間の長さが女王の発育に重要な役割を果たしているとは考えられないという(Free, 1955b；Free & Butler, 1959)。また，*B. pascuorum* でも卵と幼虫の発育期間は，カストによって差が見られなかった(Reuter et al., 1994)。さらにRöseler & Röseler (1974)によれば，幼虫期間のカスト間差は種によって異なるという。セイヨウオオマルハナバチの幼虫期間はカスト特異的で，女王の幼虫期間は働きバチのそれよりも平均2.5日長いが，アカマルハナバチでは幼虫期間はカスト特異的な傾向を示さず，体のサイズと関連しているという。蛹期間のカストによる差は表18～19のように，幼虫期間のそれよりも明瞭で，女王の蛹期間は働きバチのそれよりも明らかに長い。Röseler & Röseler(1974)やSutcliffe & Plowright(1990)もこの傾向を認めている。

女王幼虫と働きバチ幼虫の成長率の差について，Plowright & Jay(1968)は，*B. ternarius* と *B. terricola* の女王幼虫と働きバチ幼虫からなる混合バッチで観察した。それによると，働きバチ幼虫が摂食を終了して繭が完成するまで，女王幼虫は働きバチ幼虫と区別がつかない。女王幼虫は働きバチ幼虫が営繭完了した後急速に成長し，働きバチの営繭後3日経ってやっと営繭を完了した。このことから彼らは女王幼虫における幼虫期間の延長が，女王の形態発生の1つの要因になっていると考えている。オオマルハナバチの混合バッチでも，女王幼虫と働きバチ幼虫のサイズは，幼虫ふ化後6～7日まで明らかな差は見られない。それ以後働きバチ幼虫の成長率は低下し，ふ化後8～9日になると女王幼虫は働きバチ幼虫からサイズ差によって，容易に区別できるようになる。女王幼虫は働きバチ幼虫が営繭完了したあとも2～3日間成長し続け，その結果最終的なサイズ差がより顕著になる(Katayama, 1975)。このように女王幼虫の発育は，幼虫期間が長いという特徴をもっている。そして女王のサイズは発育の最終段階で与えられる豊富な食物によってもたらされる。

女王幼虫と働きバチ幼虫の成長率の差について，*B. terricola* の混合バッチでは，働きバチ幼虫の成長が営繭のため低下するまで，女王幼虫と働きバチ幼虫の成長率には実質的な差は見られなかった

(Plowright & Pendrel, 1977)。これに対してセイヨウオオマルハナバチで，女王幼虫と働きバチ幼虫は明らかに異なった成長率をもっていて，働きバチ幼虫に比べて女王幼虫はきわめて遅い成長率を示した。女王幼虫の日齢別体重増加傾向と花粉摂取量との関係は，働きバチのそれと明白に異なっていた。そして幼虫発育の後期には，花粉摂取量は女王幼虫の体重増加にあまり重要な役割を果たしていなかった。このことは，女王幼虫の発育には，働きバチ幼虫と異なった機構があるのだろうということを示している。そして女王幼虫は遅い成長率をより長い発育期間で補っているのだろうという(Ribeiro et al., 1993；Ribeiro, 1994)。しかしその後の研究では，本種の働きバチ幼虫と女王幼虫の成長率は同じであった。したがって女王幼虫のサイズが大型になるのは，成長率が早いためではなく，発育期間が長いためであるという(Cnaani et al., 1997)。

11.3. カストの決定とカスト分化

社会性ハチ類のカスト決定について，Wheeler (1923)は栄養去勢説を唱えた。不十分な食物で養育されたメスは働きバチになり，幼虫の世話や食物採集などの厳しい労働によって，卵巣の発達が抑制される。しかしコロニーの盛期になり，十分な食物で養育されたメスは大型で卵巣が発達した女王になるという。この説は基本的にマルハナバチ類にもあてはまるが，幼虫に与えられる食物の量は働きバチの数だけではなく，種々のコロニー条件と関連している。特に食物を受け取る側の幼虫の数に注目する必要がある。このためCumber(1949a)は幼虫/働きバチ比が，女王生産期の前後でどのように変化するかを調査した。その結果女王養育中のコロニーでは，この比が1.0かそれ以下になっていることを見出した。しかし女王の産卵数の推移を調べた結果，成虫まで養育される数の2倍以上の卵が産下されていることが明らかになった。そのため彼は働きバチによる食卵行動によって，幼虫/働きバチ比が調節され，食卵行動の増加による幼虫/働きバチ比の減少が女王生産を引き起こすのだろうと考えた。Free (1955b)もB. pratorumで幼虫/働きバチ比の影響を実験し，女王生産には十分な食物と幼虫の世話をするのに必要な一定の幼虫当たり働きバチ数とが必要なことを明らかにした。

その後女王生産開始と幼虫/働きバチ比の関係には，種間差があることが報告された(Plowright & Jay, 1968)。B. perplexusのコロニーでは，幼虫/働きバチ比の減少によって幼虫の食物供給量が漸増し，その結果女王生産が開始される。しかしB. ternariusとB. terricolaでは，幼虫/働きバチ比の減少が女王生産を引き起こす基本的な要因にはなっていないという。アカマルハナバチでは，女王生産の前提は幼虫/働きバチ比が好適な条件に達することで，具体的にはコロニーの幼虫/働きバチ比が2：1になると，幼虫は女王へと養育される(Röseler, 1970；Röseler & Röseler, 1974；Röseler, 1991)。そして一般に多くのマルハナバチ類で，女王生産への転換は幼虫に与えられる食物量の増加によって引き起こされ，それは主にコロニーの発達にともなう幼虫/働きバチ比の減少の結果であると考えられている(Plowright & Plowright, 1990)。

マルハナバチのカスト決定についてB. ternariusとB. terricolaでは，メス幼虫の発育を女王にするか働きバチにするかを決定する"スイッチ機構"が存在するという説が報告された(Plowright & Jay, 1968)。メス幼虫のカストはB. ternariusでは4齢になってから決定されるが，B. terricolaでは少なくとも4齢になる前に決定される。そして前者のスイッチ機構は，同一幼虫室における働きバチ幼虫の摂食終了にともなう，女王幼虫への食物供給量の急増が原因であろうという。その後Röselerは一連の研究によって，アカマルハナバチとセイヨウオオマルハナバチのカスト決定機構を明らかにした(Röseler, 1970, 1974a, 1976, 1977, 1991；Röseler & Röseler, 1974)。それによるとこれら2種でカスト決定様式は明らかに異なり，前者ではメス幼虫は最適条件で養われれば，コロニー発達のどの段階でも女王に発育することができる。しかし後者のメス幼虫は表27のように最適条件で養育されても，若くて優勢な女王の存在下では働きバチにしか発育できない。もしその女王を除去するか，ある程度老化して生殖虫生産が開始されたコロニーの女王と共存させれば，メス幼虫は女王になることができる。これは女王がフェロモンを生産し，それによって新女王生産を阻止しているためで，このフェロモンによりメスの1齢幼虫(ふ化後3.5日まで)は，働きバチへと決

定される(表27)。この阻止作用はコロニー発達の後期になり，女王がしだいに老化するにつれて消失し，その結果新女王の生産が開始される(Röseler, 1970, 1991)。

つぎに女王生産と幼若ホルモン(JH)の関係をみると，アカマルハナバチでは終齢幼虫に JH を処理することで女王への決定が起こるし(Röseler & Röseler, 1974)，働きバチの前蛹に JH 処理をしても，小型の女王を得ることができる(Röseler, 1976, 1991)。この結果から本種では終齢幼虫期に食物の量がある限界以上になると，幼虫の内分泌系が活性化されて JH 生産量が増加することで，前蛹期に生理的な女王に分化するのだろうと考えられている(Röseler, 1976, 1977, 1991)。一方セイヨウオオマルハナバチでは第 1 齢期に働きバチへと決定された幼虫は，その後十分な食物を与えても女王に発育させることはできない。また終齢幼虫期や前蛹期に JH を処理しても，女王にはならない。このように働きバチへと決定された幼虫の発育は不可逆的で，その後女王へと変更することができない。しかし女王になる幼虫の発育は，蛹化までなら実験的に変更できる。すなわち女王になる幼虫を優勢な母女王のいるコロニーに移すと，サイズは女王と同じでも生理的には完全な働きバチになってしまう(表27)。女王によるこの「再決定」はたぶん女王が特別な物質を含む食物を与えることで，幼虫の内分泌系を不活性化してしまうためだと考えられている(Röseler, 1976, 1977, 1991)。

ごく最近 Cnaani らもセイヨウオオマルハナバチで，アラタ体の JH 生産とカスト決定の関係について研究している。それによると働きバチ幼虫のアラタ体は，一定した低い JH 生産を示すが，女王幼虫は JH 生産の 2 つの山をもっている。1 つは 1 齢期の小さな山で，2 つ目は 2〜3 齢期の大きな山である。1 齢期の山はカスト決定と関連しているし，2 つ目の山はその後の各齢期間の長さに影響を及ぼし，その結果女王は大きなサイズに発育する。このように本種のカスト決定は JH によって調節され，幼虫の齢期間がカスト決定の主要因であるという(Cnaani et al., 1997)。さらに彼らは本種のコロニーで，闘争期の前後および女王や働きバチの若，老などコロニーの社会的条件とメス幼虫の JH 生産との関係を調査した。その結果コロニーの闘争期前後で，メス幼虫は働きバチへの発育経路から女王の発育経路に転換することと，メス幼虫が女王に分化するのを直接抑制するフェロモンを女王が生産していることがわかった。このように女王フェロモンは働きバチを介して幼虫に作用するのではなく，女王から直接幼虫に作用して，働きバチへの発育プログラムを引き起こしていると考えられている(Cnaani et al., 2000)。

表27に Röseler らの研究結果を整理して示した。セイヨウオオマルハナバチのカスト決定様式は複雑で，まだ不明な点が多い。1 齢幼虫期に起こるカスト決定は Cnaani et al.(1997)の観察から JH によると思われるが，まだ実験的に確認されていない。また女王幼虫を働きバチへ「再決定」する原因物質も不明である。女王フェロモンは Röseler(1970)によれば，働きバチを介して幼虫に与えられるというが，Cnaani et al.(2000)は女王から直接幼虫に作用する経路を報告している。働きバチを通じて幼虫に伝達される場合，具体的にどのような方法で行なわれるのかまだ解明されていない。今後フェロモンそのも

表27 アカマルハナバチとセイヨウオオマルハナバチにおけるカスト決定の様式(片山, 2002 から改変)

種名	決定時期	女王の影響	決定の原因物質	カスト決定のしかた
アカマルハナバチ	終齢幼虫〜前蛹期	なし	JH	(F)→Q (f)→W
セイヨウオオマルハナバチ	1 齢幼虫期	女王フェロモンにより働きバチへ決定	JH(?)	(DQ)+(F)→W (DQ)+(f)→W
	2 齢幼虫期以降	女王が給餌する食物に含まれる物質により女王→働きバチへ決定	JH(?)	DQ または(AQ)+(F)→Q DQ または(AQ)+(f)→W DQ または(AQ)→(DQ)+(F)→W DQ または(AQ)→(DQ)+(f)→W

(F)：十分な食物，(f)：不十分な食物，Q：女王，W：働きバチ，(DQ)：優勢な女王，(AQ)：老化した女王，DQ：優勢な女王の不在，JH：幼若ホルモン

のの正体も化学的に究明されなければならない。さらに女王フェロモンによってカストが決定される、いわゆる"より高度な"決定様式が、セイヨウオオマルハナバチと同じオオマルハナバチ亜属の種に限られているのか、あるいはほかの亜属でもみられるのか、今後の比較研究が必要であると思われる。

11.4. コロニーの条件と生殖虫生産数

自然環境下でのマルハナバチ類のコロニーは各種天敵や気象条件、さらに周辺の開花植物の量など種々の環境条件に大きく影響されるため、生殖虫を生産するまで順調に発達することは、予想以上に困難である。越冬後女王によって春に創設されたコロニーの大半は、生殖虫を生産する前に途中で消失してしまうだろう。例えば B. pascuorum で 80 個のコロニーを追跡調査した結果(Cumber, 1953b)、図 44 のようにその大半は生殖虫生産前に破壊されたり、消失してしまった。そのため少なくとも 1 個体以上の生殖虫を生産したコロニーは、全体のわずか 40%で、このうちオスだけしか生産しなかったコロニーが約 11%で、女王を生産できたコロニーは全体の約 29%にすぎなかった(図 44)。Müller & Schmid-Hempel(1992a)も自然環境下に設置した巣箱で、B. lucorum の 36 個のコロニーを調査した。その結果約 44%のコロニーはまったく生殖虫を生産できなかった。また、オスだけしか生産しなかったコロニーが約 42%を占め、女王を生産できたコロニーはわずか 14%だった(図 44)。Cumber の結果に比べて生殖虫生産なしのコロニーの割合が低いが、これは重要な天敵であるヤドリマルハナバチを人為的に排除したためであると考えられる。

一般にコロニー当たりの生殖虫生産数は、コロニーサイズ(在巣働きバチ数)に関連していると考えられている(Sladen, 1912；Free & Butler, 1959；Alford, 1975 など)。例えば Michener(1964b)は B. pennsylvanicus のコロニーで、働きバチ数と女王生産数についてきれいな関係を図示している。B. ruderatus でもコロニーの生殖虫生産数は、働きバチの生産数と相関があった(Pomeroy, 1979)。そして 16 個の成熟コロニーで、コロニーサイズ(総繭数)は平均 418 で、女王生産数(女王繭数)は平均 74 であった(Pomeroy, 1979, 1981)。Hasselrot(1960)はセイヨウオオマルハナバチの 1 つのコロニーで、働きバチとオスの繭が 986 個、女王繭が 488 個で、計 1474 個もの繭を生産した例を記録した。この結果から本種では最大規模のコロニーは、総成虫数 1500 個体程度で、約 500 個体に及ぶ女王を生産するだろうと考えられている。しかし生殖虫のうち、オスの生産数を正確に記録しているデータはきわめて少ない。オスは一般に羽化後の在巣期間が短く、また繭の大きさが働きバチとほぼ同じなので区別できない。したがって、繭数や在巣個体数からオス生産数を推定することは困難である。このため Sakagami &

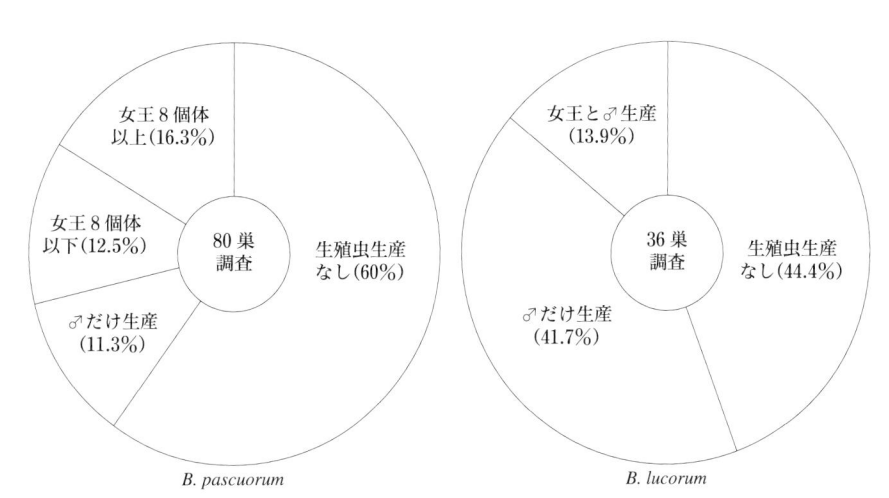

図44　B. pascuorum の自然営巣コロニーと B. lucorum の野外に設置した巣箱内のコロニーにおける生殖虫生産状況(B. pascuorum は Cumber, 1953b から作図；B. lucorum は Müller & Schmid-Hempel, 1992a から作図)

Katayama (1977) は，女王繭数を1つの指標として用いた。女王繭は大きさによって働きバチやオスの繭と区別できるし，終末期のコロニーですでに女王が離巣したあとでも，空繭によって女王生産数を推定することが可能である。このようにして調査した，日本産マルハナバチ類のコロニーサイズと女王生産数の関係をp.172の図45に示した。女王生産が行なわれたコロニーでみると，女王生産数はコロニーサイズ（総繭数）が大きくなるほど多くなる傾向を示している。しかし図のようにコロニーサイズが大きくても，まったく女王生産が行なわれなかったコロニーも多い。これらのコロニーでは，オスが生産されていたのかも知れない。Sladen (1912) も *B. pratorum* の強大なコロニーで，生殖虫が生産されなかった例を報告している。

働きバチ数と女王生産数について，Pomeroy & Plowright (1982) は *B. perplexus* で，第1巣室の働きバチ数を2，4，8個体，第2巣室のそれを6，12，24個体とそれぞれ3倍になるように調節して，その後の女王生産数を調べた。その結果働きバチ数が多くなるにつれて，平均で4.8，10.7，15.3個体の女王が生産された。*B. lucorum* では，生殖虫を生産したコロニーでは平均働きバチ数が57.6個体で，生殖虫生産なしのコロニー（平均11.6個体）より有意に多かった。また生殖虫生産コロニーのうち，女王とオスを生産したコロニーは，オスだけしか生産しなかったコロニーより，成熟期の働きバチ数が多かった（Müller & Schmid-Hempel, 1992a）。このように生殖虫生産数はコロニーサイズと関係が深いという報告が多いが，種間差が見られるという報告もある。Macfarlane et al. (1994) によると，*B. vagans*，*B. pennsylvanicus* および *B. fervidus* の3種では，女王生産数はコロニーサイズと直線関係にあったが，*B. affinis*，*B. occidentalis*，*B. vosnesenskii* および *B. impatiens* では，はっきりした関係は見られなかったという。

セイヨウオオマルハナバチでは11.1.で述べたように，女王のSPの時期はコロニーによって早晩があり，早期SPのコロニーは晩期SPのコロニーよりも働きバチ数が少なく，オスの生産数は後者より2倍も多くなった。そしてコロニー当たり女王生産数は，早期SPコロニーではわずか10個体だったが，晩期SPコロニーでは56個体になった。また女王を生産したコロニーの率は，早期SPコロニーでは45.5％なのに対して，晩期SPコロニーでは90％であった（Duchateau & Velthuis, 1988）。*B. ruderatus* でも生殖虫生産数と相関がある働きバチ生産数は，オス生産開始の早晩と関連しているという（Pomeroy, 1979）。このように女王のSPの早晩はコロニーの生殖虫生産数，特に女王生産数と関係が深いが，営巣開始時期の早晩も生殖虫生産数と関係がある。*B. lucorum* で，早期に営巣されたコロニーはコロニーサイズが大きくなり，生殖虫生産数が多くなった（Müller & Schmid-Hempel, 1992a）。

さらに天敵の影響も大きく，スイスのバーゼル地方ではマルハナバチ類の成虫に寄生するメバエ類が，生殖虫生産時期に働きバチの死亡を引き起こし，生殖虫生産数を減少させる（Müller & Schmid-Hempel, 1992a）。そのため *B. lucorum* のコロニーで，人為的に早期と晩期に働きバチを除去し，メバエの影響を調べた結果，早期のメバエ寄生はオスの生産数を減少させ，晩期のメバエ寄生は女王の質の低下（体重の低下）をまねくことがわかった（Müller & Schmid-Hempel, 1992b）。日本でもオオマエグロメバエ *Physocephala obscura* Kröber がコマルハナバチ，トラマルハナバチおよびクロマルハナバチに寄生するが（Katayama & Maeta, 1998），被害程度は不明である。これに対して日本産マルハナバチ類では8.4.で述べたように，ミカドアリバチの寄生による影響が大きく，本種に寄生されたコロニーは生殖虫の生産前に巣が崩壊してしまう。また崩壊をまぬがれたコロニーでも，生殖虫の繭数が減少し，さらに寄生された繭からマルハナバチの成虫は羽化しない（Katayama et al., 1996）。

種による発生型や営巣習性の差とコロニーサイズおよび生殖虫生産数との関係については，北アメリカ産16種での比較調査がある（Macfarlane et al., 1994）。それによると早期出現の地下営巣性種（*B. impatiens*，*B. affinis*，*B. occidentalis*，*B. vosnesenskii*）は，大型のコロニーをつくり，女王生産数は平均58〜181個体，コロニーサイズは680〜1262個体に達する。つぎに早期出現（*B. bimaculatus*，*B. perplexus*，*B. melanopygus*）と中期出現（*B. fervidus*，*B. pennsylvanicus*）の地表営巣性種ともっとも早く出現する地下営巣性種（*B. terricola*）は，女王生産数39〜73個体で，コロニーサイズは150〜430個体の中型のコ

第11章 生殖虫の生産

表28 本州産マルハナバチ類の飼育コロニーにおける生殖虫生産数

種 名	コロニーコード	コロニーサイズ	生殖虫 女王	生殖虫 オス	生殖虫 計	働きバチ	報告者*
トラマルハナバチ	DD-8	343	0	65	65	278	(1)
	DD-13	949	0	95	95	854	(2)
	DD-14	731	1	213	214	517	(3)
	DD-15	342	0	125	125	217	(3)
ウスリーマルハナバチ	Us-1	534	0	63	63	471	(3)
	Us-8	270	0	52	52	218	(3)
ミヤママルハナバチ	Ho-6	186	0	56	56	130	(4)
	Ho-7	139	0	34	34	105	(4)
	Ho-8	154	0	57	57	97	(4)
ホンシュウハイイロマルハナバチ	DM-4	275	65	93	158	117	(3)
	DM-10	170	7	85	92	78	(3)
コマルハナバチ	AA-11	198	101	52	153	45	(2)
	AA-12	58	1	40	41	17	(3)
	AA-17	223	69	117	186	37	(3)
	AA-21	414	98	224	322	92	(3)
オオマルハナバチ	HH-2	366	23	62	85	281	(2)
	HH-3	414	0	231	231	183	(5)
クロマルハナバチ	Ig-9	575	0	258	258	317	(2)
	Ig-13	348	1	58	59	289	(3)
	Ig-14	446	31	124	155	291	(3)
	Ig-15	483	12	25	37	446	(3)
	Ig-16	536	3	183	186	350	(3)
	Ig-18	698	44	365	409	289	(3)
	Ig-19	319	0	68	68	251	(3)
	Ig-20	399	0	142	142	257	(3)

*報告者名は以下のとおり。(1)：Katayama(1966)，(2)：Sakagami & Katayama(1977)，(3)：片山(未発表)，(4)：Ochiai & Katayama(1982)，(5)：片山・高見澤(2004)

表29 海外の主要マルハナバチ類の生殖虫生産数とコロニーサイズ（平均値）

種 名	観察巣数	コロニーサイズ	生殖虫 女王	生殖虫 オス	生殖虫 計	働きバチ	報告者
B. ruderatus	5	419.2	55.0	258.8	313.8	105.4	Pomeroy(1979)
B. melanopygus	17	143.1	12.6	87.7	100.3	42.8	Owen & Plowright(1982)
B. affinis	22	312.1	39.5	149.6	189.1	123.0	Fisher(1987)
B. lucorum	20	90.6	12.5	20.5	33.0	57.6	Müller & Schmid-Hempel(1992a)
セイヨウオオマルハナバチ	21	358.3	31.5	119.7	151.2	207.1	Duchateau & Velthuis(1988)

ロニーをつくる。そして早期出現(B. mixtus)，中期出現(B. vagans)および晩期出現(B. californicus, B. borealis, B. rufocinctus)の地表営巣性種は，女王生産数12〜16個体で，コロニーサイズが60〜190個体の小型のコロニーをつくるという。

最後にオスの生産数を記録したデータを表28〜29にまとめた。コロニー当たりのオス生産数も女王生産数と同様に，コロニー間差がきわめて大きい。また女王はまったく生産されないのに，オスが多数生産されたコロニーが多く見られる(表28)。コロニーサイズと女王生産数の関係(図45)で示した，コロニーサイズが大きいのに女王がまったく生産されなかったコロニーでは，このように多数のオスが生産されたものと考えられる。コマルハナバチの1つ

第II部　営巣習性の解説編

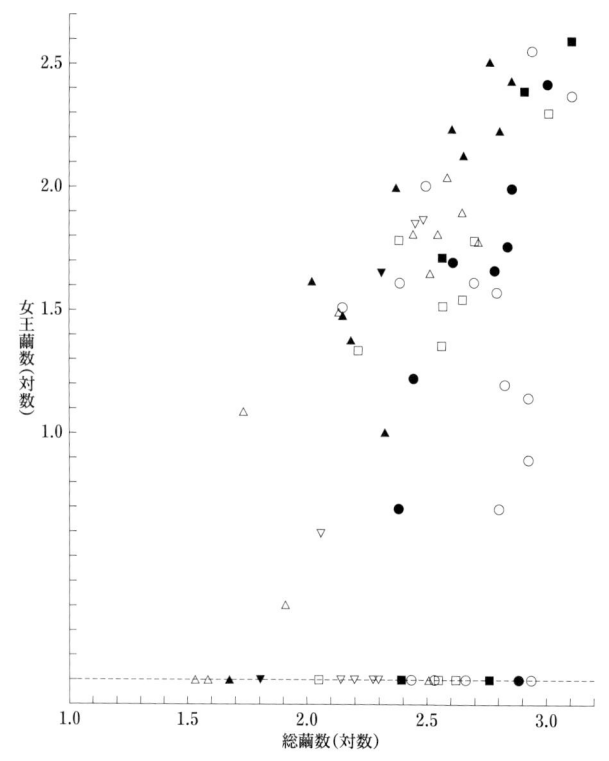

図45　日本産マルハナバチ類の成熟巣におけるコロニーサイズ(総繭数)と女王生産数(女王繭数)との関係(Sakagami & Katayama, 1977；Ochiai & Katayama, 1982；Katayama et al., 1990, 1993, 1996；片山・髙見澤, 2004 および片山らの未発表データから作図)。○：トラマルハナバチとエゾトラマルハナバチ，●：ウスリーマルハナバチ，□：オオマルハナバチとエゾオオマルハナバチ，■：クロマルハナバチ，△：ハイイロマルハナバチとホンシュウハイイロマルハナバチ，▲：コマルハナバチとエゾコマルハナバチ，▽：ミヤママルハナバチ，▼：シュレンクマルハナバチ

のコロニー(AA-11)を除いて，オスの生産数は女王生産数よりも多くなっている(表28)。また海外の主要種について，多数のコロニーを調べた詳しいデータでも，すべての種でオス生産数は女王生産数を上まわっている(表29)。

11.5. 性比と生殖戦略

マルハナバチ類の性比は，一般にオスに片寄っていることが古くから知られている。Sladen(1912)によると，平均して女王より約2倍多くのオスが生産されるという。セイヨウオオマルハナバチの性比は女王のSP時期の早晩で極端に異なり，早期SPのコロニーではオスに強く片寄っているが，晩期SPのコロニーでは比較的メス(女王)に片寄っている。両者の性比(オス：メス)は，前者が17.4：1なのに対して後者は1.3：1であった(Duchateau & Velthuis, 1988)。さらに極端な例は B. lucorum で，性比は個体数でも生物量で比較しても，極端にオスに片寄っていた。そして全コロニー平均の性比(メス：オス)は1：49.6であった(Müller & Schmid-Hempel, 1992b)。その後 Bourke(1997)は7種のマルハナバチ類について，11個体群の性比のデータを詳しく調査した。そのデータからメスの比率(%)を比較して図46に示した。メスの比率がもっとも高いのは，B. terrestris sassaricus で45.5%，最低は B. lucorum の1個体群で，わずか3.4%である(図46)。そして全体平均では16.3%で，メスの比率はオスよりも明らかに低くなっている。Bourke によると，性別の生殖虫数とそれらの生物量(生体重)から求めた性の投資比率でも，メスの平均は0.32と明らかにオスに片寄っていた。この原因として，マルハナ

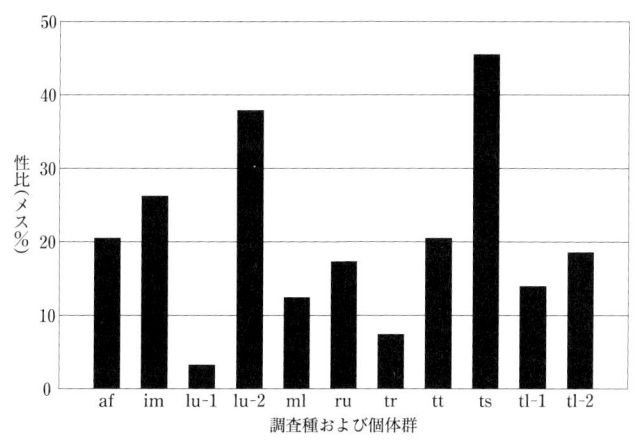

図46 マルハナバチ類7種の性比(Bourke, 1997から作図)。af：*B. affinis*, im：*B. impatiens*, lu：*B. lucorum*, ml：*B. melanopygus*, ru：*B. ruderatus*, tr：セイヨウオオマルハナバチ, tt：*B. terrestris terrestris*, ts：*B. terrestris sassaricus*, tl：*B. terricola*

バチ類は雄性先熟(一般的には雄性生殖器官が雌性生殖器官より早く成熟する現象をさすが、ここでは単にオスが女王より前に羽化することを意味している)で、1年生のコロニーをつくるため、性淘汰によってオスに片寄った性の配分が生じるのだという。

このようなオスに片寄った性比の説明として、Röseler & van Honk(1990)はオスの比率を高くすることで、女王の交尾が確実に成功するのを保証しているのだろうと考えている。一般にもっとも単純な説明は、オスの方が生産するのにコストがかからないためだろうという考えである(Beekman & van Stratum, 1998；Goulson, 2003)。それでは生殖虫の生産コストは、どのぐらいかかるのだろうか。一般にオスのサイズは働きバチとほぼ同じなので、オスの生産コストは働きバチのそれとあまり差がないだろうと考えられている。それに対して女王は明らかにサイズが大きいので、女王の生産コストはオスや働きバチよりもはるかに多くかかる。オスと女王の生産コストは、一般に両者の生物量(体重)の比較によって行なわれている。セイヨウオオマルハナバチでの女王とオスの乾燥生物量は、それぞれ0.243g(n=31)と0.115g(n=55)なので、本種の女王生産コストはオスの約2倍になっている(Duchateau & Velthuis, 1988)。*B. ruderatus*でもオスの体重は女王の半分であるという(Pomeroy, 1979)。またセイヨウオオマルハナバチでは、オスと女王の体重比は1：2.1になっている(Owen et al., 1980)。さらに*B. lucorum*での調査では、生殖虫の生物量(平均生体重)はオスが287 mgで女王は422 mgで、女王はオスの1.5倍であった(Müller & Schmid-Hempel, 1992a)。このように生物量による比較では、女王の生産コストはオスの約2倍多くかかると考えられている。

これに対してBeekman & van Stratum(1998)は、セイヨウオオマルハナバチのオスと女王について、成虫になるまでとさらに成熟成虫になるまでとの生産コストを、生産に必要なカロリー量で比較した。その結果成虫までの生産コストの比率は1：2.09で、成熟成虫までのそれは1：3.33であった。女王は成虫になってからも、5〜7日間コロニー内に留まって多量に摂食するため、成熟成虫での女王のコスト比率はこのように大きくなるという。*B. ruderatus*でも新女王は羽化後3日間で、約0.3gも花粉を消費する。オスはこのあいだに新女王の半分以下の花粉しか消費しない。羽化直後の生殖虫によって消費される花粉量はきわめて多く、幼虫期の摂取量の約30％に相当する(Pomeroy, 1979)。一般に新女王は羽化後初めの数日間に、きわめて多量に摂食する。それによって新女王に特徴的な脂肪体がすばやく形成されるのだという(Cumber, 1949a)。これらの点から生殖虫の生産コストを比較するには、成熟成虫でのコスト比率を用いた方がよいと思われる。このように女王は羽化後1週間で、オスよりも多くのカロリー量を摂取する。そのためコロニーは比較的短期

間で，多くの食物資源を集めなければならない。このことが女王生産をより困難にしているのであろう(Beekman & van Stratum, 1998)。

　Duchateau & Velthuis(1988)はセイヨウオオマルハナバチのコロニーが，女王のSP時期の早晩によって，異なった生殖戦略を採用していることを報告している。早期SPコロニーは多数のオスを生産し，ごくわずかしか女王を生産しないが，晩期SPコロニーは多数の女王と少数のオスを生産する。早期SPコロニーの最初のオスは，晩期SPコロニーの最初の女王より約3週間早く出現する。マルハナバチ類のオスは一般に羽化後数週間生存するので，早期SPコロニーのオスは遅れてごく少数しか生産されない晩期SPコロニーのオスとの生殖競争で，圧倒的な優位性を獲得することができる。このため早期SPコロニーは，女王生産を晩期SPコロニーに依存することで，多数のオスを生産するという戦略を採用しているという。しかも個体群レベルで，これら2つの生殖戦略を採用しているコロニーの発生比率は，ほぼ1：1で安定している(彼らの調査では，早期SPコロニーと晩期SPコロニーは11個と10個であった)。Beekman & van Stratum(1998)の調査でも，早期SPと晩期SPコロニーの比率はほぼ同じであった(23個：18個)。そして両者のあいだでオスと女王の生産のタイミングに大きな差があり，早期SPコロニーは早くオスを生産したが，晩期SPコロニーはずっと遅れて生産した。一方女王生産のタイミングはこの逆であった。このため早期SPコロニーのオスの方が，晩期SPコロニーのオスよりも交尾の機会が多くなるという。彼らはこのように2つのタイプのコロニーが存在することは，近親交配を避けるための1つの戦略であると考えている(Beekman & van Stratum, 1998)。

　このようにセイヨウオオマルハナバチでは，個体群のほぼ半分のコロニーで，女王が早期のSPを採用することによって，女王生産を抑制している。早期SPコロニーの女王の戦略は，残り半分のコロニーの女王と働きバチに対して，女王だけを生産するようにしむけることで，適応度を最大にしているのだろうと考えられている(Bourke & Ratnieks, 2001)。*B. lucorum* でも2つのタイプのコロニーが存在することが知られている。1つのグループではコロニー発達の晩期に多数の女王とオスを生産し，もう1つのグループではコロニー発達の比較的早い時期に，やや少ない数のオスだけを生産する(Müller & Schmid-Hempel, 1992a)。

引用文献

Alford, D. V. 1969. A study of the hibernation of bumblebees (Hymenoptera: Bombidae) in southern England. *J. Animal Ecol.*, **38**: 149-170.

Alford, D. V. 1970. The incipient stages of development of bumblebee colonies. *Insectes Soc.*, **17**: 1-10.

Alford, D. V. 1971. Egg laying by bumble bee queens at the beginning of colony development. *Bee World*, **52**: 11-18.

Alford, D. V. 1975. Bumblebees. Davis-Poynter, London.

Allen, T., Cameron, S., McGinley, R. & Heinrich, B. 1978. The role of workers and new queens in the ergonomics of a bumblebee colony (Hymenoptera: Apoidea). *J. Kansas Ent. Soc.*, **51**: 329-342.

Asada, S. & Ono, M. 2000. Difference in colony development of two Japanese bumblebees, *Bombus hypocrita* and *B. ignitus* (Hymenoptera: Apidae). *Apll. Entomol. Zool.*, **35**: 597-603.

Beekman, M. & van Stratum, P. 1998. Bumblebee sex ratios: why do bumblebees produce so many males? *Proc. R. Soc. Lond. B*, **265**: 1535-1543.

Beekman, M., Lingeman, R., Kleijne, F. M. & Sabelis, M. W. 1998. Optimal timing of the production of sexuals in bumblebee colonies. *Entomol. exp. appl.*, **88**: 147-154.

Bloch, G. 1999. Regulation of queen-worker conflict in bumble-bee (*Bombus terrestris*) colonies. *Proc. R. Soc. Lond. B*, **266**: 2465-2469.

Bloch, G., Borst, D. W., Huang, Z.-Y., Robinson, G. E. & Hefetz, A. 1996. Effects of social conditions on Juvenile Hormone mediated reproductive development in *Bombus terrestris* workers. *Physiol. Entomol.*, **21**: 257-267.

Bloch, G. & Hefetz, A. 1999. Regulation of reproduction by dominant workers in bumblebee (*Bombus terrestris*) queenright colonies. *Behav. Ecol. Sociobiol.*, **45**: 125-135.

Bourke, A. F. G. 1997. Sex ratios in bumble bees. *Phil. Trans. R. Soc. Lond. B*, **352**: 1921-1933.

Bourke, A. F. G. & Ratnieks, F. L. W. 2001. Kin-selected conflict in bumble-bee *Bombus terrestris* (Hymenoptera: Apidae). *Proc. R. Soc. Lond. B*, **268**: 347-355.

Brian, A. D. 1951. Brood development in *Bombus agrorum* (Hym., Bombidae). *Ent. Mon. Mag.*, **87**: 207-212.

Brian, A. D. 1952. Division of labour and foraging in *Bombus agrorum* Fabricius. *J. Anim. Ecol.*, **21**: 223-240.

Brian, M. V. 1965. Social insect populations. Academic Press, London & New York.

Cameron, S. A. 1985. Brood care by male bumble bees. *Proc. Natl, Acad. Sci. USA*, **82**: 6371-6373.

Cameron, S. A. 1989. Temporal patterns of division of labor among workers in the primitively eusocial bumble bee, *Bombus griseocollis* (Hymenoptera: Apidae). *Ethology*, **80**: 137-151.

Cameron, S. A., Whitfield, J. B., Cohen, M. & Thorp, N. 1999. Novel use of walking trails by the Amazonian bumble bee, *Bombus transversalis* (Hymenoptera: Apidae). In Byers, G. W., Hagen, R. H. & Brooks, R. W. (eds.), Entomological Contributions in Memory of Byron A. Alexander, *Univ. Kansas Nat. Hist. Mus., Special Publ.*, **24**: 187-193.

Cameron, S. A. & Williams, P. H. 2003. Phylogeny of bumble bees in the New World subgenus *Fervidobombus* (Hymenoptera: Apidae): congruence of molecular and morphological data. *Mol. Phylogenet. Evol.*, **28**: 552-563.

Cnaani, J., Borst, D. W., Huang, Z.-Y., Robinson, G. E. & Hefetz, A. 1997. Caste determination in *Bombus terrestris*: differences in development and rates of JH biosynthesis between queen and worker larvae. *J. Insect Physiol.*, **43**: 373-381.

Cnaani, J., Robinson, G. E., Bloch, G., Borst, D. & Hefetz, A. 2000. The effect of queen-worker conflict on caste determination in the bumblebee *Bombus terrestris*. *Behav. Ecol. Sociobiol.*, **47**: 346-352.

Cumber, R. A. 1949a. The biology of humble-bees, with special reference to the production of the worker caste. *Trans. Roy. Ent. Soc. London*, **100**: 1-45.

Cumber, R. A. 1949b. Larval specific characters and instars of English Bombidae. *Proc. R. Ent. Soc. Lond.*, (A), **24**: 14-19.

Cumber, R. A. 1953a. Life cycle of the humble bee. *New Zealand Sci. Rev.*, **11**: 92-98.

Cumber, R. A. 1953b. Some aspects of the biology and ecology of humble-bees bearing upon the yields of red-clover seed in New Zealand. *New Zealand J. Sci. Technol., B*, **34**: 227-240.

Cumber, R. A. 1963. Studies on an unusually large nest of *Bombus terrestris* (L.) (Hymenoptera, Apidae) transferred to an observation box. *New Zealand J. Sci.*, **6**: 66-74.

Donovan, B. J. & Macfarlane, R. P. 1984. Bees and pollination. In Scott, R. R. (ed.), Pest and beneficial insects in New Zealand: 247-270. Lincoln Agricultural College, New Zealand.

Duchateau, M. J. 1989. Agonistic behaviours in colonies of the bumblebee *Bombus terrestris*. *J. Ethol.*, **7**: 141-151.

Duchateau, M. J. 1991. Regulation of colony development in bumblebees. *Acta Horticul.*, **288**: 139-143.

Duchateau, M. J. & Velthuis, H. H. W. 1988. Development and reproductive strategies in *Bombus terrestris* colonies. *Behaviour*, **107**: 186-207.

Duchateau, M. J. & Velthuis, H. H. W. 1989. Ovarian development and egg laying in workers of *Bombus*

terrestris. *Entomol. exp. appl.*, **51**: 199-213.
Fisher, R. M. 1987. Queen-worker conflict and social parasitism in bumble bees (Hymenoptera: Apidae). *Anim. Behav.*, **35**: 1026-1036.
Foster, R. L., Brunskill, A., Verdirame, D. & O'Donnell, S. 2004. Reproductive physiology, dominance interactions, and division of labour among bumble bee workers. *Physiol. Ent.*, **29**: 327-334.
Free, J. B. 1955a. The division of labour within bumble-bee colonies. *Insectes Soc.*, **2**: 195-212.
Free, J. B. 1955b. Queen production in colonies of bumblebees. *Proc. R. Ent. Soc. Lond*. (A), **30**: 19-25.
Free, J. B. 1957. The effect of social facilitation on the ovarial development of bumble-bee workers. *Proc. R. Ent. Soc. Lond*. (A), **32**: 182-184.
Free, J. B. & Butler, C. G. 1959. Bumblebees. Collins, London.
Frison, T. H. 1927a. The development of the caste of bumblebees (Bremidae: Hym.). *Ann. Ent. Soc. Amer.*, **20**: 156-180.
Frison, T. H. 1927b. A contribution to our knowledge of the relationships of the Bremidae of America north of Mexico (Hymenoptera). *Trans. Amer. Ent. Soc.*, **53**: 51-78.
Frison, T. H. 1928. A contribution to the knowledge of the life history of *Bremus bimaculatus* (Cresson) (Hym.). *Ent. Amer*. (*New Series*), **8**: 159-223.
Frison, T. H. 1930a. A contribution to the knowledge of the bionomics of *Bremus vagans* (F. SM.) (Hymenoptera). *Bull. Brooklin Ent. Soc.*, **25**: 109-122.
Frison, T. H. 1930b. A contribution to the knowledge of the bionomics of *Bremus americanorum* (Fabr.) (Hymenoptera). *Ann. Ent. Soc. Amer.*, **23**: 644-665.
Garófalo, C. A. 1978a. On the bionomics of *Bombus* (*Fervidobombus*) *morio* (Swederus). I. Cell construction and oviposition behavior of the queen (Hymenoptera, Apidae). *Rev. Bras. Ent.*, **38**: 227-236.
Garófalo, C. A. 1978b. Bionomics of *Bombus* (*Fervidobombus*) *morio*. 2. Body size and length of life of workers. *J. Apicult. Res.*, **17**: 130-136.
Garófalo, C. A. 1979. Observações preliminares sobre a fundação solitária de colónias de *Bombus* (*Fervidobombus*) *atratus* Franklin (Hymenoptera, Apidae). *Bolm. Zool., Univ. S. Paulo*, **4**: 53-64.
Goodwin, S. G. 1992. Bumblebees of the genera *Bombus* and *Psithyrus* and their forage plants in a Middlesex garden, 1984-1989. *London Naturalist*, 71: 137-147.
Goodwin, S. G. 1995. Seasonal phenology and abundance of early-, mid- and long-season bumble bees in southern England, 1985-1989. *J. Apicul. Res.*, **34**: 79-87.
郷右近勝夫. 1990. 北日本におけるマルハナバチ2種の越冬場所. 東北昆虫, **28**：1-3.
Goulson, D. 2003. Bumblebees: their behaviour and ecology. Oxford University Press, Oxford & New York.
Goulson, D., Peat, J., Stout, J. C., Tucker, J., Darvill, B., Derwent, L. C. & Hughes, W. O. H. 2002. Can alloethism in workers of the bumblebee, *Bombus terrestris*, be explained in terms of foraging efficiency? *Anim. Behav.*, **64**: 123-130.
Haas, A. 1965. Weitere Beobachtungen zum generischen Verhalten bei Hummeln. *Zs. Tierpsychol.*, **22**: 305-320.
Haas, A. 1966. Verhaltensstudien an europäischen Hummeln. *Stimmen der Zeit*, **178**: 134-147.
Haas, A. 1976. Paarungsverhalten und Nestbau der alpinen Hummelart *Bombus mendax* (Hymenoptera: Apidae). *Ent. Germ.*, **3**: 248-259.
Hagen, E. v. 1990. Hummeln: Bestimmen, Ansiedeln, Vermehren, Schützen. Natur Verlag, Augsburg.
Hannan, M. A., Maeta, Y. & Hoshikawa, K. 1997. Colony development of two species of Japanese bumblebees *Bombus* (*Bombus*) *ignitus* and *Bombus* (*Bombus*) *hypocrita* reared under artificial condition (Hymenoptera, Apidae). *Jpn. J. Ent.*, **65**: 343-354.
Hannan, M. A., Maeta, Y. & Hoshikawa, K. 1998. Feeding behavior and food consumption in *Bombus* (*Bombus*) *ignitus* under artificial condition (Hymenoptera: Apidae). *Entomological Science*, **1**: 27-32.
Hasselrot, T. B. 1960. Studies on Swedish bumblebees (genus *Bombus* Latr.): their domestication and biology. *Opusc. Entomol. Suppl.*, **17**: 1-192.
Heinrich, B. 1979. Bumblebee economics. Harvard University Press, Cambridge, Massachusetts and London.
Hobbs, G. A. 1964a. Phylogeny of bumble bees based on brood-rearing behaviour. *Can. Ent.*, **96**: 115-116.
Hobbs, G. A. 1964b. Ecology of species of *Bombus* Latr. (Hymenoptera: Apidae) in southern Alberta. I. Subgenus *Alpinobombus* Skor. *Can. Ent.*, **96**: 1465-1470.
Hobbs, G. A. 1965a. Ecology of species of *Bombus* Latr. (Hymenoptera: Apidae) in southern Alberta. II. Subgenus *Bombias* Robt. *Can. Ent.*, **97**: 120-128.
Hobbs, G. A. 1965b. Ecology of species of *Bombus* Latr. (Hymenoptera: Apidae) in southern Alberta. III. Subgenus *Cullumanobombus* Vogt. *Can. Ent.*, **97**: 1293-1302.
Hobbs, G. A. 1966a. Ecology of species of *Bombus* Latr. (Hymenoptera: Apidae) in southern Alberta. IV. Subgenus *Fervidobombus* Skorikov. *Can. Ent.*, **98**: 33-39.
Hobbs, G. A. 1966b. Ecology of species of *Bombus* Latr. (Hymenoptera: Apidae) in southern Alberta. V. Subgenus *Subterraneobombus* Vogt. *Can. Ent.*, **98**: 288-294.
Hobbs, G. A. 1967. Ecology of species of *Bombus* (Hymenoptera: Apidae) in southern Alberta. VI. Subgenus *Pyrobombus*. *Can. Ent.*, **99**: 1271-1292.
Hobbs, G. A. 1968. Ecology of species of *Bombus* (Hymenoptera: Apidae) in southern Alberta. VII. Subgenus *Bombus*. *Can. Ent.*, **100**: 156-164.
Hobbs, G. A., Nummi, W. O. & Virostek, J. F. 1962. Managing colonies of bumble bees (Hymenoptera: Apidae) for pollination purposes. *Can. Ent.*, **94**: 1121-1132.
Ito, M. 1985. Supraspecific classification of bumblebees based on the characters of male genitalia. *Contrib. Inst. Low Temp. Sci., Ser. B*, **20**: 1-143.

伊藤誠夫. 1991. 日本産マルハナバチの分類・生態・分布. ベルンド・ハインリッチ(加藤真・角谷岳彦・市野隆雄・井上民二訳), マルハナバチの経済学: 258-292. 文一総合出版(東京).

伊藤誠夫. 1993. マルハナバチの分類と日本周辺における分布. 井上民二・山根爽一編著, 昆虫社会の進化—ハチの比較社会学: 75-92. 博品社(東京).

Ito, M. & Munakata, M. 1979. The bumblebees in southern Hokkaido and northernmost Honshu, with notes on Blakiston zoogeographical line. *Low Temp. Sci., Ser. B*, **37**: 81-105.

Ito, M. & Sakagami, S. F. 1980. The bumblebee fauna of the Kurile Islands (Hymenoptera: Apidae). *Low Temp. Sci., Ser. B*, **38**: 23-51.

Ito, M., Matsumura, T. & Sakagami, S. F. 1984. A nest of the Himalayan bumblebee *Bombus* (*Festivobombus*) *festivus*. *Kontyû, Tokyo*, **52**: 537-539.

片山栄助. 1964. コマルハナバチ *Bombus ardens* Smith の後期コロニーの観察. 昆虫, **32**: 393-402.

Katayama, E. 1965. Studies on the development of the broods of *Bombus diversus* Smith (Hymenoptera, Apidae). I. On the egg-laying habits. *Kontyû*, **33**: 291-298.

Katayama, E. 1966. Studies on the development of the broods of *Bombus diversus* Smith (Hymenoptera, Apidae). II. Brod development and feeding habits. *Kontyû*, **34**: 8-17.

Katayama, E. 1971. Observations on the brood development in *Bombus ignitus* (Hymenoptera, Apidae). I. Egg-laying habits of queens and workers. *Kontyû, Tokyo*, **39**: 189-203.

Katayama, E. 1973. Observations on the brood development in *Bombus ignitus* (Hymenoptera, Apidae). II. Brood development and feeding habits. *Kontyû, Tokyo*, **41**: 203-216.

Katayama, E. 1974. Egg-laying habits and brood development in *Bombus hypocrita* (Hymenoptera, Apidae). I. Egg-laying habits of queens and workers. *Kontyû, Tokyo*, **42**: 416-438.

Katayama, E. 1975. Egg-laying habits and brood development in *Bombus hypocrita* (Hymenoptera, Apidae). II. Brood development and feeding habits. *Kontyû, Tokyo*, **43**: 478-496.

片山栄助. 1987. マルハナバチ女王の産卵数. インセクタリウム, **24**: 366-371.

Katayama, E. 1988. Workerlike new queens in a colony of *Bombus ardens* (Hymenoptera, Apidae). *Kontyû, Tokyo*, **56**: 879-891.

Katayama, E. 1989. Comparative studies on the egg-laying habits of some Japanese species of bumblebees (Hymenoptera, Apidae). *Occas. Publ., Ent. Soc. Jpn.*, **2**: 1-161.

片山栄助. 1993. マルハナバチ類の産卵と育児習性. 井上民二・山根爽一編著, 昆虫社会の進化—ハチの比較社会学: 35-74. 博品社(東京).

Katayama, E. 1996. Survivorship curves and longevity for workers of *Bombus ardens* Smith and *Bombus diversus* Smith (Hymenoptera, Apidae). *Jpn. J. Ent.*, **64**: 111-121.

Katayama, E. 1997. Oviposition and oophagy by workers in queenright colonies of *Bombus* (*Pyrobombus*) *ardens* (Hymenoptera, Apidae). *Jpn. J. Ent.*, **65**: 23-35.

片山栄助. 1998. マルハナバチの産卵・育児習性. 昆虫と自然, **33**(6): 12-16.

Katayama, E. 1998. Sound production and feeding behavior in Japanese bumble bees, *Bombus* (*Diversobombus*) *diversus* and *B.* (*D.*) *ussurensis* (Hymenoptera, Apidae). *Entomological Science*, **1**: 335-340.

片山栄助. 2002. マルハナバチのコロニーにおける生殖虫の生産. 杉浦直人・伊藤文紀・前田泰生編著, ハチとアリの自然史—本能の進化学: 135-147. 北海道大学図書刊行会(札幌).

片山栄助. 2005. クロマルハナバチの初期巣. 中国昆虫, (19): 1-5.

片山栄助・落合弘典. 1980. マルハナバチ類(*Bombus* spp.)の巣の見つけ方ととり方. 生物教材, 15: 45-63.

Katayama, E., Ochiai, H. & Takamizawa, K. 1990. Supplementary notes on nests of some Japanese bumblebees. II. *Bombus ussurensis*. *Jpn. J. Ent.*, **58**: 335-346.

Katayama, E., Takamizawa, K. & Ochiai, H. 1993. Supplementary notes on nests of some Japanese bumblebees. III. *Bombus* (*Thoracobombus*) *deuteronymus maruhanabachi*. *Jpn. J. Ent.*, **61**: 749-761.

Katayama, E., Takamizawa, K. & Ochiai, H. 1996. Nests of the Japanese bumblebee, *Bombus* (*Diversobombus*) *diversus diversus*: Supplementary observations. *New Entomol.*, **45**: 23-33.

Katayama, E. & Maeta, Y. 1998. The fourth host of *Physocephala obscura* Kröber found in Japan (Diptera, Conopidae). *Chugoku Kontyu*, (12): 23.

片山栄助・中村和夫・松村雄. 2003. 栃木県におけるマルハナバチの分布. インセクト, **54**: 17-38.

片山栄助・高見澤今朝雄. 2004. オオマルハナバチ *Bombus* (*Bombus*) *hypocrita hypocrita* Pérez の巣の追加記録, 特に巣の構造とコロニーサイズについて. 昆虫(ニューシリーズ), **7**: 105-118.

Kato, M., Salmah, S. & Nagamitsu, T. 1992. Colony cycle and foraging activity of a tropical-montane bumblebee, *Bombus rufipes* (Hymenoptera, Apidae) in Southeast Asia. *Jpn. J. Ent.*, **60**: 765-776.

Kawakita, A., Sota, T., Ascher, J. S., Ito, M., Tanaka, H. & Kato, M. 2003. Evolution and phylogenetic utility of alignment gaps within intron sequences of three nuclear genes in bumble bees (*Bombus*). *Mol. Biol. Evol.*, **20**: 87-92.

Kawakita, A., Sota, T., Ito, M., Ascher, J. S., Tanaka, H., Kato, M. & Roubik, D. W. 2004. Phylogeny, historical biogeography, and character evolution in bumble bees (*Bombus*: Apidae) based on simultaneous analysis of three nuclear gene sequences. *Mol. Phylogenet. Evol.*, **31**: 799-804.

Knee, W. J. & Medler, J. T. 1965. The seasonal size

increase of bumblebee workers (Hymenoptera: *Bombus*). *Can. Ent.*, **97**: 1149-1155.

Koulianos, S. & Schmid-Hempel, P. 2000. Phylogenetic relationships among bumble bees (*Bombus*, Latreille) inferred from mitochondrial cytochrome b and cytochrome oxidase I sequences. *Mol. Phylogenet. Evol.*, **14**: 335-341.

Krüger, E. 1917. Zur Systematik der mitteleuropäischen Hummeln (Hym.). *Ent. Mitteil.*, **6**: 55-66.

窪木幹夫・落合弘典. 1985a. 神奈川県におけるコマルハナバチの越冬の観察. *New Entomol.*, **34**: 17-23.

窪木幹夫・落合弘典. 1985b. 都市環境下でのコマルハナバチの営巣場所. 昆虫, **53**：625-631.

Küpper, G. & Schwammberger, K.-H. 1994. Volksentwicklung und Sammelverhalten bei *Bombus pratorum* (L.) (Hymenoptera, Apidae). *Zool. Jb. Syst.*, **121**: 202-219.

Laverty, T. M. & Plowright, R. C. 1985. Comparative bionomics of temperate and tropical bumble bees with special reference to *Bombus ephippiatus* (Hymenoptera: Apidae). *Can. Ent.*, **117**: 467-474.

Loken, A. 1961. Observations on Norwegian bumble bee nests (Hymenoptera, Apidae, *Bombus*). *Norsk Ent. Tidsskr.*, **11**: 255-268.

Loken, A. 1973. Studies on Scandinavian bumble bees (Hymenoptera, Apidae). *Norsk Ent. Tidsskr.*, **20**: 1-218.

Macevicz, S. & Oster, G. 1976. Modeling social insect populations II: Optimal reproductive strategies in annual eusocial insect colonies. *Behav. Ecol. Sociobiol.*, **1**: 265-282.

Macfarlane, R. P., Patten, K. D., Royce, L. A., Wyatt, B. K. W. & Mayer, D. F. 1994. Management potential of sixteen North American bumble bee species. *Melanderia*, **50**: 1-12.

Macfarlane, R. P., Lipa, J. J. & Liu, H. J. 1995. Bumble bee pathogens and internal enemies. *Bee World*, **76**: 130-148.

松浦　誠. 2004. 都市における社会性ハチの生態と防除Ⅵ. マルハナバチの発生状況と都市への適応. ミツバチ科学, **25**：97-106.

Medler, J. T. 1959. A nest of *Bombus huntii* Greene (Hymenoptera: Apidae). *Ent. News*, **70**: 179-182.

Medler, J. T. 1962. Development and absorption of eggs in bumblebees (Hymenoptera: Apidae). *Can. Ent.*, **94**: 825-833.

Medler, J. T. 1965. Variation in size in the worker caste of *Bombus fervidus* (Fab.). *Proc. XII Int. Congr. Ent., London, 1964*: 388-389.

Meidell, O. 1934. Fra dagliglivet i et homlebol. *Naturen*, **58**: 85-95, 108-116 (Loken, A. による英訳版の謄写版印刷物, 1953).

Michener, C. D. 1964a. Evolution of the nests of bees. *Amer. Zool.*, **4**: 227-239.

Michener, C. D. 1964b. Reproductive efficiency in relation to colony size in hymenopterous societies. *Insectes Soc.*, **11**: 317-342.

Michener, C. D. 1974. The social behavior of the bees. A comparative study. Harvard University Press, Cambridge, Massachusetts.

Michener, C. D. 1990. Classification of the Apidae (Hymenoptera), with Appendix: *Trigona genalis* Friese, a hitherto unplaced New Guinea species by Michener, C. D. & Sakagami, S. F. *Univ. Kansas, Sci. Bull.*, **54**: 75-163.

Michener, C. D. 2000. The bees of the world. Johns Hopkins University Press, Baltimore & London.

Michener, C. D. & LaBerge, W. E. 1954. A large *Bombus* nest from Mexico. *Psyche*, **61**: 63-67.

Milliron, H. E. 1961. Revised classification of the bumblebees—a synopsis (Hymenoptera: Apidae). *J. Kansas Ent. Soc.*, **34**: 49-61.

Milliron, H. E. 1971. A monograph of the Western Hemisphere bumblebees (Hymenoptera: Apidae; Bombinae) I. The genera *Bombus* and *Megabombus* subgenus *Bombias*. *Mem. Entomol. Soc. Canada*, **82**: 1-80.

Miyamoto, S. 1957a. Biological studies on Japanese bees IV. Behavior study on *Bombus ardens* Smith in early stage of nesting. *Sci. Rep., Hyogo Univ. Agric.*, **3** (Ser. Agric. Biol.): 1-5.

Miyamoto, S. 1957b. Biological studies on Japanese bees V. Behavior study on *Bombus ardens* Smith in developing stage of nest. *Sci. Rep., Hyogo Univ. Agric.*, **3** (Ser. Agric. Biol.): 6-11.

Miyamoto, S. 1960. Observations on the behavior of *Bombus diversus* Smith (Biological studies on Japanese bees, XIII). *Insectes Soc.*, **7**: 39-56.

Müller, C. B. & Schmid-Hempel, P. 1992a. Correlates of reproductive success among field colonies of *Bombus lucorum*: the importance of growth and parasites. *Ecol. Entomol.*, **17**: 343-353.

Müller, C. B. & Schmid-Hempel, P. 1992b. Variation in life-history pattern in relation to worker mortality in the bumble-bee, *Bombus lucorum*. *Funct. Ecol.*, **6**: 48-56.

Müller, C. B., Shykoff, J. A. & Sutclife, G. H. 1992. Life history patterns and opportunities for queen-worker conflict in bumblebees (Hymenoptera: Apidae). *Oikos*, **65**: 242-248.

Ochiai, H. & Katayama, E. 1982. Supplementary notes on nests of some Japanese bumblebees. I. *Bombus honshuensis*. *Kontyû*, Tokyo, **50**: 283-300.

Owen, R. E., Rodd, F. H. & Plowright, R. C. 1980. Sex ratios in bumble bee colonies: complications due to orphaning? *Behav. Ecol. Siciobiol.*, **7**: 287-291.

Owen, R. E. & Plowright, R. C. 1982. Worker-queen conflict and male parentage in bumble bees. *Behav. Ecol. Sociobiol.*, **11**: 91-99.

Palm, N.-B. 1948. Normal and pathological histology of the ovaries in *Bombus* Latr. (Hymenopt.). *Opusc. Entomol. Suppl.*, **7**: 1-101.

Pamilo, P., Pekkarinen, A. & Varvio, S.-L. 1987. Clustering of bumblebee subgenera based on interspecific genetic relationships (Hymenoptera, Apidae: *Bombus*

Pekkarinen, A., Varvio-Aho, S.-L. & Pamilo, P. 1979. Evolutionary relationships in northern European *Bombus* and *Psithyrus* species (Hymenoptera, Apidae) studied on the basis of allozymes. *Ann. Ent. Fenn.*, **45**: 77-80.

Pendrel, B. A. & Plowright, R. C. 1981. Larval feeding by adult bumble bee workers (Hymenoptera: Apidae). *Behav. Ecol. Sociobiol.*, **8**: 71-76.

Pereboom, J. J. M. 2000. The composition of larval food and the significance of exocrine secretions in the bumblebee *Bombus terrestris*. *Insectes Soc.*, **47**: 11-20.

Pittioni, B. 1938. Die Hummeln und Schmarotzerhummeln der Balkan-Halbinsel, mit besonderer Berücksichtigung der Fauna Bulgariens. I. Allgemeiner Teil. *Mitt. Königl. Naturwiss. Inst. Sofia*, **11**: 12-69.

Plath, O. E. 1922. Notes on the nesting habits of several north American bumblebees. *Psyche*, **29**: 189-202.

Plath, O. E. 1923. Notes on the egg-eating habit of bumblebees. *Psyche*, **30**: 193-202.

Plath, O. E. 1927a. The natural grouping of the Bremidae (Bombidae) with special reference to biological characters. *Biol. Bull.*, *Wood's Hole*, **52**: 394-410.

Plath, O. E. 1927b. Notes on the nesting habits of some of the less common New England bumblebees. *Psyche*, **34**: 122-128.

Plath, O. E. 1934. Bumblebees and their ways. Macmillan, New York.

Plowright, R. C. 1977. Nest architecture and the biosystematics of bumble bees. *Proc. VIII Int. Congr. IUSSI, Wageningen*, 183-185.

Plowright, R. C. & Jay, S. C. 1968. Caste differentiation in bumblebees (*Bombus* Latr.: Hym.) I. The determination of female size. *Insectes Soc.*, **15**: 171-192.

Plowright, R. C. & Jay, S. C. 1977. On the size determination of bumble bee castes (Hymenoptera: Apidae). *Can. J. Zool.*, **55**: 1133-1138.

Plowright, R. C. & Pendrel, B. A. 1977. Larval growth in bumble bees (Hymenoptera: Apidae). *Can. Ent.*, **109**: 967-973.

Plowright, R. C. & Plowright, C. M. S. 1990. The laying of male eggs by bumble bee queens: an experimental reappraisal and a new hypothesis. *Can. J. Zool.*, **68**: 493-497.

Pomeroy, N. 1979. Brood bionomics of *Bombus ruderatus* in New Zealand (Hymenoptera: Apidae). *Can. Ent.*, **111**: 865-874.

Pomeroy, N. 1981. Use of natural sites and field hives by a long-tongued bumble bee *Bombus ruderatus*. *NZ. J. Agric. Res.*, **24**: 409-414.

Pomeroy, N. & Plowright, R. C. 1982. The relation between worker numbers and the production of males and queens in the bumble bee *Bombus perplexus*. *Can. J. Zool.*, **60**: 954-957.

Prys-Jones, O. E. & Corbet, S. A. 1987. Bumblebees. Cambridge University Press, Cambridge.

Reuter, K., Schwammberger, K.-H. & Hofmann, D. K. 1994. Volksentwicklung und Sammelverhalten von *Bombus pascuorum* (Scopoli) (Hymenoptera, Apidae). *Z. angew. Zool.*, **80**: 261-277.

Ribeiro, M. F. 1994. Growth in bumble bee larvae: relation between development time, mass, and amount of pollen ingested. *Can. J. Zool.*, **72**: 1978-1985.

Ribeiro, M. F. 1999. Long-duration feedings and caste differentiation in *Bombus terrestris* larvae. *Insectes Soc.*, **46**: 315-322.

Ribeiro, M., Velthuis, H. H. W. & Duchateau, M. J. 1993. Growth in bumblebee larvae: relations between the age of the larvae, their weight and the amount of pollen ingested by them. *Proc. Exper. & Appl. Entomol., N. E. V. Amsterdam*, **4**: 121-125.

Ribeiro, M., Velthuis, H. H. W. & Duchateau, M. J. & van der Tweel, I. 1999. Feeding frequency and caste differetiation in *Bombus terrestris* larvae. *Insectes Soc.*, **46**: 306-314.

Richards, K. W. 1973. Biology of *Bombus polaris* Curtis and *B. hyperboreus* Schönherr at Lake Hazen, Northwest Territories (Hymenoptera: Bombini). *Quaestiones Entomologicae*, **9**: 115-157.

Richards, K. W. 1977. Ovarian development of queen and worker bumble bees (Hymenoptera: Apidae) in southern Alberta. *Can. Ent.*, **109**: 109-116.

Richards, K. W. 1978. Nest site selection by bumble bees (Hymenoptera: Apidae) in southern Alberta. *Can. Ent.*, **110**: 301-318.

Richards, O. W. 1946. Observations on *Bombus agrorum* (Fabricius) (Hymen., Bombidae). *Proc. R. Ent. Soc. Lond.* (A), **21**: 66-71.

Richards, O. W. 1968. The subgeneric division of the genus *Bombus* Latreille (Hymenoptera: Apidae). *Bull. Br. Mus. nat. Hist.* (*Ent.*), **22**: 209-276.

Röseler, P.-F. 1967. Untersuchungen über das Auftreten der 3 Formen im Hummelstaat. *Zool. Jahrb. Abt. Allg. Zool. Phys. Tiere*, **74**: 178-197.

Röseler, P.-F. 1970. Unterschiede in der Kastendetermination zwischen den Hummelarten *Bombus hypnorum* und *Bombus terrestris*. *Zs. Naturforsch.*, **25b**: 543-548.

Röseler, P.-F. 1974a. Größenpolymorphismus, Geschlechtsregulation und Stabilisierung der Kasten im Hummelvolk. In Schmidt, G. H. (ed.), Sozialpolymorphismus bei Insekten: Probleme der Kastenbildung im Tierreich: 298-335. Wissenschaftliche Verlags- gesellschaft, Stuttgart.

Röseler, P.-F. 1974b. Vergleichende Untersuchungen zur Oogenese bei weiselrichtigen und weisellosen Arbeiterinnen der Hummelart *Bombus terrestris* (L.). *Insectes Soc.*, **21**: 249-274.

Röseler, P.-F. 1976. Juvenile hormone and queen rearing in bumblebees. In Lüscher, M. (ed.), Phase and caste determination in insects: 55-61. Pergamon Press, Oxford & New York.

Röseler, P.-F. 1977. Juvenile hormone control of

oogenesis in bumblebee workers, *Bombus terrestris*. *J. Insect Physiol.*, **23**: 985-992.

Röseler, P.-F. 1991. Roles of morphogenetic hormones in caste polymorphism in bumble bees. In Gupta, A. P. (ed.), Morphogenetic hormones of arthropods: roles in histogenesis, organogenesis, and morphogenesis: 384-399. Rutgers University Press, New Brunswick, New Jersey.

Röseler, P.-F. & Röseler, I. 1974. Morphologische und physiologische Differenzierung der Kasten bei den Hummelarten *Bombus hypnorum* (L.) und *Bombus terrestris* (L.). *Zool. Jb. Physiol.*, **78**: 175-198.

Röseler, P.-F. & Röseler, I. 1977. Dominance in bumble-bees. *Proc. VIIIth Int. Congr. IUSSI, Wageningen*: 232-235.

Röseler, P.-F. & Röseler, I. 1978. Studies on the regulation of the juvenile hormone titre in bumblebee workers, *Bombus terrestris*. *J. Insect Physiol.*, **24**: 707-713.

Röseler, P.-F. & van Honk, C. G. J. 1990. Castes and reproduction in bumblebees. In Engels, W. (ed.), Social insects, an evolutionary approach to castes and reproduction: 147-166. Springer-Verlag, Berlin.

坂上昭一. 1966. ミツバチ科の比較習性学的考察. 動物分類学会会報, **35**：2-6.

坂上昭一. 1970. ミツバチのたどったみち. 進化の比較社会学. 思索社(東京).

Sakagami, S. F. 1975. Some bumblebees from Korea with remarks on the Japanese fauna (Hymenoptera, Apidae). *Ann. Hist-nat. Mus. Nat. Hung.*, **67**: 293-316.

Sakagami, S. F. 1976. Specific differences in the bionomic characters of bumblebees. A comparative review. *J. Fac. Sci., Hokkaido Univ., Ser. VI, Zool.*, **20**: 390-447.

Sakagami, S. F. & Zucchi, R. 1965. Winterverhalten einer neotropischen Hummel, *Bombus atratus*, innerhalb des Beobachtungskastens. Ein Beitrag zur Biologie der Hummeln. *J. Fac. Sci., Hokkaido Univ., Ser. VI, Zool.*, **15**: 712-762.

Sakagami, S. F., Akahira, Y. & Zucchi, R. 1967. Nest architecture and brood development in a Neotropical bumblebee, *Bombus atratus*. *Insectes Soc.*, **14**: 389-413.

Sakagami, S. F. & Ishikawa, R. 1969. Note préliminaire sur la répartition géographique des bourdons japonais, avec descriptions et remarques sur quelques formes nouvelles ou peu connues. *J. Fac. Sci., Hokkaido Univ., Ser. VI, Zool.*, **17**: 152-196.

Sakagami, S. F. & Ishikawa, R. 1972. Note supplémentaire sur la taxonomie et répartition géographique de quelques bourdons japonais, avec la description d'une nouvelle sous-espéce. *Bull. Natn. Sci. Mus. Tokyo*, **15**: 607-616.

Sakagami, S. F. & Katayama, E. 1977. Nests of some Japanese bumblebees (Hymenoptera: Apidae). *J. Fac. Sci., Hokkaido Univ., Ser. VI, Zool.*, **21**: 92-153.

Shykoff, J. A. & Müller, C. B. 1995. Reproductive decisions in bumble-bee colonies: the influence of worker mortality in *Bombus terrestris* (Hymenoptera, Apidae). *Funct. Ecol.*, **9**: 106-112.

Sianturi, E. M. T., Sota, T., Kato, M., Salmah, S. & Dahelmi, 1995. Nest structure, colony composition and foraging activity of a tropical-montane bumblebee, *Bombus senex* (Hymenoptera: Apidae), in West Sumatra. *Jpn. J. Ent.*, **63**: 657-667.

Sladen, F. W. L. 1912. The humble-bee, its life-history and how to domesticate it. Macmillan, London.

Stephen, W. P. & Koontz, T. 1973. The larvae of the Bombini. II. Developmental changes in the preadult stages of *Bombus griseocollis* (Degeer). *Melanderia*, **13**: 14-29.

Sutcliffe, G. H. & Plowright, R. C. 1990. The effects of pollen availability on development time in the bumble bee *Bombus terricola* K. (Hymenoptera: Apidae). *Can. J. Zool.*, **68**: 1120-1123.

高見澤今朝雄. 1982. ウスリーマルハナバチの初期巣. *New Entomol.*, **31**: 45-47.

田中洋之. 2001. 東アジア産マルハナバチ及びアジア産ミツバチの系統地理学的研究. 京都大学生態学研究センター, 116 pp.

Taniguchi, S. 1955. Biological studies on the Japanese bees II. Study on the nesting behaviour of *Bombus ardens* Smith. *Sci. Rep. Hyogo Univ. Agr., Ser. Agr.*, **2**: 89-96.

Taylor, O. M. & Cameron, S. A. 2003. Nest construction and architecture of the Amazonian bumble bee (Hymenoptera: Apidae). *Apidologie*, **34**: 321-331.

van den Toorn, H. W. P. & Pereboom, J. J. M. 1996. Determination of larval instar in bumblebees (Hymenoptera: Apidae) by using the head capsule width. *Proc. Exper. & Appl. Entomol., N. E. V. Amsterdam*, **7**: 65-69.

van der Blom, J. 1986. Reproductive dominance within colonies of *Bombus terrestris* (L.). *Behaviour*, **97**: 37-49.

van Honk, C. G. J., Velthuis, H. H. W., Röseler, P.-F. & Malotaux, M. E. 1980. The mandibular glands of *Bombus terrestris* queens as a source of queen pheromones. *Entomol. exp. appl.*, **28**: 191-198.

van Honk, C. G. J. & Hogeweg, P. 1981. The ontogeny of the social structure in a captive *Bombus terrestris* colony. *Behav. Ecol. Sociobiol.*, **9**: 111-119.

van Honk, C. G. J., Röseler, P.-F., Velthuis, H. H. W. & Hoogeveen, J. C. 1981. Factors influencing the egg laying of workers in a captive *Bombus terrestris* colony. *Behav. Ecol. Sociobiol.*, **9**: 9-14.

Wagner, W. 1907. Psycho-biologische Untersuchungen an Hummeln mit Bezugnahme auf die Frage der Geselligkeit im Tierreiche. *Zoologica* (*Stuttgart*), **19**: 1-239.

鷲谷いづみ. 1998. 保全生態学からみたセイヨウオオマルハナバチの侵入問題. 日生態誌, **48**：73-78.

鷲谷いづみ・鈴木和雄・加藤真・小野正人. 1997. マルハナバチ・ハンドブック―野山の花とのパートナーシップを知るために. 文一総合出版(東京).

Weyrauch, W. 1934. Über einige Baupläne der Waben-

- masse in Hummelnestern. *Zs. Morph. Ökol. Tiere*, **28**: 487–552.
- Wheeler, W. M. 1923. Social life among the insects. Harcourt, Brace & World Inc., New York.
- Wille, A. & Michener, C. D. 1973. The nest architecture of stingless bees with special reference to those of Costa Rica (Hymenoptera: Apidae). *Rev. Biol. Trop.*, **21** (Supplemento I): 1–278.
- Williams, P. H. 1985. A preliminary cladistic investigation of relationships among the bumble bees (Hymenoptera, Apidae). *Syst. Entomol.*, **10**: 239–255.
- Williams, P. H. 1991. The bumble bees of the Kashmir Himalaya (Hymenoptera: Apidae, Bombini). *Bull. Br. Mus. nat. Hist. (Ent.)*, **60**: 1–204.
- Williams, P. H. 1994. Phylogenetic relationships among bumble bees (*Bombus* Latr.): a reappraisal of morphological evidence. *Syst. Ent.*, **19**: 327–344.
- Williams, P. H. 1998. An annotated checklist of bumble bees with an analysis of patterns of description (Hymenoptera: Apidae, Bombini). *Bull. nat. Hist. Mus. Lond. (Ent.)*, **67**: 79–152.

あとがき

　書き終わって，当初の目的どおりマルハナバチの生態をわかりやすく書くことができたか，そして読者にマルハナバチの魅力を十分に伝えることができたか，はなはだ不安になってきました。読者の興味を引き出すのには，産卵や育児などの巣内行動よりも，一般に目にする機会の多い野外での訪花活動や，直接生活に関係のある受粉昆虫としての利用などの点をとりあげた方がよかったかも知れません。特にトマトの受粉昆虫としてのセイヨウオオマルハナバチの利用については，多くの人たちが関心をもっています。しかし本文のなかではこの点をとりあげることができなかったので，ここで簡単に解説することにしました。

　ビニールハウスやガラス温室などの閉鎖的な環境で栽培されているトマトは，人為的に受粉させなければ実が着きません。そこでわが国では1990年代にはいって，ベルギーやオランダで人工飼育されたセイヨウオオマルハナバチのコロニーがはいっている巣箱を輸入し，受粉昆虫として利用するようになりました。それ以前は植物生育調整剤(ホルモン剤)という化学薬品をトマトの花に処理して，子房を人為的に成長させる方法が用いられてきました。この方法はひじょうに多くの労力がかかり，果実の内部に空胴ができやすく，処理をまちがえるとトマトの生育を悪くするなどの問題がありました。それに比べてマルハナバチによる受粉は，大幅に受粉作業の労力を軽減しただけでなく，生産されたトマトの品質もよくなりました。このためセイヨウオオマルハナバチの利用は1，2年で全国的に普及し，毎年3〜4万コロニーが海外から輸入されるようになりました。

　このような状況に対して，昆虫学者や生態学者の一部からセイヨウオオマルハナバチが野外に逃げ出し，定着して野生化した場合，日本の在来生物に大きな悪影響がでるおそれがあると指摘されました。もっとも影響を受けるのは在来のマルハナバチで，花資源や営巣場所を奪われる可能性があります。また，セイヨウオオマルハナバチと在来種とのあいだで交雑が起こり，遺伝子が汚染される可能性もあります。さらに，輸入されるマルハナバチに寄生して，国内で未発生の病原微生物や寄生性天敵が侵入し，在来種にも寄生する可能性があります。これらの可能性が重なった場合，在来マルハナバチは大幅に減少してしまいます。すると在来マルハナバチに受粉を依存していた野生植物も衰退することになります。

　1996年についにセイヨウオオマルハナバチの自然巣が，北海道で発見されました。しかもこの巣には多数の生殖虫(オスと新女王)が生産された痕跡が残っていました。そして翌春にはその周辺地域で，多数のセイヨウオオマルハナバチの女王が見つかりました。こうして北海道では外来マルハナバチが野生化して，しだいに生息範囲を拡大しています。現在ではオホーツク海沿岸まで達し，希少種のノサップマルハナバチの生息地にまで侵入しています。

　一度野生化してしまった外来生物を根絶させることは，今までの多くの例でもわかるように，きわめて困難なことです。このため外来種の代わりに在来のマルハナバチを受粉昆虫として利用する試みが行なわれ，オオマルハナバチやクロマルハナバチなどで一部実用化されています。しかしまだセイヨウオオマルハナバチが多く利用されています。そのため環境省は特定外来生物被害防止法に基づいて，2006年9月1日からセイヨウオオマルハナバチを「特定外来生物」に指定しました。これによって環境省の許可なしに，セイヨウオオマルハナバチの飼育や譲渡，輸入などの取り扱いはできなくなりました。それにしても受粉に利用している農家に突然，セイヨウ

あとがき

　オオマルハナバチを飼育するなというのは，あまりにもひどい話です．そこでトマトの受粉など農業に使用する場合は，ハチの脱出を防ぐ対策が完全にとられた施設のなかであれば，環境省の許可を受けたうえで，飼育することができるような措置がとられています．

　わが国ではアメリカ合衆国などに比べて，外来生物の輸入制限がゆるやかであると思います．もっと輸入制限を厳しくすべきですし，私たちも安易にペットとして外来生物を飼育するのを止めるべきです．安易に飼育されたペットはやがて逃亡して野生化したり，管理不良のため死んでしまいます．私たちはもっと生きている生命を大切にしなければならないし，単なる個人的欲望や興味で，野生生物をあちこち移動させるべきではないと思います．

　私がマルハナバチの研究を続けてこられたのは，すでになくなられた恩師である坂上昭一先生のご指導のおかげです．研究を始めた当初から，見ず知らずの私に豊富な研究情報を提供してくださり，ハナバチの生態研究のおもしろさとその重要性をいつも熱く語ってくださいました．そして研究を継続することが何よりも大切だと諭してくださいました．おかげで何度か挫折しながらも，現在までマルハナバチの研究を続けることができました．先生は生前私に日本産マルハナバチの生態を本にまとめるようにとおっしゃいましたが，筆無精の私は約束を果たすことができませんでした．この本の完成によって何とかその約束を果たせたかと，胸をなで下ろしています．

　この本の執筆にあたって，マルハナバチの生態の共同研究者である高見澤今朝雄氏(長野県佐久穂町)に心からお礼申しあげます．高見澤氏はいつも適切な意見と豊富な情報をくださり，研究材料であるマルハナバチのコロニーを多数提供してくださいました．高見澤氏のご協力がなければ，この本を完成させることはできなかったと思います．もう1人の共同研究者である落合弘典氏(神奈川県相模原市)にも厚くお礼申しあげます．落合氏は優れたマルハナバチの飼育技術とマルハナバチの巣を発見する抜群の能力をもっています．落合氏も多くのマルハナバチのコロニーと貴重な未発表の知見を提供してくださいました．さらに標本写真撮影のため，マルハナバチ分類学者の伊藤誠夫氏(札幌市)には北海道産のマルハナバチ標本を貸していただき，根来尚氏(富山市科学文化センター)にはニッポンヤドリマルハナバチの標本をお貸しいただいたので，ここに記して深く謝意を表します．

　最後にこの本の企画から刊行まで，すべての点でお世話になった北海道大学出版会の成田和男・杉浦具子両氏に厚くお礼申しあげます．両氏は私の遅筆ぶりにもしんぼう強く原稿提出を待ってくださり，要所要所に適切なアドバイスをしてくださいました．両氏のご尽力がなければ，この本の出版は不可能だったに違いありません．

2007年6月25日

片山　栄助

索　引

[ア]
アカマルハナバチ　47, 56
アラタ体　156〜159, 168

[イ]
育児
　育児習性　32, 127, 137
　育児数の調節　133, 134
　育児様式　72
育房　4
イソ酵素　52
一括産卵　80, 82, 92, 100〜103

[ウ]
羽化　30
ウスリーマルハナバチ　3, 45, 56, 64

[エ]
営繭　6, 122, 126, 132
　営繭活動　131
　営繭行動　26
営巣　60
　営巣開始時期　170
　営巣期間　105, 107
　営巣材料　3, 60, 66, 67, 70, 72, 79
　営巣室　60, 79, 83
　営巣習性　170
　営巣場所　60, 63, 64, 66, 70, 72
　営巣場所選好性　64
栄養去勢説　167
エゾオオマルハナバチ　48
エゾコマルハナバチ　47
エゾトラマルハナバチ　45
エゾナガマルハナバチ　45, 55
エゾヒメマルハナバチ　47
越冬
　越冬後女王　143
　越冬後女王の出現時期　59
　越冬室　59
　越冬習性　59
　越冬場所　59
　越冬前女王　60
円筒状の花粉壺　77

[オ]
大顎　15, 125
　大顎腺　158
オオマエグロメバエ　170
オオマルハナバチ　48, 56, 64
　オオマルハナバチ亜属　56, 58, 88
オス　1, 59, 61, 73, 129, 142, 143, 174
　オス交尾器　52, 53

オス生産　152
オス(の)生産数　169, 171, 172
オスの生産時期　129
オスバチ　42
オス幼虫　132
オス卵　106
オドリコソウ　43

[カ]
外役
　外役活動　142, 144〜146
　外役バチ　5, 12, 13, 32, 93, 109, 110, 115, 116, 144〜147, 157
　外役範囲　147
解発要因　94
外被　3, 67, 70
核DNA　53
カスト
　カスト間差　130
　カスト決定　161, 163, 167, 168
　カスト決定の要因　165
　カスト決定様式　167, 168
　カスト分化　149
花粉　12, 14, 15, 83, 111, 113, 115, 117, 118
　花粉落とし　13
　花粉荷　5, 13, 79, 93, 109, 110
　花粉コップ　76
　花粉採集　146
　花粉採集バチ　13
　花粉摂取　120, 132
　花粉摂取量　167
　花粉摂食行動　119
　花粉食べ　15
　花粉団子　13, 14
　花粉貯蔵容器　35, 76, 110, 115, 117〜119, 164
　花粉壺　13〜15, 17, 35, 68, 74, 76, 93, 94, 109, 117〜119
　花粉詰め込み　94, 97
　花粉(の)投入　93, 114〜116
　花粉バスケット　2, 13
　花粉袋　76
　花粉ポケット　6, 17, 35〜37, 39, 69, 70, 74, 76, 83, 84, 88, 109〜119, 126, 127, 164
　花粉蜜塊　5, 15, 35〜37, 39, 60, 73, 79, 80, 82〜84, 92, 93, 109, 115〜117, 119, 127
　花粉蜜(の)混合液　16, 18, 21, 35, 61, 116, 117, 119, 121
花蜜　12, 68
空繭　12, 31, 68, 69, 73, 74
　空繭そうじ　31
カロリー量　173

[キ]
擬巣　70, 71

索　引

絹糸　6, 26, 85, 126, 127, 131, 132
　　絹糸生産　130
気門　125
給餌
　　給餌回数　122
　　給餌孔　16, 17, 21, 23, 25, 26, 41, 119, 122, 126, 131, 164
　　給餌行動　18, 21, 117, 119～122
　　給餌バチ　21, 33, 111, 117, 119～122, 131, 165
　　給餌頻度　122, 131, 164, 165
　　給餌法　35, 83, 109, 110, 127
　　給餌様式　84, 118, 164
　　給餌量　132
旧北区　55
競争的な食物摂取　127
近親交配　174

[ク]
口移し　21, 121
クロマルハナバチ　2, 48, 56, 63

[ケ]
形態形質　52
系統分類　52
ケヅメマルハナバチ枝　51～53, 57, 111
けば立てバチ　70
建築
　　建築活動　7, 153, 155
　　建築活動の時間　96
　　建築行動　95～97
　　建築材料　7, 67, 95

[コ]
攻撃　160
　　攻撃行動　40, 150, 152, 156, 160
　　攻撃性働きバチ　40, 103
後腸　126
交尾の機会　174
口吻　121
個室制　72, 91
個別給餌　21, 25, 122
コマルハナバチ　1, 5, 17, 47, 56, 64
　　コマルハナバチ亜属　56, 58, 88
子虫　87
コロニー
　　コロニー維持活動　143, 144
　　コロニーサイズ　69, 70, 106, 107, 169～171
　　コロニー(の)条件　145, 158
　　コロニー存続期間　61
　　コロニー発達段階　151
混合バチ　129, 163

[サ]
サイズ
　　サイズ差　32, 131
　　サイズの漸増傾向　140
　　サイズ変異　84
材料集め　7

蛹　25, 130
　　蛹の体色　29
産卵　5, 6, 9, 40, 93, 97, 98, 100, 103, 104, 149～151, 153, 155
　　産卵過程　94, 95, 98, 99, 102, 103, 155
　　産卵行動　10, 91, 93～95, 98, 99, 102, 103, 153, 155
　　産卵最盛期　105, 106
　　産卵時間　10, 100
　　産卵姿勢　9, 10, 99, 100, 102, 155
　　産卵習性　101, 103
　　産卵消長　105
　　産卵数　100, 103～108, 134
　　産卵数の調節　108, 133, 134
　　産卵性働きバチ　9, 40, 91, 103, 149～151, 153, 156, 159, 160
　　産卵能力　106～108
　　産卵妨害　91, 103, 105
　　産卵様式　80, 82, 92

[シ]
死亡率　107, 132, 133, 135
社会的ストレス説　161
若齢幼虫　25, 116, 121
集合給餌　25
集団
　　集団育児　16, 32, 67, 83, 125, 127, 132
　　集団給餌　121, 131
終齢　85, 130, 131
種間差　137, 140
種の豊富さ　54
シュレンクマルハナバチ　46, 56
順位制　156
生涯総産卵数　107
消化
　　消化酵素　120, 166
　　消化作用　120
女王　3, 7, 9, 10, 95～97, 100, 101, 129, 137, 142, 149～152, 160, 167
　　女王共存群　158
　　女王生産　174
　　女王生産数　169, 170, 172
　　女王生産の開始時期　163
　　女王によるモニタリング説　161
　　女王の産卵数　167
　　女王の産卵率　133
　　女王の針　9, 99
　　女王の抑制力　151
　　女王フェロモン　151, 158, 167～169
　　女王繭　41
　　女王幼虫　41, 131, 132, 164
　　女王幼虫室　41, 119
食物
　　食物獲得競争　140
　　食物交換　21
　　食物採集量　146
　　食物中の花粉量　166
　　食物貯蔵容器　67

索　引

　　食物の質　　165,166
　　食物の組成　　166
　　食物(の)量　　121,167,168
食卵　　40,90,103,104,152,153,155,157,160
　　食卵行動　　61,132,134,167
触角　　11
　　触角挿入　　11
新女王　　32,41,42,59,61,73,142,143
新成虫　　30
新北区　　55

[ス]
スイッチ
　　スイッチ機構　　167
　　スイッチ点　　106,151,162
巣の構造　　67,69

[セ]
成熟成虫　　173
生殖
　　生殖競争　　174
　　生殖戦略　　162,174
　　生殖相　　161
　　生殖闘争　　149,157
生殖虫　　106,117
　　生殖虫(の)生産　　161,162,169
　　生殖虫生産期　　118,119
　　生殖虫生産数　　169,170
　　生殖虫生産(開始の)タイミング　　161,162,174
　　生殖虫生産のプロセス　　162,163
　　生殖虫の生産コスト　　173
　　生殖虫の幼虫室　　164
生息
　　生息環境　　63
　　生息場所　　63,64
成長
　　成長曲線　　130
　　成長相　　161
　　成長率　　166,167
性淘汰　　173
性比　　172,173
生物量　　172,173
セイヨウオオマルハナバチ　　48,57
摂食行動　　21
全発育期間　　130
扇風行動　　28
全北区　　54
前蛹　　25

[ソ]
総繭数　　106
巣口　　2,70,71
巣室　　4,11,16,22,61,67,68,72,73,87,109,125,126
　　巣室づくり　　61,94
　　巣室内点検　　11,119
　　巣室の移動　　72
　　巣室壁の裂け目　　84

巣内
　　巣内活動　　142,144～146
　　巣内バチ　　14,32,109,115,142,144,146,150,157
嗉嚢　　119

[タ]
第1巣室　　60,61,76,79～83,87,88,90,92
　　第1巣室の形　　81
　　第1巣室の産卵様式　　80
　　第1巣室の卵数　　81
　　第1巣室への産卵　　79
第2巣室　　87,88,110
第2以降の巣室　　90,92
第3巣室　　87,88
代謝作用　　132
唾液腺　　165
タカネマルハナバチ亜属　　58
脱糞　　126,131
　　脱糞行動　　131
卵　　9～11,22,25,72,99,103,104,125
　　卵の排出間隔　　99,100
　　卵の配置　　81,90,91,100
短期営巣種　　163
短舌種　　43
タンパク質　　166
　　タンパク質分泌物　　166

[チ]
地下営巣
　　地下営巣(性)種　　64,71,72,75
　　地下営巣性　　70
地表営巣
　　地表営巣種　　64,66,71,72
　　地表営巣性　　70
中脚基跗節　　51
中齢幼虫室　　3,116
貯食容器　　68,74,75
地理的変種　　54～56

[ツ]
追加産卵　　82,91,100～103,153,155
ツシマコマルハナバチ　　47
ツリフネソウ　　44

[テ]
適応度　　174

[ト]
闘争　　156,157
　　闘争期　　157,159,160,168
　　闘争点　　156,163
盗蜜　　43,44
東洋区　　57
トウヨウマルハナバチ亜属　　58
共食い　　132,133
トラマルハナバチ　　6,35～37,39,45,55,64
　　トラマルハナバチ亜属　　55,58,88

索　引

[ナ]
内被　3,67,71,72,75,76
内分泌系　168
ナガマルハナバチ　45,55,64
　　ナガマルハナバチ亜属　55,58

[ニ]
ニセハイイロマルハナバチ　46,56
日齢　145,149,156
ニッポンヤドリマルハナバチ　48,57
日本のマルハナバチ相　55,57

[ノ]
ノサップマルハナバチ　47,56
ノンポケット・メーカー　51,69,70,72,74,84,88,109～111,117,119,121,126～128,137,139～141,153,164

[ハ]
ハイイロマルハナバチ　46,56
倍数体　161
吐きもどし給餌　111,116,117,119～122,164
働きバチ　2,3,59,61,96,129,132,137,143,149,150,152,153,155,160,167
　　働きバチ(の)産卵(能力)　151,152,155,156,160
　　働きバチ数　134,170
　　働きバチのサイズ差　126,127,137～141,150
　　働きバチのサイズと分業　142,144～146
　　働きバチの生産　163
　　働きバチの卵　152
　　働きバチの闘争　40
　　働きバチの日齢　142,144
　　働きバチの卵室　153
　　働きバチの卵巣発達　151
　　働きバチ幼虫　41,132,164
ハチ目　51
発育
　　発育期間　127,166,167
　　発育ステージ　25
発生型　170
バッチ　69
　　バッチサイズ　135
　　バッチ配置　69,70
母女王　59,142
ハリナシバチ　142,145
半数体　151,161
　　半数体卵　152
半・倍数性の性決定機構　161

[ヒ]
非寄生性種　54
飛翔筋　27
尾端挿入　99,100
ヒメマルハナバチ　47,56,64

[フ]
ふ化　125
分岐分類学　52

分業　32,137,142,144～146
分泌腺　120,166
分泌物　120,165

[ホ]
抱卵溝　84
保温
　　保温溝　84,85,87
　　保温行動　27,28,84,143
ポケット・メーカー　51,57,69,70,72,74,76,83,84,88,109～111,116～118,121,122,126～128,137,138,140,141,153,157,164
捕食性の天敵　147
ホッキョクマルハナバチ亜属　58
ポーレン・ストーラー　109
ポーレン・プライマー　92,94,97
ホンシュウハイイロマルハナバチ　46,64

[マ]
繭　3,4,23,26,29,61,68,69,72,85,87,130
　　繭塊　85
　　繭数　82,108,134,169
　　繭抱き　27
　　繭の形　126,131
　　繭のサイズ　141
マルアシマルハナバチ枝　51,52,111
マルハナバチ
　　マルハナバチ族　51
　　マルハナバチ属　51

[ミ]
ミカドアリバチ　133,170
未受精卵　106,152
蜜　12,15
　　蜜胃　119
　　蜜壺　3,12,60,68,73～76,83
　　蜜の採集　146
　　蜜吐き　12
　　蜜袋　76
　　蜜ろう　4,67
ミツバチ　142,144,145,149
　　ミツバチ亜科　51
　　ミツバチ科　13,51
ミトコンドリアDNA　53
ミナミマルハナバチ亜属　58
ミヤママルハナバチ　46,56,64

[ム]
無女王群　149,156,158,159

[メ]
メスの比率　172
メバエ類　170

[ヤ]
ヤドリマルハナバチ
　　ヤドリマルハナバチ亜属　57,58

索　引

ヤドリマルハナバチ属　51

[ユ]
雄性先熟　173
優勢な女王　167,168
ユーラシアマルハナバチ亜属　56,58,88,91,101,103

[ヨ]
蛹殻　31
蛹期間　129,130,166
幼若ホルモン　143
幼虫　11,16,35,37,72,83〜85,114〜117,119,121,122,125〜127,130,131,133
　幼虫期間　128〜130,164〜166
　幼虫室　4,6,11,16〜19,22,26,35〜37,39,68,87,88,94,109,111〜118,120,121,126,135
　幼虫(の)除去　134,135
　幼虫のカスト　164〜166
　幼虫の給餌　158
　幼虫の口器　125
　幼虫の姿勢　122
　幼虫の摂食行動　122
　幼虫の巣外放棄　135
　幼虫のバースト　19,22,126
　幼虫の糞　25
　幼虫の齢期間　109,168
　幼虫(の)発育　126,130,132
　幼虫/働きバチ比　133,134,157,167

[ラ]
卵
　卵殻内の1齢幼虫　125
　卵期間　25,128,129
　卵形成　158,159
卵室　3〜7,9〜11,16,68,87,88,90,91,93〜95,97,99,100,103〜105,119,126,153
　卵室再訪　101
　卵室づくり　7,93,95〜98,101,102,153
　卵室点検　99
　卵室閉じ　10,98,100,102,103,155
　卵室の設置場所　153

卵室への花粉詰め込み　5,92,93
卵数　82,90,91,99,155
卵巣　150,157
　卵巣小管　149,157,158
　卵巣(の)発達　60,150,156〜159
　卵巣発達の条件　158

[ロ]
労働寄生性種　54
老齢幼虫　21,25,72,122
　老齢幼虫室　3,16,17,21,116

[ワ]
矮小個体　126,137
ワックス　4,7,10,12,14,16,17,19,23,26,31,60,67,68,72,73,80,95,109,111,114
　ワックス集め　95〜97
　ワックス壁　112
　ワックス製の支柱　71
　ワックス製の貯食容器　73,75〜77

[数字]
1室1個産卵　92
1日平均産卵数　106
1齢幼虫　125
2倍体　151
2齢幼虫　125
3齢幼虫　125
5齢幼虫　125

[アルファベット]
CP　163
　CPのタイミング　163
DNAの塩基配列　52,53
JH　143,158,159,168
SP　151,152,162,163
　SP(の)時期　170,172,174
　SPの早晩　162
　SPのタイミング　162
workerlike queen　143

片山 栄助（かたやま えいすけ）

1939年　栃木県矢板市に生まれる
1962年　東京教育大学農学部卒業
1963〜1993年　栃木県農業試験場勤務
1993〜1995年　栃木県農業大学校勤務
現　在　マルハナバチ研究家（マルハナバチ生態研究のパイオニア）　理学博士
分担執筆　マルハナバチのコロニーにおける生殖虫の生産．ハチとアリの自然史―本能の進化学（杉浦直人・伊藤文紀・前田泰生編著），135-147．北海道大学図書刊行会(2002)；マルハナバチ類の産卵と育児習性．昆虫社会の進化―ハチの比較社会学（井上民二・山根爽一編著），35-74．博品社(1993)．
主論文　Comparative studies on the egg-laying habits of some Japanese species of bumblebees. *Occas. Publ., Ent. Soc. Jpn.*, (2): 1-161 (1989); Studies on the development of broods of *Bombus diversus* Smith I〜II. *Kontyu*, 33: 291-298 (1965), 34: 8-17 (1966); Observations on the brood development in *Bombus ignitus* (Hymenoptera, Apidae) I〜II. *Kontyu, Tokyo*, 39: 189-203 (1971), 41: 203-216 (1973); Egg-laying habits and brood development in *Bombus hypocrita* (Hymenoptera, Apidae) I〜II. *Kontyu, Tokyo*, 42: 416-438 (1974), 43: 478-496 (1975) など

マルハナバチ―愛嬌者の知られざる生態
2007年9月25日　第1刷発行
2013年6月25日　第2刷発行

著　者　片山　栄助
発行者　櫻井　義秀

発行所　北海道大学出版会
札幌市北区北9条西8丁目 北海道大学構内（〒060-0809）
Tel. 011(747)2308・Fax. 011(736)8605・http://www.hup.gr.jp

㈱アイワード／石田製本㈱　　　　　　　　　Ⓒ 2007　片山 栄助

ISBN 978-4-8329-8182-9

書名	著者	体裁・価格
日本産マルハナバチ図鑑	木野田君公 高見澤今朝雄著 伊藤　誠夫	四六・196頁 価格1800円
バッタ・コオロギ・キリギリス大図鑑	日本直翅類学会編	Ａ４・728頁 価格50000円
原色日本トンボ幼虫・成虫大図鑑	杉村光俊他著	Ａ４・956頁 価格60000円
日本産トンボ目幼虫検索図説	石田　勝義著	Ｂ５・464頁 価格13000円
バッタ・コオロギ・キリギリス生態図鑑	日本直翅類学会監修 村井　貴史著 伊藤ふくお	四六・452頁 価格2600円
ウスバキチョウ	渡辺　康之著	Ａ４・188頁 価格15000円
ギフチョウ	渡辺康之編著	Ａ４・280頁 価格20000円
エゾシロチョウ	朝比奈英三著	Ａ５・48頁 価格1400円
里山の昆虫たち ―その生活と環境―	山下　善平著	Ｂ５・148頁 価格2800円
札幌の昆虫	木野田君公著	四六・416頁 価格2400円
蝶の自然史 ―行動と生態の進化学―	大崎直太編著	Ａ５・286頁 価格3000円
アシナガバチ一億年のドラマ ―カリバチの社会はいかに進化したか―	山根　爽一著	四六・316頁 価格2800円
スズメバチはなぜ刺すか	松浦　誠著	四六・312頁 価格2500円
スズメバチを食べる ―昆虫食文化を訪ねて―	松浦　誠著	四六・356頁 価格2600円
虫たちの越冬戦略 ―昆虫はどうやって寒さに耐えるか―	朝比奈英三著	四六・198頁 価格1800円
プラント・オパール図譜 ―走査型電子顕微鏡写真による植物ケイ酸体学入門―	近藤　錬三著	Ｂ５・400頁 価格9500円
日本産花粉図鑑	三好　教夫 藤木　利之著 木村　裕子	Ｂ５・852頁 価格18000円
春の植物　No.1 植物生活史図鑑Ⅰ	河野昭一監修	Ａ４・122頁 価格3000円
春の植物　No.2 植物生活史図鑑Ⅱ	河野昭一監修	Ａ４・120頁 価格3000円
夏の植物　No.1 植物生活史図鑑Ⅲ	河野昭一監修	Ａ４・124頁 価格3000円

北海道大学出版会　　価格は税別